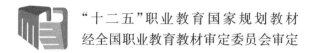 "十二五"职业教育国家规划教材

经全国职业教育教材审定委员会审定

SQL Server 数据库应用技术

（SQL Server 2008 版项目教程）

（第 2 版）

周雅静　林雪燕　编　著

电子工业出版社

Publishing House of Electronics Industry

北京 · BEIJING

内 容 简 介

本书以工学结合、任务驱动模式进行编写。本书以"学生成绩管理数据库"为主线，通过一个个相对独立又互相关联的学习项目，全面系统地介绍了 SQL Server 2008 中文版数据库管理和应用知识，介绍了数据库的设计、创建与管理，数据表的创建与管理，数据表记录的查询，数据库的安全等知识。每个项目后都配有相对应的课堂实训和课外实训。通过学习和训练，使学生对数据库技术有一个较全面的认识和理解，并能根据所掌握的数据库设计和管理方法，熟练进行数据库的设计和管理操作，为今后从事相关工作打下扎实的基础。本书配有"学生成绩管理数据库"的所有开发文档。

本书既适合作为各高职院校学生学习 SQL Server 2008 数据库应用技术的教材，也可作为应用和开发人员的参考资料。

图书在版编目（CIP）数据

SQL Server 数据库应用技术：SQL Server 2008 版项目教程/周雅静，林雪燕编著 . —2 版 . —北京：电子工业出版社，2020.4

ISBN 978-7-121-37558-3

Ⅰ.①S… Ⅱ.①周…②林… Ⅲ.①关系数据库系统—高等职业教育—教材 Ⅳ.①TP311.138

中国版本图书馆 CIP 数据核字（2019）第 213897 号

责任编辑：贺志洪

印　　刷：北京七彩京通数码快印有限公司
装　　订：北京七彩京通数码快印有限公司
出版发行：电子工业出版社
　　　　　北京市海淀区万寿路 173 信箱　邮编 100036
开　　本：787×1092　1/16　印张：23.75　字数：608 千字
版　　次：2014 年 7 月第 1 版
　　　　　2020 年 4 月第 2 版
印　　次：2024 年 1 月第 8 次印刷
定　　价：56.00 元

凡所购买电子工业出版社图书有缺损问题，请向购买书店调换。若书店售缺，请与本社发行部联系，联系及邮购电话：(010) 88254888 88258888。

质量投诉请发邮件至 zlts@phei.com.cn，盗版侵权举报请发邮件至 dbqq@phei.com.cn。

本书咨询联系方式：(010) 88254609 或 hzh@phei.com.cn。

数据库的诞生和发展给计算机信息管理带来了一场巨大的革命。目前数据库已成为企业、部门乃至个人日常工作、生产和生活的基础设施。而 SQL Server 2008 是当前应用相当广泛的数据库平台，功能强大，使用方便，能够满足大部分信息系统的需要，所以本教材选用 SQL Server 2008 数据库平台。

教材是向学生传授知识、技能和思想的材料，帮助学生成长，是学生的"翅膀"。所以，编写组根据高职学生的学习特点，在编写思路上，我们提倡基于"工作过程系统化"的高职教学理念。考虑到数据库应用系统按生命周期法开发，其工作过程可分为六个阶段：需求分析→概念结构设计→逻辑结构设计→物理设计→数据库实施→数据库运行和维护，需具备数据库分析、设计、编程、维护、管理和数据库应用系统开发的初步能力。所以，我们以这六个阶段的工作任务为起点，以 SQL Server 2008 数据库为平台，将数据库技术整个学习过程中分为教学示范类项目、课堂实训类项目和课外实训类项目三大类，使整个学习过程体现了以能力培养为目标，以工作任务为主线的教学思想。

教学示范类项目是以"学生成绩管理数据库"为主线，通过一个个任务，将数据库中的需求分析→概念结构设计→逻辑结构设计→物理设计→数据库实施→数据库运行和维护的知识点融合在里面。

课堂实训类项目是以"图书馆管理数据库"为主线，在给予适当的提示下，让学生在课堂上初次进行所对应的数据库应用技术的训练，提升学生对 SQL Server 数据库应用技术知识的实践运用。

课外实训类项目是以"学生宿舍管理数据库"案例为主线，在完成教学项目及课堂实训项目学习训练基础上，要求独立完成每个学习项目所对应的数据库应用技术的操作，训练学生进一步熟悉 SQL Server 数据库应用技术。

本书配有教学示范项目"学生成绩管理数据库"的所有开发文档资源，请读者登录华信教育资源网（www.hxedu.com.cn）免费下载。

本书由宁波城市职业技术学院的周雅静、林雪燕、居上游老师，宁波秋茂塑料制品有限公司项欣和林澄昱等共同编写，由周雅静老师负责统稿。

由于计算机科学技术发展迅速，以及作者自身编写水平有限，书中难免存在不妥之处，恳请广大读者批评、指正。

作 者
2019 年 3 月

目 录

项目 1　初识数据库

知识目标

1. 了解数据库、数据库系统的概念，理解数据库管理的特点。
2. 了解数据库存储、管理大量信息，高效检索数据的优势。
3. 了解数据管理的发展简史，理解数据库技术在社会经济、管理各领域的应用。
4. 了解数据库系统的基础知识。

能力目标

1. 能说出数据库在现实生活中的应用情况。
2. 能说出数据库的管理特点。
3. 能说出数据库系统的有关基础知识。

项目描述

随着网络技术和计算机技术的飞速发展，社会进入了信息化时代。可以说，在现代社会，数据库技术已渗入到人们日常生活中的方方面面。不仅各行各业在应用数据库技术来创造更多的财富，而且每个人都在自觉或不自觉地享用数据库技术带来的快捷和便利。

本项目的学习内容是：首先通过耳熟能详的案例说明数据库在人们生活中的作用，以及在社会信息化发展中的地位；然后学习数据库的基础知识，以便更好地认识数据库；最后，通过课堂实训和课外实训加强对数据库的认识。

本项目有 2 个学习任务：

1.1　数据库的应用案例
1.2　数据库的基础知识

1.1　数据库的应用案例

 **任务描述**

用数据库技术处理现实生活中各种纷繁复杂的数据，已经成为时代发展的必然趋势，

尤其是在网络飞速发展的今天。那么，数据库与人们的生活有什么关系？数据库在生活中起到什么作用？如果没有数据库技术，人们的生活会怎样？本任务主要通过数据库应用案例介绍数据库在人们生活中的重要作用。

1. 生活中的案例

①目前在中国，有上亿人拥有 QQ 号。为什么只要在 QQ 运行界面中输入 QQ 号和密码，如图 1-1 所示，就能马上进入自己的 QQ 世界，拥有自己的 QQ 空间，拥有自己的日志、相册、音乐等？同时，只要知道朋友的 QQ 号，就可以轻松地搜索到他，并将朋友加入到"好友"中？那么多海量的 QQ 号、密码，以及日志、相册、音乐等是如何存放的？又是如何管理的呢？

②人们经常使用各种搜索工具，因为搜索引擎可以帮助人们在"茫茫网海"中搜寻到所需要的信息。比较常用的搜索引擎工具是百度、Google、Yahoo 等。例如，很多人应用百度工具搜索信息，一般在搜索入口处输入想查获资料的关键词，如输入"数据库"，如图 1-2 所示，然后单击"百度一下"按钮，就会出现有关数据库的丰富多彩的信息，如图 1-3 所示。百度搜索的基石当然离不开海量的数据，那么，百度能够快速反应的数据是如何存储的？

③有很多人关心股市，希望通过炒股挣钱。他们每天盯着不断翻动的股市行情，如图 1-4 所示。但是，股市中的信息是如何存放的？又是如何管理的呢？

图 1-1　QQ 运行界面

图 1-2　百度搜索

图 1-3　搜索结果

图 1-4　某天某时的股市行情

④网络给人们提供了许多便捷。现在，很多时候，人们通过网上系统报名参加各类考试。图1-5所示是报考公务员的考生注册系统。显然，有很多考生在注册系统中填写了相关信息，那么这些考生的信息又是如何存储和管理的呢？

⑤高速发展的信息时代，满足了人们的很多愿望。特别是互联网提供给人们的方便之处数不胜数，其中之一是网上购物。我们在网上浏览琳琅满目的商品，可以足不出户就买到称心如意的各类物品，实在是方便之极。图1-6所示是"淘宝网"首页。但是，请想一想，这些商品的各类信息，例如型号、价格等是如何保存的？为什么人们轻轻一点鼠标，就可以显示出想要查询的商品信息，然后很轻松地购买商品？

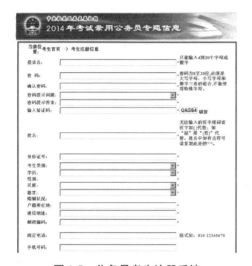

图1-5 公务员考生注册系统

图1-6 "淘宝网"首页

答案是： 这些数据都放在数据库中，有相应的数据库管理软件在管理这些数据。

2. 数据库应用系统运行实例

人们常说，耳听为虚，眼见为实，为了对数据库应用有一个更直观的了解，下面运行两个大家都比较熟悉的数据库应用系统实例。

（1）企业人事管理系统

图1-7所示的是某企业人事管理系统的登录界面。正确输入用户名和密码，就可以进入企业人事管理系统，如图1-8所示。根据图1-8所示菜单，单击鼠标，可以进入各个子界面。图1-9所示的是企业人事管理系统添加员工基本信息的子界面。

图1-7 企业人事管理系统登录界面

为了说明数据库在人事管理系统中的作用，这里介绍一个功能：添加用户。

在图1-8中单击"系统"｜"添加用户"命令，出现如图1-10所示的界面。根据提示，输入新用户名和用户密码，例如，新用户名为zhou，用户密码为8888，然后单击"确定"按钮，出现如图1-11所示的"添加成功"信息窗口。这样，一个新的用户就添加成功了。可以用新添加的用户名登录这个企业人事管理系统。图1-12和图1-13所示是添加用户前、后数据库中数据的变化（本例用的是 Access 数据库管理系统）。

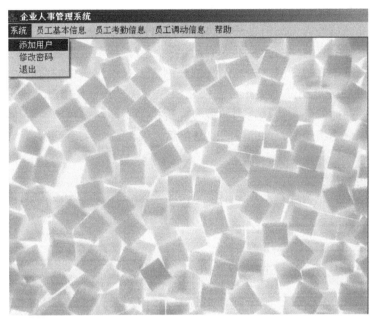

图 1-8　企业人事管理系统界面

图 1-9　企业人事管理系统添加员工信息子界面

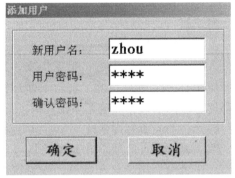

图 1-10　添加新用户界面

图 1-11　添加成功界面

UserID	UserPWD
aa	aa
Admin	1111
guest	1112
qqq	qqq

图 1-12　添加用户前的数据表

UserID	UserPWD
aa	aa
Admin	1111
guest	1112
qqq	qqq
zhou	8888

图 1-13　添加用户后的数据表

（2）图书管理系统

下面再来运行一个图书管理系统。图 1-14 所示的是图书管理系统的添加新书界面，若在此页面上根据要求添加一本新书"数据挖掘导论，机械工业出版社"等信息后，单击"添加"按钮，这本新书就被添加成功了。图 1-15 所示的是添加记录前数据库书籍表中的记录，图 1-16 所示的是新书添加后书籍表中的记录（本例用的是 SQL Server 数据库管理系统，也是本书将要介绍的）。

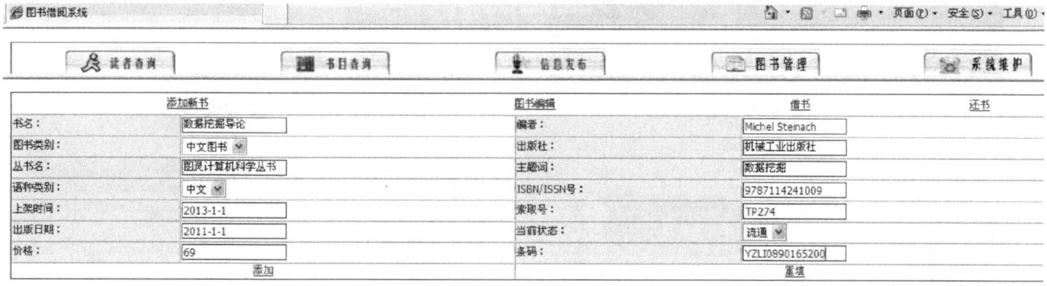

图 1-14 新书添加界面

BookID	BookName	PubName	BookAuthor	BookStyle	UploadDate	Series	Subject	Language
1	ASP.NET入门实...	北京邮电出版社	求实科技	中文图书	2004-12-11 0:0...	.NET入门	实例	中文
2	UML业务建模	机械工业出版社	何克清	中文图书	2004-12-10 0:0...	软件工程技术...	对象技术	中文
3	新概念英语1	外语教学与研...	亚历山大	西文图书	2004-11-11 0:0...	新概念	英语	中文
4	新概念英语2	外语教学与研...	亚历山大	西文图书	2004-11-11 0:0...	新概念	英语	中文
5	新概念英语3	外语教学与研...	亚历山大	西文图书	2004-11-11 0:0...	新概念	英语	中文
6	ASP.NET数据库...	人民邮电出版社	smth	中文图书	2004-9-10 0:00:00	计算机	数据库	中文
7	asp.net入门	人民邮电出版社	小指	中文图书	2004-12-20 0:0...	计算机		中文
NULL	NULL	NULL	NULL	NULL	NULL	NULL	NULL	NULL

图 1-15 添加记录前数据库对应表的情况

BookID	BookName	PubName	BookAuthor	BookStyle	UploadDate	Series	Subject	Language
1	ASP.NET入门实...	北京邮电出版社	求实科技	中文图书	2004-12-11 0:0...	.NET入门	实例	中文
2	UML业务建模	机械工业出版社	何克清	中文图书	2004-12-10 0:0...	软件工程技术...	对象技术	中文
3	新概念英语1	外语教学与研...	亚历山大	西文图书	2004-11-11 0:0...	新概念	英语	中文
4	新概念英语2	外语教学与研...	亚历山大	西文图书	2004-11-11 0:0...	新概念	英语	中文
5	新概念英语3	外语教学与研...	亚历山大	西文图书	2004-11-11 0:0...	新概念	英语	中文
6	ASP.NET数据库...	人民邮电出版社	smth	中文图书	2004-9-10 0:00:00	计算机	数据库	中文
7	asp.net入门	人民邮电出版社	小指	中文图书	2004-12-20 0:0...	计算机		中文
8	数据挖掘导论	机械工业出版社	Michel Steinach	中文图书	2013-1-1 0:00:00	图灵计算机科...	数据挖掘	中文
NULL	NULL	NULL	NULL	NULL	NULL	NULL	NULL	NULL

图 1-16 添加记录后数据库对应表的情况

通过这两个数据库应用系统实例的运行，大家对数据库应用的认识是不是更进了一步？

3. 数据库应用思考

数据库与人们的生活密不可分，图 1-17～图 1-24 充分说明了这一点。不管是游戏行业还是房地产售楼行业，都与数据库息息相关。除了这些实例，想一想，还有哪些行业是离不开数据库的？再请想一想，如果没有数据库技术，人们到银行取钱时，会是什么情况？打电话时，会是什么情况？还能在网上查课表吗？

图 1-17　魔兽世界的游戏

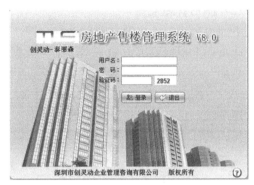

图 1-18　房地产售楼管理系统

图 1-19　进销存财务管理系统

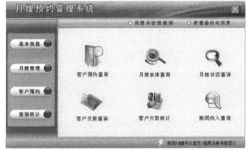

图 1-20　月嫂预约管理系统

图 1-21　教务管理系统

图 1-22　酒管家系统

图 1-23　固定资产管理系统

图 1-24　有线电视收费管理系统

答案显然是否定的。因为没有银行存款数据库管理系统，取钱就会成为一个很复杂的问题，更不用说异地取款了。如果没有手机用户数据库，难以想象计费系统会怎样工作；没有计费系统，人们也就不能随心所欲地拨打手机了。

4. 数据库技术的地位

从前面列举的例子可以得出结论：数据库技术是数据管理的最新技术，是计算机科学的重要分支；是信息系统的核心和基础，是信息系统的各个部分能否紧密地结合在一起及如何结合的关键所在。它的出现极大地促进了计算机应用向各行各业的渗透；数据库的建设规模、数据库信息量的大小和使用频度，已成为衡量一个国家信息化程度的重要标志。

1.2 数据库的基础知识

 任务描述

从上个学习任务中我们了解到，数据库应用已渗入到各行各业。俗话说，万丈高楼平地起，要学会数据库的应用技术，首先要了解数据库的基本概念，了解数据库的基础知识。本学习任务的主要目的是掌握数据、数据管理技术及有关数据库的基础知识，以便为数据库技术与应用的学习打下扎实的基础。

1.2.1 数据与数据管理技术

数据库是数据管理的最新技术，是计算机软件科学的重要分支，产生于 20 世纪 60 年代。它的出现，使计算机应用扩展到工业、商业、农业、科学研究、工程技术及国防军事等多个领域。那么，什么是数据库？什么是数据库管理技术？要了解这些基础知识，首先要了解下面几个概念。

1. 信息（Information）

信息是大千世界事物的存在方式或运动状态的反映。信息具有可感知、可存储、可加工、可传递和可再生等自然属性。信息是各行各业不可缺少的资源。

2. 数据（Data）

数据是数据库中存储的基本对象，是描述事物的符号记录。数据有多种表现形式，可以是数字、文字、图形、图像、声音等。奇妙的是，它们被数字化后，都可以存入计算机。

在现实世界中，人们为了交流信息，了解世界，需要各种描述事物。例如，用语言描述一名学生："李明是个男大学生，他于 1992 年出生在浙江，2010 年考入计算机系。"在计算机世界中，为了存储和处理现实世界中的事物，要抽象出人们感兴趣的事物特征。例如，用户最感兴趣的是学生的姓名、性别、出生日期、籍贯、入学时间等，那么在计算机里可以用这样一条记录来描述："李明，男，1992，浙江，计算机系，2010"。

这里，描述学生的记录就是数据。

数据的形式不能完全表达其内容，还需要数据的解释，所以数据与数据的解释是不可分的。例如前面的数据"李明，男，1992，浙江，计算机系，2010"，其语义为"学生

姓名、性别、出生年月、籍贯、所在系别、入学时间"。但如果语义为"姓名、性别、毕业时间、籍贯、毕业系别、调动时间"，可以解释为"李明是个男大学生，他毕业于1992 年，2010 年调入本单位，其籍贯为浙江。"

3. 数据处理与管理（Data Processing and Management）

数据处理是将数据转换成信息的过程，包括对数据的收集、存储、加工、检索和传输等一系列活动。通过对数据的处理操作，可以从中获得有价值的、对用户的决策起作用的信息。

数据管理指对数据进行分类、组织、编码、存储、检索和维护。有效的数据管理可以提高数据的使用效率。

数据处理的核心问题是数据管理。数据管理的历史由来已久，早在计算机发明之前，人们就在纸或者竹简甚至石头上记录各种数据，以此对数据进行管理和处理。以前，财务部门处理单据、报表等都属于数据处理。

（1）人工管理阶段

20 世纪 50 年代中期以前，计算机没有类似于硬盘的外部存储设备，只能将数据存储在卡片、纸带、磁带等设备上。所以，随机访问、直接存取数据在那个年代是不可能完成的工作。那时也没有专门管理数据的软件，数据和处理它的程序放在一起保存为一个文件，所以程序设计人员就充当了数据管理员的角色，负责确定数据的存储结构、存取方法和输入/输出方式等。在人工管理阶段，应用程序与数据之间的对应关系如图 1-25 所示。

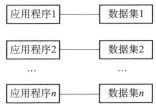

图 1-25　人工管理阶段应用程序与数据之间的对应关系

由于数据和程序放在一起，所以根本就不能重复使用数据或允许其他程序共享数据。当需要编写使用同样数据的新程序时，必须在新程序下手动重写相同的数据，造成不同程序文件中存有大量重复数据的问题。这就是数据的冗余。

该阶段数据管理技术的特点如下所述：

①以人工方式管理数据，工作量极大，负担极重。

②由于受计算机硬件的制约，数据得不到有效的保存。

③数据需要由应用程序自己设计、说明和管理，数据是面向应用程序的，一组数据只能对应一个程序，因此程序与程序之间有大量冗余，数据也不能被共享。

④数据不具有独立性。没有相应的软件系统负责数据的管理工作。在数据的逻辑或物理结构发生改变时，需要对应用程序做相应的调整，以适应数据的变化。

（2）文件系统阶段

20 世纪 50 年代后期至 60 年代中后期，在硬件方面，有了磁盘、磁鼓等直接存取的存储设备，计算机开始被大量地用于数据处理。因此，数据存储、查询检索和维护的需求变得非常重要。这一时期，可直接存取的硬盘（磁盘）成为主要的外部存储器，还出现了高级语言和操作系统。操作系统中的文件系统是专门管理外部存储器的数据管理软件。

在这一阶段，人们开始将程序和数据分开存储，出现了程序文件和数据文件的区别，使得数据文件可以被多个不同的程序多次使用，如图 1-26 所示。

该阶段数据管理技术的特点如下所述：

①以文件系统代替人工管理数据，工作量大大减少。

②由于计算机在数据管理方面大量应用，使数据得以保存。

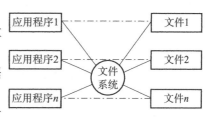

图 1-26 文件系统阶段应用程序和数据之间的关系

③数据可以共享，但是共享性较差，容易造成数据冗余。

④数据在记录内有结构，而整体上没有结构化。

同时，文件系统存在一些缺点，主要是数据共享性差，冗余度大。在文件系统中，一个文件基本上对应于一个应用程序，即文件仍然是面向应用的。当不同的应用程序具有部分相同的数据时，也必须建立各自的文件，而不能共享相同的数据，因此数据冗余度大，浪费存储空间。同时，由于相同的数据重复存储、各自管理，容易造成数据的不一致性，给数据修改和维护带来困难。例如，A 文件中的张三的职称被修改为教授，而 B 文件中的张三的职称由于疏忽未进行修改，依然是副教授等。因为上述问题的存在，文件系统越来越不能满足日益增长的信息需求，所以人们开始探索数据库技术。

（3）数据库系统阶段

从 20 世纪 60 年代后期开始，需要计算机管理的数据量急剧增长，同时对数据共享的需求日趋强烈，文件系统的数据管理方法无法适应开发应用系统的需求。为了实现计算机对数据的统一管理，达到数据共享的目的，人们研发了数据库技术。

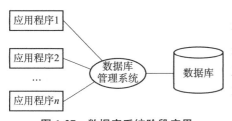

图 1-27 数据库系统阶段应用程序和数据之间的关系

在此阶段，对于硬件方面，拥有大容量磁盘，硬件价格下降；对于软件方面，软件价格上升，编制和维护系统软件及应用程序的成本相对增加；对于数据处理方式，采用统一管理数据的专门的软件系统，即数据库管理系统。

数据库阶段数据和程序之间的关系如图 1-27 所示。

数据库技术主要解决了以下几类问题：

①提高了数据的共享性，使多个用户能够使用同一个数据库中的数据。

②可以最大程度地减少数据的冗余度，以此提高数据的一致性和完整性。

③在很大程度上使数据和程序相互独立，从而在改变程序或数据时减少了相互之间的影响。

该阶段数据管理技术的特点如下所述：

①数据的共享性大大提高。

②数据的冗余现象大大减少，节约了存储空间。

③与文件系统相比，数据库系统中的数据之间有了或多或少的联系，可以适应不同应用系统的需要。

④数据由数据库管理系统统一控制和管理，大大减轻了用户的负担。

表 1-1 所列的是数据管理三个阶段的背景和特点。

表 1-1 数据管理三个阶段的比较

	比较项目	人工管理	文件系统	数据库系统
	应用领域	科学计算	数据处理	大规模管理
背景	硬件背景	只有纸带、卡片、磁带	有了磁盘、磁鼓等直接存取设备	大容量磁盘等
	软件背景	没有操作系统和数据管理软件	有操作系统，数据管理软件	数据库管理系统
	处理方式	批处理	实时处理	分布式处理
特点	数据组织形式	不能长期保存在计算机里	以文件的形式长期保存	采用数据模型组织数据
	数据独立性	不独立，数据与程序不可分割	独立性差	数据独立于程序
	数据共享程度	不共享，数据冗余极大	可以共享，数据大量冗余	数据共享，冗余度低
	数据面向对象	面向应用，一个程序对应一组数据	面向应用，一个数据文件可以被多个应用程序使用	面向应用系统
	数据管理者	人	文件系统	数据库管理系统
	数据结构化	无结构	记录内有结构，整体无结构	整体结构化，用数据模型描述
	数据控制能力	应用程序自己控制	应用程序自己控制	由数据库管理系统提供数据安全性、完整性、并发控制和恢复能力

1.2.2 数据库系统的基本概念

1. 数据库（DataBase，DB）

通俗地讲，数据库是存放数据的仓库，这个仓库是建立在计算机上的。严格的定义是：数据库是长期储存在计算机内、有组织的、可共享的，具有"一少三性"特点的数据集合。

"一少"是指冗余数据少，即基本上没有或很少有重复的数据和无用的数据，也没有相互矛盾的数据，从而显著地节约存储空间。

"三性"是指共享性、独立性和安全性。

①数据的共享性：数据库中数据能为多个用户服务。

②数据的独立性：数据库中的全部数据以一定的数据结构单独地、永久地存储，与应用程序无关。

③数据的安全性：每个用户只能按规定对数据进行访问和处理，以防止不合法使用数据而引起数据泄密和破坏。

注意：

①数据库是若干具有共同属性的数据的总体，但这不意味着一切数据的集合都是数据库。

②构成数据库的材料具有相对独立性，而且是可以被用户单独访问的。

③数据库并非内容杂乱无序的集合，而是根据一定的目的和要求，按照一定方式，

经过系统地筛选、编排，形成一个有机的统一体。

④数据库具有可检索性。数据库中的每一个记录或其他信息材料都可以通过电子手段或者其他手段（传统的手段，包括阅读、摘抄等）单独地访问，用户可以由此获得数据库中的记录、数据或其他材料。

2. 数据库管理系统（DataBase Management System，DBMS）

数据库管理系统是为数据库的建立、使用和维护而配置的数据管理软件，它位于用户与操作系统之间，对数据库进行统一的管理和控制，以保证数据库的安全性和完整性。用户通过 DBMS 访问数据库中的数据，数据库管理员也通过 DBMS 进行数据库的维护工作。它提供多种功能，可使多个应用程序和用户用不同的方法同时或在不同时刻去建立、修改和询问数据库。Access、SQL Server、Oracle、PostgreSQL 等都是数据库管理系统。

DBMS 提供的功能有以下几项：

①数据定义功能。DBMS 提供相应的数据语言来定义数据库结构（DDL），如数据库、数据表、视图和索引等。

②数据存取功能。DBMS 提供数据操纵语言（DML），实现对数据库数据的基本存取操作，如检索、插入、修改和删除等。

③数据库运行管理功能。DBMS 提供数据控制功能，即数据的安全性、完整性和并发控制等，对数据库运行进行有效地控制和管理，确保数据正确、有效。

④数据库的建立和维护功能，包括数据库初始数据的装入，数据库的转储、恢复、重组织，系统性能监视、分析等功能。

⑤数据库的传输。DBMS 提供数据传输功能，实现用户程序与 DBMS 之间的通信，通常与操作系统协调完成。

3. 数据库应用系统（DataBase Application System，DBAS）

数据库应用系统是指基于数据库的应用软件，例如学生管理系统、财务管理系统等。数据库应用系统由两部分组成，分别是数据库和程序。数据库由数据库管理系统软件创建，而程序可以由任何支持数据库编程的程序设计语言编写，如 C 语言、Visual Basic、Java 等。图 1-28 描述了 DB、DBMS 和数据库应用系统之间的联系。

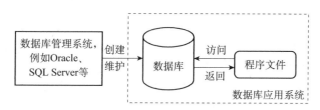

图 1-28　DB、DBMS 和数据库应用系统之间的联系

4. 数据库系统（DataBase System，DBS）

数据库系统是采用数据库技术的计算机系统。数据库系统通常由数据库、数据库管理系统、应用程序、数据库系统管理员和用户组成，如图 1-29 所示。数据库由数据库管理系统统一管理，数据的插入、修改和检索均要通过数据库管理系统完成。数据库系统管理员负责创建、监控和维护整个数据库，使数据能被任何有权使用的人有效使用。数据库系统管理员一般是由业务水平较高、资历较深的人员担任。

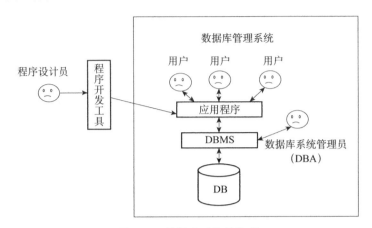

图 1-29　数据库系统的构成

1.2.3　数据模型概述

数据库的数据结构形式，叫做数据模型，它是对数据库如何组织的一种模型化表示。数据模型表示的是数据库框架。打个比方，要建设一幢楼房，首先要有建筑结构图，要根据这个结构图搭好架子，然后才能堆砖砌瓦，使建筑物符合要求。数据模型就相当于建筑结构图，要根据这个结构图组织、装填数据。

1．三个世界

计算机信息管理的对象是现实生活中的客观事物，但这些事物是无法直接送入计算机的，必须进一步整理和归类，进行信息的规范化，才能将规范的信息数据化，并送入计算机的数据库保存起来。这一过程经历了三个领域——现实世界、信息世界和数据世界。

①现实世界：存在于人脑之外的客观世界，包括事物及事物之间的联系。

②信息世界：是现实世界在人们头脑中的反映。

③数据世界：将信息世界中的实体数据化，事物及事物之间的联系用数据模型来描述。

2．数据模型

由于计算机不可能直接处理现实世界中的具体事物，所以人们必须事先把具体事物转换成计算机能处理的数据。要实现转换，首先要把现实世界中的客观对象抽象为概念模型，然后把概念模型转换为 DBMS 支持的数据模型，其转换过程如图 1-30 所示。

数据模型是现实世界数据特征的抽象，是现实世界的模拟，是现实世界中数据和信息在数据库中的抽象与表示。数据模型应满足三个方面的要求：一是能比较真实地模拟现实世界；二是容易为人所理解；三是便于在计算机中实现。数据模型分为概念数据模型（又称概念模型）和逻辑数据模型（又称数据模型），如表 1-2 所示。

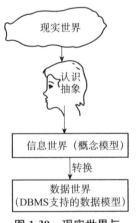

图 1-30　现实世界与
计算机世界的转换

表 1-2 数据模型分类

数据模型分类	功　能
概念模型	按用户的观点对数据和信息进行抽象，主要用于数据库设计
逻辑数据模型	按计算机的观点建模，主要用于 DBMS 的实现

概念模型是现实世界到信息世界的第一次抽象，用于信息世界的建模，是数据库设计人员在认识现实世界中实体与实体间联系后进行的一种抽象。

逻辑数据模型是指数据的逻辑结构。目前常用的逻辑数据模型主要有三种，即网状模型（Network Model）、层次模型（Hierarchical Model）和关系模型（Relational Model）。

（1）网状模型（Network Model）

网状模型能够表示实体间的多种复杂联系和实体类型之间的多对多的联系，如图 1-31 所示。比较典型的数据库管理系统如 DBTG。

网状模型的特点为：

①可以有一个以上的节点无父节点。

②至少有一个子节点有一个以上的父节点。

③在两个节点之间有两个或两个以上的联系。

其优点是能更直接地反映现实世界，效率高；缺点是结构比较复杂，DDL 和 DML 语言复杂。

（2）层次模型（Hierarchical Model）

层次型数据库管理系统是紧随网状数据库出现的。现实世界中的很多事物是按层次组织起来的，而层次模型的提出，首先是为了模拟这种按层次组织起来的事物，如图 1-32 所示。比较典型的数据库管理系统如 IMS。

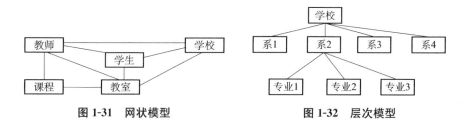

图 1-31　网状模型　　　　　　图 1-32　层次模型

层次结构的特点为：

①有且仅有一个节点无双亲，称之为"根"。

②除根节点外，其他子节点有且仅有一个双亲。

③各实体型由上向下是一对多关系。

其优点是简单，只需很少几条命令就能操纵数据库；性能优于关系模型和网状模型；能提供良好的完整性支持。其缺点是不支持多对多联系，只能通过冗余数据（易产生数据不一致性）或引入虚拟节点来解决。

（3）关系模型（Relational Model）

关系模型是在层次模型和网状模型之后发展起来的。所谓关系模型，就是将数据及数据间的联系都组织成关系形式的一种数据模型。在关系模型中，数据被组织成二维表格，一个二维表称为一个关系，如表 1-3 所示。例如，SQL Server、Access、Oracle、DB2、Sybase 等都属于关系模型数据库。

表 1-3 学生基本信息表

学号	姓名	性别	专业	出生年月
001101	陈琳	女	电子商务	08/19/92
001121	王小刚	男	计算机应用	09/04/91
001124	李小明	男	网络技术	12/06/02
001109	张大山	男	国际贸易	08/03/92
001108	周云芳	女	国际贸易	05/06/92
001107	赵倩倩	女	市场营销	07/10/91

关系模型的优点为：

①建立在严格的数学概念的基础上。

②概念单一，数据结构简单、清晰，用户易懂易用。

③实体和各类联系都用关系来表示。

④对数据的检索结果也是关系。

⑤关系模型的存取路径对用户透明。

⑥具有更高的数据独立性，以及更好的安全保密性。

⑦简化了程序员的工作和数据库开发、建立的工作。

⑧关系模型中的数据联系是靠数据冗余实现的。

关系模型的缺点为：

①存取路径对用户透明，导致查询效率不如非关系数据模型。

②为提高性能，必须对用户的查询请求进行优化，增加了开发数据库管理系统的难度。

1.2.4 当今流行的数据库管理系统简介

数据库技术从 20 世纪 60 年代中期产生到今天，仅仅几十年的历史，但是由于网络通信技术、人工智能技术、面向对象程序技术、并行计算机技术等互相结合，其发展之快，使用范围之广，是其他技术远远不及的。

当今流行的、常用的数据库管理系统有 Access、SQL Server、Oracle、MySQL、DB2 和 PostgreSQL 等。

1. Access

Access 数据库管理系统是 Microsoft Office 套装软件的成员，它由美国 Microsoft 公司于 1994 年推出，是典型的新一代桌面数据库管理系统，运行于 Windows 操作系统平台。其主要用户为个人和小型企业，当前很多小型 ASP 网站也用 Access 创建和管理后台数据库。Access 的最大特点是：配置简单，移植方便，易学易用，开发简单；但效率低，安全性不佳，适合做小型动态网站的 Web 数据库。Access 的最新版本为 Access 2018。

2. SQL Server

SQL Server 数据库管理系统最初由 Microsoft、Sybase 和 Ashton-Tate 3 家公司共同研发，后来 Microsoft 公司主要开发、商品化 Windows NT 平台上的 SQL Server，而 Sybase 公司主要研发 SQL Server 在 UNIX 平台上的应用。现在人们所说的 SQL Server，是 Microsoft SQL Server 的简称，其最新版本为 SQL Server 2019，但大多数老用户仍旧钟情于 SQL Server 2008。因此，本书采用 SQL Server 2008 作为 SQL 语言的实验环境。

SQL Server 数据库管理系统的主要特点如下所述：

①高性能设计，可充分利用 Windows NT 的优势。

②系统管理先进，支持 Windows 图形化管理工具，支持本地和远程的系统管理和配置。

③强大的事务处理功能，采用各种方法保证数据的完整性。

④支持对称多处理器结构、存储过程、ODBC，并具有自主的 SQL 语言。SQL Server 以其内置的数据复制功能、强大的管理工具、与 Internet 的紧密集成和开放的系统结构，为广大用户、开发人员和系统集成商提供了一个出众的数据库平台。

Microsoft SQL Server 是一种基于客户机/服务器的关系数据库管理系统，专门为大中型企业提供数据管理功能，其安全性和保密性非常好。因此，目前有很多大中型网站采用 Microsoft SQL Server 作为后台数据库系统。注意，Microsoft SQL Server 只支持 Windows 操作系统平台，不支持 UNIX 或 Linux 平台。

3. MySQL

MySQL 数据库管理系统由瑞典的 MySQL AB 公司研发，目前该公司被 Oracle 公司收购。MySQL 是一种高性能、多用户与多线程的，创建在服务器/客户机结构上的关系型数据库管理系统。其最大的特点是：部分免费，容易使用，性能稳定，可高速度运行。目前，很多 JSP 网站和全部 PHP 网站都采用 MySQL 作为其后台数据库管理系统，其最新版本为 MySQL 8。

4. Oracle

Oracle 数据库管理系统是美国 Orcale（甲骨文）公司研制的一种关系型数据库管理系统，是一个协调服务器和用于支持任务决定型应用程序的开放型 RDBMS。它支持多种不同的硬件和操作系统平台，从台式机到大型和超级计算机，为各种硬件结构提供高度的可伸缩性，支持对称多处理器、群集多处理器、大规模处理器等，并提供广泛的国际语言支持。Orcale 是一个多用户系统，能自动从批处理或在线环境的系统故障中恢复运行。Orcale 属于大型数据库系统，主要适用于大、中小型应用系统，或作为客户机/服务器系统中服务器端的数据库系统。

Orcale 公司是世界最大的企业软件公司之一，主要为世界级大企业、大公司提供企业软件，其主要产品有数据库、服务器、商务应用软件以及决策支持工具等。目前，Oracle 的最新版本为 Oracle 18c。

5. DB2

DB2 数据库管理系统由 IBM 公司研制开发，它起源于最早的关系数据库管理系统 System R。DB2 的主要用户也是大中型企业，其最新版本为 DB2 11.1。

6. PostgreSQL

PostgreSQL 起源于加州大学伯克利分校的数据库研究计划。它是一种非常复杂的对象—关系型数据库管理系统（ORDBMS），也是目前功能最强大、特性最丰富和最复杂的自由软件数据库管理系统，甚至商业数据库也不具备它的一些特性。现在，PostgreSQL 研究项目衍生成一项国际开发项目，拥有非常广泛的用户，其最新版本为 PostgreSQL 12.1。

 **项目小结**

本项目首先通过日常生活中的数据库应用案例，介绍数据库在人们生活中的地位和作用，以及数据库技术在社会经济、管理各领域的作用；然后通过两个小型的数据库应用系统"企业人事管理系统"和"图书管理系统"的运行，分析数据库中数据的变化，让大家感性认识数据库在应用项目中的作用，初步了解数据库技术的意义和作用，以便提高学习数据库的兴趣；最后，介绍了数据库、数据库管理系统、数据库系统的含义及管理特点，以及常见的数据库管理系统，为今后的学习打下基础。

 课堂实训

【实训目的】

1. 了解数据库与人们生活的关系。

2. 理解数据、数据库、数据库管理系统的概念。

3. 了解数据库管理的内涵。

【实训内容】

1. 在互联网上搜索数据库的作用。

2. 什么是数据库？什么是数据库管理系统？什么是数据库系统？三者之间的关系如何？

3. 简述数据管理技术发展的三个阶段。

 **课外实训**

1. 借用网络，了解目前流行且常用的数据库管理系统 Access、SQL Server、Oracle、MySQL、DB2 和 PostgreSQL 的发展情况。

2. 数据库管理系统（DBMS）有哪些功能？

3. 层次模型、网状模型和关系模型这三种基本数据的优缺点是什么？它们是如何划分的？

4. 假设有一家公司，它有大量的数据（以 TB 计），包括部门、雇员、产品、订货情况、销售情况、支付情况等；多个雇员可以并发存取这些数据，部分数据存取必须被限制。现在试图用文件系统存储并处理这些数据，这可行吗？为什么？

项目 2　学生成绩管理数据库设计

知识目标

1. 理解关系数据库设计的方法和步骤。
2. 理解概念模型的概念，掌握 E-R 图的基本图标及 E-R 图的绘制方法。
3. 掌握 E-R 图转换为关系模式的规则。
4. 理解关系数据模式的规范化理论。
5. 理解数据库中数据完整性的含义，掌握保证数据完整性的措施。

能力目标

1. 能根据实际需要准确、熟练地绘制 E-R 图。
2. 能将 E-R 图转换成关系模式。
3. 能根据关系数据模式的规范化理论优化数据库。
4. 能对数据库建立约束，以保证数据的完整性和一致性。
5. 能熟练地分析、设计小型数据库。

项目描述

建造大楼需要设计图，创建数据库也一样。本项目通过设计一个学生成绩管理数据库，学习设计简单的数据库。鉴于数据库设计中的主要知识点是 E-R 图、关系模式及各种约束，所以本项目的主要内容是：首先通过分析学生成绩管理数据库及绘制 E-R 图，了解常用数据库设计的步骤，学会绘制 E-R 图；其次，通过将学生成绩管理数据库的 E-R 图转换成关系模式及规范化，掌握 E-R 图转换为关系模式的规则及规范化理论；然后，通过对学生成绩管理数据库建立约束，学习数据库的完整性控制；最后，通过课堂实训、课外实训来加强学生对数据库设计的实作能力。

本项目共有 3 个学习任务：

任务 2.1　学生成绩管理数据库设计步骤及概念结构设计

任务 2.2　学生成绩管理数据库的逻辑结构设计

任务 2.3　学生成绩管理数据库的完整性约束设计

任务 2.1 学生成绩管理数据库设计步骤及概念结构设计

 任务描述

在创建数据库之前，必须设计好数据库。数据库设计（DataBase Design）是指对于一个给定的应用环境，构造最优的数据库模式，建立数据库及其应用系统，使之能够有效地存储数据，满足各种用户的应用需求（信息要求和处理要求）。本学习任务是了解关系数据库设计步骤及学生成绩管理数据库 E-R 图的设计。

2.1.1 关系数据库设计步骤

在信息系统中，数据库既是系统的基础，又是系统的核心。数据库性能的高低，决定了整个数据库应用系统的性能。一个好的数据库，需要通过严格的设计，才能满足各方面对数据的需求。

按照规范化的设计方法以及数据库应用系统开发过程，数据库的设计过程分为以下 6 个设计阶段：需求分析、概念结构设计、逻辑结构设计、物理结构设计、数据库实施、数据库运行和维护。数据库的设计过程如图 2-1 所示。

下面具体介绍数据库设计的各阶段内容。

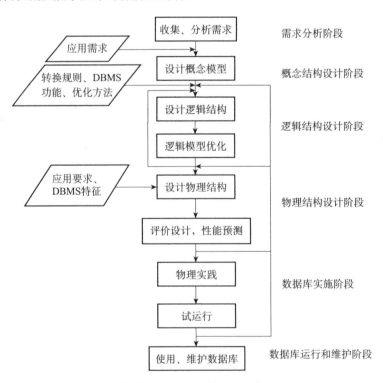

图 2-1 数据库的设计过程

1. 需求分析阶段

在需求分析阶段，应准确了解与分析用户需求（包括数据与处理），综合各个用户的应用需求，得到数据字典和数据流图等。此阶段是整个设计过程的基础，是最困难、最耗费时间的一步。

2. 概念结构设计阶段

在概念结构设计阶段，应对用户需求综合、归纳与抽象，形成一个独立于具体DBMS 的概念模型，用 E-R 图表示。此阶段是整个数据库设计的关键。

3. 逻辑结构设计阶段

在逻辑结构设计阶段，将概念结构（E-R 图）转换为某个 DBMS 支持的数据模型，如关系模型，形成数据库逻辑模式；然后根据用户处理的要求及安全性的考虑，在基本表的基础上建立必要的视图（View），形成数据库的外模式。

4. 物理结构设计阶段

在物理结构设计阶段，为逻辑数据模型选取一个最适合应用环境的物理结构（包括存储结构和存取方法）。也就说，根据 DBMS 特点和处理的需要，进行物理存储安排，建立索引，形成数据库内模式。

5. 数据库实施阶段

在数据库实施阶段，运用 DBMS 提供的数据语言、工具及宿主语言，根据逻辑设计和物理设计的结果，建立数据库，编制与调试应用程序，组织数据入库并试运行。

6. 数据库运行和维护阶段

数据库应用系统经过试运行后即可投入正式运行。在数据库系统运行过程中，必须不断地对其进行评价、调整与修改。

2.1.2 学生成绩管理数据库的需求分析

需求分析是设计数据库的起点，其结果影响到各个阶段的设计，以及最后结果的合理性与实用性。需求分析要调查组织机构情况，调查各部门的业务活动情况，协助用户明确对新系统的各种要求，确定新系统的边界，即分析用户的需求。

在需求分析阶段，主要了解和分析的内容包括以下几个方面。

①信息需求：用户需要从数据库中获得信息的内容与性质。

②处理需求：用户要求软件系统完成的功能，并说明对系统处理完成功能的时间、处理方式的要求。

③安全性与完整性要求：用户对系统信息的安全性要求等级，以及信息完整性的具体要求。

1. 需求分析的方法

常用的需求分析方法有：跟班作业、开调查会、请专人介绍、询问、设计调查表请用户填写、查阅记录等。

2. 需求分析的难点

需求分析中的难点主要表现在：用户缺少计算机知识，开始时无法确定计算机究竟能为自己做什么，不能做什么，因此无法一下子准确地表达自己的需求，他们提出的需求往往不断地变化；设计人员缺少用户的专业知识，不易理解用户的真正需求，甚至误解用户的需求；新的硬件、软件技术的出现也会使用户需求发生变化。

为了解决这些问题，设计人员必须采用有效的方法，与用户不断深入地交流，逐步了解并确定其实际需求。

3. 收集、整理需求信息

对于收集到的信息，还需要进一步分析和整理。根据需求，把功能分类、合并成若干个功能模块。

4. 学生成绩管理系统的需求分析

经过相关人员调查、历史数据查阅、观摩实际的运作流程并进行需求分析，得出学生成绩管理系统的具体需求如下：学生成绩管理系统主要完成学生选课、查看课程信息及成绩的功能，主要包括学生基本信息管理模块、课程基本信息管理模块、教师基本信息管理模块、学生选课管理模块、教师授课管理模块、成绩管理模块等。学生基本信息管理模块实现添加学生基本信息、修改和删除学生信息；课程基本信息管理模块实现添加新课程信息、修改和删除课程信息；教师基本信息管理模块实现添加教师信息、修改和删除教师信息；学生选课管理模块实现学生选课、退改选管理；教师授课管理模块实现教师授课信息的添加、修改和删除；成绩管理模块实现教师输入成绩、修改成绩，按课程统计学生成绩，学生查看本人成绩等。

2.1.3　学生成绩管理数据库的概念设计

完成需求分析后，根据数据库的设计过程，要设计概念模型。设计概念模型最常用的是实体—联系（Entity-Relationship，E-R）方法。E-R 图描述的现实世界的信息结构称为实体—联系模型（E-R 模型），它是现实世界的纯粹表示。下面介绍学生成绩管理系统的概念设计。

1. 学生成绩管理数据库的 E-R 模型

E-R 模型中有三个基本成分：实体、联系和属性。它是一个概念性模型，描述的是现实中的信息联系，不涉及数据是如何在数据库系统中存放的。

（1）实体：指客观存在并相互区别的事物及事物之间的联系。例如，一位学生、一门课程、一名教师等都是实体。

（2）属性：指实体所具有的某一特性。例如，学生的学号、姓名、性别、出生日期、专业、入学时间等。

（3）联系：指实体与实体之间，以及实体与组成它的各属性间的关系。例如，学生和课程间存在"选课"联系，课程和教师间存在"授课"联系等。联系分为一对一联系、一对多联系和多对多联系。

①一对一联系（one-to-one）：如果两个实体集 A、B 中的任意一个实体至多与另一个实体集中的一个实体对应联系，则称 A、B 为一对一联系，记为"1—1"联系。

②一对多联系（one-to-many）：设有两个实体集 A 和 B，如果 A 中的每个实体与 B 中的任意个实体（包括零个）有联系，而 B 中的每个实体至多与 A 中的一个实体有联系，则称该联系为"从 A 到 B 的 1 对多联系"，记为"1—m"联系。

③多对多联系（many-to-many）：如果两个实体集 A、B 中的每个实体都与另一个实体集中的任意个实体（包括零个实体）有联系，则称这两个实体集是多对多联系，记为

"m—n" 联系。例如，对于"选课"联系，"学生"实体集中的每名学生可选"课程"实体集中的多门课程，"课程"实体集中的每门课程可被"学生"实体集中的多名学生选择，那么"学生"和"课程"两个实体集是多对多的联系。

根据上述概念，分析学生成绩管理数据库的需求，设定学生成绩管理数据库中有三个实体集。一是"学生"实体集，属性有学号、姓名、性别、专业、出生年月、家庭地址、联系电话、总学分；二是"课程"实体集，属性有课程号、课程名、学时、学分、备注；三是"教师"实体集，属性有教师号、姓名、职称、部门、联系方式等。

学生和课程间存在"选课"联系，每位学生可选多门课程，每门课程也有多名学生可选，每位学生所选的每门课程均有成绩；课程和教师间存在"授课"联系，每位教师可授多门课程，每门课程可由不同教师授课，每门课程有开课时间。

由此，设计学生成绩管理数据库的 E-R 图如图 2-2 所示。

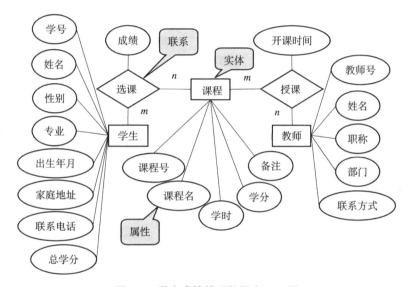

图 2-2　学生成绩管理数据库 E-R 图

图 2-2 中包含 E-R 图的基本符号：矩形、椭圆形和菱形。其中，矩形表示实体集，矩形框内写明实体名；椭圆形表示属性，椭圆内写明属性名，用无向边将其与相应的实体集连接起来；菱形表示联系，菱形框内写明联系名，并用无向边分别与有关实体连接起来，同时在无向边旁标上联系的类型（1∶1、1∶n 或 m∶n）。

下面介绍图 2-2 所示学生成绩管理数据库 E-R 图的设计。

2.E-R 图的设计

E-R 图的设计方法有：自顶向下、自底向上、逐步扩张、混合策略。下面以自底向上设计概念结构的方法为例，介绍学生成绩管理数据库 E-R 图的设计步骤。

（1）设计分 E-R 图

①标定局部应用中的实体集。

在现实世界中，一组具有某些共同特性和行为的对象可以抽象为一个实体集。对象和实体集之间是分类（is member of）的关系。例如，根据调查，拟建学生成绩管理系统的学校的部分学生信息如表 2-1 所示。

表 2-1　部分学生信息

学　号	姓名	性别	专　业	出生年月	家庭地址	联系电话
01000101	周建明	0	应用电子	1991—07—22	杭州文化路 178 号	13512783285
01000102	董明山	0	应用电子	1992—01—17	金华光明路 25 号	13684512581
01000103	钱鑫鑫	0	应用电子	1991—03—25	温州学东路 58 号	13664781475
……	……	……	……	……	……	……

可以把"周建明""董明山""钱鑫鑫"等对象抽象为"学生"实体集。

②确定实体集的属性，标识实体集的主键。

对象类型的组成成分可以抽象为实体集的属性。组成成分与对象类型之间是"聚集"（is part of）的关系。例如，学号、姓名、性别、专业、出生年月、家庭住址、联系电话等可以抽象为学生实体的属性。用 E-R 图的基本符号设计"学生"实体集如图 2-3 所示。

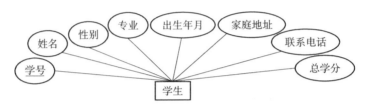

图 2-3　"学生"实体集 E-R 图

其中，学号为标识学生实体集的主键，用下画线标识。主键是实体集中唯一标识某一实体的属性，将在完整性约束部分详细介绍。

根据学生成绩管理数据库的需求分析，可得"课程""教师"实体集 E-R 图分别如图 2-4 和图 2-5 所示。

图 2-4　"课程"实体集 E-R 图　　　　图 2-5　"教师"实体集 E-R 图

实际上，实体集与属性是相对而言的，很难有截然划分的界限。对于同一事物，在一种应用环境中作为"属性"，在另一种应用环境中就必须作为"实体"。一般来说，在给定的应用环境中，属性满足两个条件：一是属性不能再具有需要描述的性质，即属性必须是不可分的数据项；二是属性不能与其他实体具有联系，联系只发生在实体之间。

③确定实体之间的联系及其类型（$1:1$、$1:n$、$m:n$）。

根据需求分析，要考察实体之间是否存在联系，有无多余联系。例如，根据学生成绩管理数据库系统的需求分析，学生和课程间存在多对多的"选课"联系，课程和教师间存在多对多的"授课"联系，其 E-R 图如图 2-6 所示。

（2）合并分 E-R 图，生成初步 E-R 图

合并图 2-3～图 2-6 所示分 E-R 图，生成初步 E-R 图，如图 2-2 所示。在合并过程

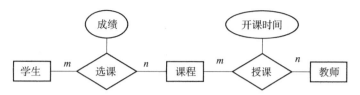

图 2-6　学生成绩管理数据库实体集联系 E-R 图

中，要检查各分 E-R 图之间是否存在冲突。各分 E-R 图之间的冲突主要有三类：属性冲突、命名冲突和结构冲突。

①属性冲突分为以下两种情况：

- 属性域冲突，即属性值的类型、取值范围或取值集合不同。例如，属性"学号"有的定义为字符型，有的为数值型。
- 属性取值单位冲突。例如，属性"体重"有的以克为单位，有的以千克为单位。

②命名冲突分为以下两种情况：

- 同名异义，指不同意义的对象具有相同名称。
- 异名同义（一义多名），指同意义的对象具有不相同的名称，如"员工"和"教工"。

③结构冲突有以下三种情况：

- 同一对象在不同应用中具有不同的抽象。例如，"课程"在某一局部应用中被当作实体，而在另一局部应用中被当作属性。
- 同一实体在不同局部视图中所包含的属性不完全相同，或者属性的排列次序不完全相同。
- 实体之间的联系在不同局部视图中呈现不同的类型。

例如，实体 E_1 与 E_2 在局部应用 A 中是多对多联系，而在局部应用 B 中是一对多联系；又如，在局部应用 X 中，E_1 与 E_2 发生联系，而在局部应用 Y 中，E_1、E_2、E_3 三者之间有联系。解决方法是根据应用的语义对实体联系的类型进行综合或调整。

（3）修改与重构，生成基本 E-R 图

分 E-R 图经过合并，生成的是初步 E-R 图。之所以称其为初步 E-R 图，是因为其中可能存在冗余的数据和冗余的实体间联系，即存在可由基本数据导出的数据和可由其他联系导出的联系。冗余数据和冗余联系容易破坏数据库的完整性，给数据库维护增加困难，因此得到初步 E-R 图后，还应当进一步检查 E-R 图中是否存在冗余。如果存在，应设法消除。修改、重构初步 E-R 图以消除冗余，主要采用分析方法。除此之外，还可以用规范化理论来消除冗余。规范化理论将在下一个任务中详细介绍。

任务 2.2　学生成绩管理数据库的逻辑结构设计

 任务描述

在上一个任务中，我们得到了学生成绩管理数据库的概念模型。根据关系数据库的

设计过程，接下去要进行逻辑结构设计，即将 E-R 图转换为关系模型，实际上就是将实体、实体的属性和实体之间的联系转化为关系模式。

本学习任务通过将学生成绩管理数据库的 E-R 图转换为关系模式，介绍将 E-R 图转换为关系模式的规则；同时通过优化（即规范化）学生成绩管理数据库关系模式，使学生掌握关系数据模式规范化理论。

2.2.1　E-R 图转换为关系模式的规则

1. 实体集转换为关系

实体集转换为关系的规则如下：

①实体集对应于一个关系。

②关系名：与实体集同名。

③属性：实体集的所有属性。

④主键（主码）：实体集的主键。

2. 联系转换为关系

联系转换成为关系模式时，要根据联系方式的不同采用不同的转换方式。联系方式有一对一联系、一对多联系和多对多联系。

这三种不同方式的联系转换为关系的方法如下所述。

（1）一对一联系转换为关系的方法

①将一对一联系转换为一个独立的关系：与该联系相连的各实体的主键及联系本身的属性均转换为关系的属性，且每个实体的主键均是该关系的候选键。

②将一对一联系与某一端实体集对应的关系合并，需要在被合并关系中增加属性，新增的属性为联系本身的属性和与联系相关的另一个实体集的主键。

【例 2.1】　将图 2-7 所示的 E-R 模型转换为关系模式。

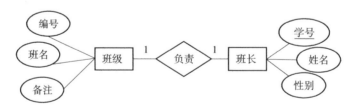

图 2-7　一对一联系示例

解：①联系形成关系独立存在：

班级表（编号，班名，备注），主键：编号；

班长表（学号，姓名，性别），主键：学号；

负责（编号，学号），主键：编号和学号。

②将联系与实体集对应的关系合并，合并方案如下：

方案 1："负责"与"班级"两个关系合并，即

班级表（编号，班名，备注，学号），主键：编号；

班长表（学号，姓名，性别），主键：学号。

方案 2："负责"与"班长"两个关系合并，即

班级表（编号，班名，备注），主键：编号；

班长表（学号，姓名，性别，编号），主键：学号。

（2）一对多联系转换为关系的方法

方法一：将联系转换为一个独立的关系，其属性由与该联系相连的各实体集的主键及联系本身的属性组成，而该关系的主键为"多"端实体集的主键。

方法二：在"多"端实体集中增加新属性，新属性由联系对应的"一"端实体集的主键和联系自身的属性构成。新增属性后，原关系的主键不变。

【例 2.2】　将图 2-8 所示的 E-R 模型转换为关系模式。

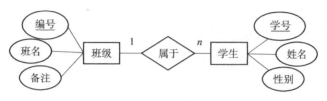

图 2-8　一对多联系示例

解：方法一：联系形成的关系独立存在，即

班级表（编号，班名，备注），主键：编号；

学生表（学号，姓名，性别），主键：学号；

属于（编号，学号），主键：学号。

方法二：将联系与实体集对应的关系合并，即

班级表（编号，班名，备注），主键：编号；

学生表（学号，姓名，性别，编号），主键：学号。

（3）多对多联系的转换方法

在向关系模型转换时，将一个多对多联系转换为一个关系，方法为：与该联系相连的各实体集的主键及联系本身的属性均转换为关系的属性，新关系的主键为两个相连实体主键的组合（该主键为多属性构成的组合键）。

【例 2.3】　将图 2-9 所示的 E-R 模型转换为关系模式。

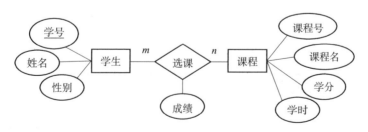

图 2-9　多对多联系示例

解：该模型包含两个实体集（学生、课程）和一个多对多联系。该模型可转换为三个关系模式，即

学生（学号，姓名，性别），主键：学号；

课程（课程号，课程名，学分，学时），主键：课程号；

选课（学号，课程号，成绩），主键：学号和课程号。

3. E-R 图转换为关系的应用

根据前面介绍的一对一联系、一对多联系、多对多联系转换为关系的方法，图 2-2 所示学生成绩管理数据库的 E-R 图转换为关系模型如下所述：

学生（学号，姓名，性别，专业，出生年月，家庭地址，联系电话，总学分），主键：学号；

课程（课程号，课程名，学分，学时，备注），主键：课程号；

选课（学号，课程号，课程名，成绩，学分），主键：学号；

教师（教师号，姓名，职称，部门，联系方式），主键：教师号；

授课（教师号，课程号，开课时间），主键：教师号，课程号。

2.2.2 关系数据模式的规范化理论

规范化理论是将一个不合理的关系模式转化为合理的关系模式的理论，是围绕范式建立的。

规范化理论认为，一个关系型数据库中所有的关系都应满足一定的规范。因此，将关系应满足的规范要求分为几级，满足最低要求的一级叫做第一范式（1NF），在第一范式的基础上提出了第二范式（2NF），在第二范式的基础上又提出了第三范式（3NF），以后又提出了 BCNF 范式、4NF、5NF。范式的等级越高，应满足的约束条件越严格。规范的每一级别都依赖于它的前一级别。例如，若一个关系模式满足 2NF，则一定满足 1NF。在实际的数据库设计过程中，通常需要用到的是前三类范式。第一范式：数据的原子性；第二范式：主键的绝对相关性；第三范式：依赖的传递性。

下面按照范式设计级别依次介绍 1NF（第一范式）、2NF（第二范式）和 3NF（第三范式）。

1. 第一范式（1NF）

如果关系模式 R 中不包含多值属性，则 R 满足第一范式（First Normal Form），记作 $R \in 1NF$。1NF 是对关系的最低要求，不满足 1NF 的关系是非规范化的关系。

例如，上一个任务中，学生成绩管理数据库的关系模式"选课"由"学号""课程号""课程名""成绩""学分"5 个属性组成。这个关系模式在实际应用过程中存在这样的问题，即一个学生可以同时选择多门课程。现将此关系中的"学号"作为关键字，"课程号""课程名""成绩""学分"等字段存在多个值的情况，如表 2-2 所示。

表 2-2　选课表

学　号	课程号	课程名	……
123030121	031J36B、033B17B	数据库技术、ASP. NET 程序设计	……
123030122	031J36B、033X22B	数据库技术、C♯程序设计	……

这样的关系不满足第一范式的要求。实际应用中，在设计表时，都应该满足第一范式的要求。解决方法如表 2-3 所示，即设置关键字为组合键（学号，课程号）。

表 2-3　符合第一范式的选课表

学　号	课程号	课程名	……
123030121	031J36B	数据库技术	……

学　号	课程号	课程名	……
123030121	033B17B	ASP. NET 程序设计	……
123030122	031J36B	数据库技术	……
123030122	033X22B	C♯程序设计	……

2. 第二范式（2NF）

如果一个关系 $R \in 1NF$，而且它的所有非主属性都完全依赖于 R 的候选键（不存在部分依赖），则 R 属于第二范式，记作 $R \in 2NF$。

例如，关系"课程"由"学号""课程号""课程名""成绩""学分"5 个属性组成。根据这个关系，关键字为组合键（学号，课程号），如表 2-4 所示。

表 2-4　选课表

学　号	课程号	课程名	成绩	学分
123030121	031J36B	数据库技术	80	6
123030121	033B17B	ASP. NET 程序设计	85	4
123030122	031J36B	数据库技术	75	6
123030122	033X22B	C♯程序设计	82	7

使用这个关系模式，实际应用中可能存在以下问题：

①更新异常。若调整了"数据库技术"课程的学分，相应的元组"学分"值都要更新，有可能出现同一门课学分不同的情况。

②插入异常。假如计划开新课，由于没人选修，没有"学号"关键字，只能等有人选修才能把"课程"和"学分"值存入。

③删除异常。若学生已经结业，要从当前数据库删除选修记录，而某些门课程，新生尚未选修，则此门课程及学分的记录无法保存。

分析其原因，非关键字属性"课程名""学分"仅依赖于"课程号"这个字段，也就是说，"学分"部分依赖组合关键字（学号，课程号），而不是完全依赖它。

因此，其解决方法为：将原有关系分成两个关系：选课（学号，课程号，成绩）和课程（课程号，课程名，学分）。其中，分解后的关系"课程"被原有关系"课程"包含，不成为新的关系，原有关系"课程"为学生成绩数据库的关系，如表 2-5 和表 2-6 所示。这样，两个关系都满足第二范式的要求。

表 2-5　选课表

学　号	课程号	学　分
123030121	031J36B	6
123030121	033B17B	4
123030122	031J36B	6
123030122	033X22B	7

表 2-6　课程表

课程号	课程名	学分	学时	备注
031J36B	数据库技术	6	102	

续表

课程号	课程名	学分	学时	备注
033B17B	ASP. NET 程序设计	4	85	
031J36B	数据库技术	6	102	
033X22B	C＃程序设计	7	119	

思考：如果关系模式 $R \in 1NF$，且其所有候选键为非组合键，是否有 $R \in 2NF$？

3. 第三范式（3NF）

如果关系模式 $R \in 2NF$，且它的每一个非主属性都不传递依赖于任何候选键，则称 R 是第三范式，记作 $R \in 3NF$。

例如，关系"教师"由"教师号""姓名""职称""联系方式""所在部门编号""部门名称""部门地址"7 个属性组成，候选键"教师号"决定各个属性，满足 2NF，如表 2-7 所示。

表 2-7　教师表

教师号	姓名	职称	联系方式	所在部门编号	部门名称	部门地址
j1003	张为民	副教授	15787451256	302	计算机系	6—609
j1004	陈静娴	助教	NULL	302	计算机系	6—609
j2001	赵清芳	讲师	15874120319	101	基础部	6—601
……	……	……	……	……	……	……

这样的关系肯定会使数据有大量冗余，有关教师"所在部门编号"、"部门名称"和"部门地址"的 3 个属性将重复插入、删除和修改。

分析其原因，关系中存在传递依赖。即"教师号"决定"所在部门编号"，"所在部门编号"决定"部门地址"；但"教师号"不能直接决定"部门地址"，而是通过"所在部门编号"传递依赖实现的，所以不满足第三范式。

因此，解决方法如下：将原有关系分为教师表（学号，姓名，所在部门编号）和部门表（所在部门编号，部门名称，部门地址），如表 2-8 和表 2-9 所示。

表 2-8　教师表

教师号	姓名	职称	联系方式	所在部门编号
j1003	张为民	副教授	15787451256	302
j1004	陈静娴	助教	NULL	302
j2001	赵清芳	讲师	15874120319	101
……	……	……	……	……

表 2-9　部门表

所在部门编号	部门名称	部门地址
302	计算机系	6—609
302	计算机系	6—609
101	基础部	6—601
……	……	……

思考 1：如果关系模式 $R \in 1NF$，且它的每一个非主属性既不部分依赖也不传递依赖于任何候选键，是否有 $R \in 3NF$？

思考 2：不存在非主属性的关系模式一定为 3NF 吗？

根据上述分析，优化后的学生成绩管理数据库关系模型如下所示：

学生（学号，姓名，性别，专业，出生年月，家庭地址，联系电话，总学分），主键：学号；

课程（课程号，课程名，学分，学时，备注），主键：课程号；

选课（学号，课程号，成绩），主键：学号，课程号；

教师（教师号，姓名，职称，部门，联系方式），主键：教师号；

部门（部门编号，部门名称，部门地址），主键：部门编号；

授课（教师号，课程号，开课时间），主键：教师号，课程号。

综上所述，规范化的过程就是在数据库表设计时移除数据冗余的过程。随着规范化的进行，数据冗余越来越少，但数据库的效率越来越低。这就要求在数据库设计中，能结合实际应用的性能要求，规范到合适的范式。对于目前的计算机技术，空间不是问题，但对查询速度要求极高。因此，在充分利用关系数据库的完整性约束条件，保证数据完整性的基础上，达到 3NF 就足够了，有的甚至到 2NF 就没有问题了，从而减少多表连接查询，加快查询速度，大幅度提高数据库的性能。

任务 2.3　学生成绩管理数据库的完整性约束设计

 **任务描述**

完成学生成绩管理数据库逻辑结构设计后，要在关系模型的基础上，确定其数据表和表中的字段，并建立约束，以保证数据的完整性和一致性。本学习任务通过对学生成绩管理数据库完整性约束的设计，介绍数据完整性的概念以及实现完整性约束的方法。

2.3.1　学生成绩管理数据库完整性约束设计概述

学生成绩管理数据库的各数据表如表 2-10～表 2-15 所示。

表 2-10　学生表（用来存储学生的基本信息）

字段名称	数据类型	长　度	说　　明
学号	char	9	主键
姓名	char	8	不可为空
性别	bit		"0"代表男生，"1"代表女生
专业	varchar	50	不可为空
出生年月	smalldatatime		
家庭地址	varchar	100	
联系电话	char	12	
总学分	float		默认为"0"

表 2-11 课程表（用来存储课程信息）

字段名称	数据类型	长　度	说　　　明
课程号	char	9	主键
课名	varchar	50	不可为空
学时	int		不可为空
学分	float		不可为空
备注	text		

表 2-12 选课表（用来存储学生的选课情况及成绩）

字段名称	数据类型	长　度	说　　　明
学号	char	9	联合主键，外键（参照学生表）
课程号	char	9	联合主键，外键（参照课程表）
成绩	float		

表 2-13 教师表（用来存储教师的基本信息）

字段名称	数据类型	长度	说　　　明
教师号	char	6	主键
姓名	char	8	不可为空
职称	char	8	不可为空
部门编号	varchar	50	外键（参照部门表）
联系方式	char	12	

表 2-14 部门表（用来存储部门基本信息）

字段名称	数据类型	长　度	说　　　明
部门编号	varchar	50	主键
部门名称	varchar	50	不可为空
部门地址	varchar	100	

表 2-15 授课表（用来存储教师授课的基本信息）

字段名称	数据类型	长　度	说　　　明
教师号	char	6	联合主键，外键（参照教师表）
课程号	char	9	联合主键，外键（参照课程表）
开课时间	datatime		

表 2-10～表 2-15 中的"字段名称"对应于关系模型中的"属性"；"数据类型"和"长度"可根据需求调研，并结合具体的数据库管理系统进行分析得到；"说明"部分为完整性约束的内容。什么是数据完整性？数据库的完整性约束有哪些？下面具体分析。

1. 数据完整性的定义

数据的完整性是指存储在数据库中的数据的正确性和可靠性，它是衡量数据库中数据质量好坏的一种标准。数据完整性要确保数据库中的数据一致、准确，同时符合业务学位规则。因此，满足数据完整性要求的数据应具有以下特点：

①数据类型准确无误。

②数据的值满足范围设置。

③同一表格的数据之间不存在冲突。

④多个表格的数据之间不存在冲突。

2. 数据完整性类型

数据的完整性分为实体完整性、区域完整性、参照完整性和用户自定义完整性。

(1) 实体完整性（Entity Integrity）

功能：实体完整性的目的是确保数据库中所有实体的唯一性，也就是不应使用完全相同的数据记录。

方法：设定主键（Primary Key）、唯一键（Unique Key）、唯一索引（Unique Index）和标识列（Identity Column）等，其中最常用的是主键。

(2) 区域完整性（Domain Integrity）

功能：要求数据表中的数据位于某一个特定的允许范围内。

方法：使用默认值（Default）、检查（Check）、外键（Foreign Key）、数据类型（Data Type）和规则（Rule）等多种方法来实现区域完整性。

例如，如果限制"性别"字段的数据值可以是"0"或"1"，那么，输入的其他数值将被 SQL Server 2008 拒绝。

(3) 参照完整性（Referential Integrity）

作用：用来维护相关数据表之间数据一致性的手段。通过实现参照完整性，避免因一个数据表的记录改变而造成另一个数据表内的数据变成无效的值。

方法：外键（Foreign Key）、检查（Check）、触发器（Trigger）和存储过程（Stored Procedure）。

例如，在学生表和选课表中，如果要删除学生表中的一条记录，同时在选课表中存在需要参考该记录的记录集，该删除操作将失败，避免了选课表中的数据失去关联。

(4) 用户自定义完整性

功能：这种数据完整性由用户根据实际应用中的需要自行定义。

方法：规则（Rule）、触发器（Trigger）、存储过程（Stored Procedure）和数据表创建时可以使用的所有约束（Constraint）。

例如，在学生表、选课表和课程表中，如果某学生某门课程的成绩大于等于 60 分，则该学生的总学分为在原总学分的基础上加上这门课程的学分。

2.3.2 完整性约束

使用约束是实现数据完整性最主要的方法，其主要目的是限制输入到表中的数值的范围。从应用范围来讲，约束分为两种：字段级约束和数据表级约束。字段级约束是数据表中字段定义的一部分，它只能应用于数据表中的一个字段；数据表级约束独立于数据表的字段定义之外，它可以应用于数据表中的多个字段。

常用的约束有以下几种。

1. 主键（Primary Key）约束

主键约束使用数据表中的一列或多列数据来唯一地标识一行数据。也就是说，在数据表中不能存在主键相同的两行数据。而且，位于主键约束下的数据应使用确定的数据，不能输入"Null"来代替确定的数值。在管理数据表时，应确保每一个数据表都拥有自己唯一的主键，从而实现数据的实体完整性。

2. 外键（Foreign Key）约束

外键约束主要用来实现数据的区域完整性和引用完整性。如果确定了数据表中的某一个字段将作为该数据表与其他数据表关联时使用的外键，那么，该字段的取值范围将决定于关联数据表中该字段的取值。

3. 唯一（Unique）约束

唯一约束主要用来确保非主键字段中数据的唯一性。唯一约束同主键约束的主要区别在于：在同一个数据表中，唯一约束可以用来同时约束一个或多个非主键字段中数据的唯一性，而主键约束只允许约束一个字段数据的唯一性或多个字段组合在一起的唯一性。在使用唯一约束的字段中允许出现"Null"值，而在使用主键约束时，字段中不允许出现"Null"值。

4. 检查（Check）约束

检查约束通过检查输入数据表字段的数值来维护数据的完整性，以确保只有符合条件的数据才能够进入数据表。它通常是通过检查一个逻辑表达式的结果是否为真，来判断数据是否符合条件。

5. 非空（Not Null）约束

非空约束用于设定某列值能不能为空。如果指定某列不能为空，则在添加记录时，必须为此列添加数据。例如，学生表中的"姓名"为非空，则在输入数据时，"姓名"一定要输入数据，不能为空。

6. 默认（Default）约束

默认约束为表中的某列建立一个默认值。当用户插入记录时，如果没有为该列提供输入值，系统会自动将默认值赋予该列。例如，对于学生表中的"总学分"字段，默认为"0"，则对于输入的记录，如果"总学分"为"0"，可以不用输入"总学分"数据，由此提高效率。

 项目小结

本项目主要介绍了如何设计关系数据库。其中，如何将 E-R 图转换为关系模式，如何根据关系数据模式的规范化理论优化关系模式，如何设计数据库完整性约束，是本项目的重点和难点。

 课堂实训

【实训目的】

1. 熟悉数据库设计的步骤和方法。

2. 学会绘制 E-R 图。

3. 学会将 E-R 图转换成关系模型，并根据规范化理论进行优化。

4. 学会根据关系模型确定数据表和表中的字段，并建立完整性约束。

【实训内容】

设某图书管理数据库中有三个实体集。一是"图书"实体集，属性有图书编号、书名、作者、价格、种类、ISBN、索书号、出版社、出版日期、馆藏地点等；二是"读者"实体集，属性有借书证号、姓名、性别、单位、类别、电话、电子邮件等；三是"管理员"实体集，属性有员工号、姓名、密码等。

图书和读者间存在"借阅"联系，每位读者可借阅多本图书，每本图书也可被多位读者借阅，每位读者每次借阅图书有借书日期和还书日期等项；管理员与图书间存在"管理图书"联系，每位管理员可以管理多种图书，每种图书可被多名管理员管理，管理员每次管理图书有变更日期和变更情况等项；管理员和读者间存在"管理读者"联系，一位管理员可管理多名读者，一名读者可被多位管理员管理，管理员每次管理读者有办证日期、使用期限、注销日期等项。

1. 试画出 E-R 图，并在图上注明属性、联系的类型。

步骤：

（1）确定实体集，请完善图 2-10～图 2-12 中所示各实体集的 E-R 图。

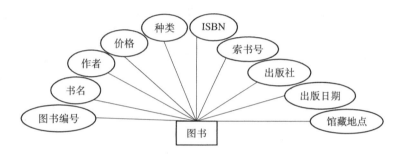

图 2-10 "图书"实体集 E-R 图

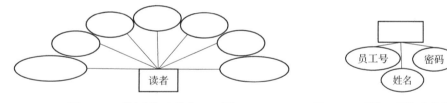

图 2-11 "读者"实体集 E-R 图　　　图 2-12 "管理员"实体集 E-R 图

（2）确定实体之间的联系及其类型（1∶1、1∶n、m∶n），请完善图 2-13。

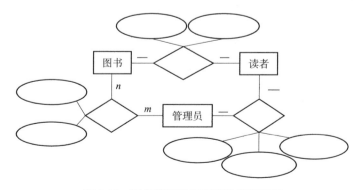

图 2-13 图书管理数据库实体集联系图

（3）生成初步 E-R 图，请完善图 2-14。

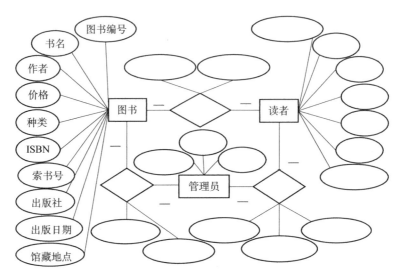

图 2-14　图书管理数据库 E-R 图

2. 将 E-R 图转换成关系模型，并根据规范化理论进行优化。下列为未完成的关系模型，请补充空格中的内容，完善关系模型。

图书（图书编号，索书号，书名，作者，价格，种类，ISBN，出版社，出版日期，馆藏地点），主键：图书编号；

读者（借书证号，_____，性别，单位，类别，电话，电子邮件），主键：_____；

管理员（_____，_____，_____），主键：_____；

借阅表（编号，图书编号，借书证号，_____，_____），主键：编号；

图书管理（图书编号，员工号，变更日期，变更情况），主键：_____；

读者管理（_____，_____，_____，_____，_____），主键：_____。

3. 在关系模型的基础上，确定数据表和表中的字段，并建立约束，以保证数据的完整性和一致性。请参考已完成的数据表 2-16，补充表 2-17～表 2-21 中的空格内容。

表 2-16　图书表（用来存储图书的基本信息）

字段名称	数据类型	长　度	说　　明
图书编号	char	15	主键
索书号	varchar	50	不可为空
书名	varchar	100	不可为空
作者	varchar	100	不可为空
价格	money		不可为空
种类	char	20	不可为空
ISBN	char	13	不可为空
出版社	varchar	50	不可为空
出版日期	datatime		不可为空
馆藏地点	varchar	50	

表 2-17 读者表（用来存储读者的基本信息）

字段名称	数据类型	长 度	说 明
借书证号	char	30	_____
_____	varchar	50	不可为空
性别	char	2	
单位	varchar	100	不可为空
类别	char	6	不可为空
电话	char	15	
电子邮件	varchar	50	

表 2-18 管理员表（用来存储管理员的基本信息）

字段名称	数据类型	长 度	说 明
_____	char	15	_____
_____	char	8	不可为空
_____	char		不可为空

表 2-19 借阅表（用来存储借、还书信息）

字段名称	数据类型	长 度	说 明
编号	int		_____，标识列
图书编号	varchar	50	外键，参照书籍表
借书证号	char	30	外键，参照读者表
_____	_____	_____	不可为空
_____			

表 2-20 图书管理表（用来存储管理员对图书进行管理的信息）

字段名称	数据类型	长 度	说 明
图书编号	char	15	外键，参照书籍表
员工号	char	15	外键，参照管理员表
变更日期	datetime		
变更情况	text		

表 2-21 读者管理表（用来存储管理员对读者进行管理的信息）

字段名称	数据类型	长 度	说 明
_____	_____	_____	_____
_____	_____		
_____	datetime		不可为空
_____	int		不可为空
_____	datetime		

 课外实训

设某学生宿舍管理数据库中有三个实体集。一是"学生"实体集，属性有学号、姓名、性别、专业、班级、出生年月、家庭住址、联系方式等；二是"宿舍"实体集，属性有楼号、房号、床位数等；三是"班主任"实体集，属性有教师号、姓名、密码、联系方式等。

学生、宿舍和班主任间存在"住宿"联系，每名学生可入住一间宿舍，每间宿舍可被多名学生入住；班主任管理住宿情况，每位班主任可管理多名学生和多间宿舍的住宿情况，每位学生入住一间宿舍有入住时间和期限等项。

根据以上描述，完成以下任务：

1. 试画出 E-R 图，并在图上注明属性、联系的类型。

2. 将 E-R 图转换成关系模型，并根据规范化理论进行优化。

3. 在关系模型的基础上，确定数据表和表中的字段，并建立约束，以保证数据的完整性和一致性。

项目 3 学生成绩管理数据库创建和维护

知识目标

1. 熟悉 SQL Server 2008 的开发环境，包括 SQL Server 2008 的配置、常用的管理工具。

2. 理解数据库和数据库对象的特点。

3. 理解组成数据库的各种对象的类型与作用。

4. 了解 4 个系统数据库及其主要作用。

5. 理解数据库的存储结构的种类及各种存储结构的具体含义。

6. 掌握 SSMS 及 T-SQL 语句创建数据库的方法。

能力目标

1. 能熟练使用 SQL Server 2008 的 SQL Server Management Studio 工具和其他常用管理工具。

2. 能利用 SQL Server 2008 数据库管理系统的 SQL Server Management Studio 进行数据库的创建及属性设置、修改、删除。

3. 能利用 T-SQL 语句进行数据库的创建、修改、删除。

4. 能熟练进行分离/附加数据库、管理数据库快照、收缩数据库等操作。

项目描述

如果将数据库比作是一座楼房，前面已经完成了这座楼房的图纸，下面要根据图纸建造楼房。因此，本项目要在项目 2 数据库设计的基础上，介绍 SQL Server 2008 开发环境，完成数据库的创建和维护，学习注册服务器和配置服务器选项，学习使用 SQL Server 2008 常用的管理工具；通过学生成绩管理数据库的创建，学习数据库的创建及属性设置；通过学生成绩管理数据库的修改、删除等，学习数据库的管理；最后通过课堂实训、课外实训，加强学生创建和维护数据库的能力。

本项目共有 3 个学习任务：

任务 3.1 SQL Server 2008 开发环境配置和基本操作

任务 3.2 学生成绩管理数据库的创建

任务 3.3 学生成绩管理数据库的维护

任务 3.1　SQL Server 2008 开发环境配置和基本操作

 任务描述

项目 2 中完成了数据库设计，接下来的任务是创建和管理数据库，即在 SQL Server 2008 中创建与管理学生成绩管理数据库。工欲善其事必先利其器，所以，首先要熟悉 SQL Server 2008 开发环境。

本学习任务是学会注册服务器和配置服务器选项，学习使用 SQL Server 2008 常用的管理工具。

3.1.1　SQL Server 2008 的配置

SQL Server 2008 安装见本书资源附录 A 所示。完成安装后，为了充分利用其系统资源，需要对服务器进行配置。合理地配置服务器，可以加快服务器响应请求的速度，充分利用系统资源，提高系统的工作效率。下面介绍如何注册服务器，以及如何配置服务器选项。

1. 注册服务器

为了管理、配置和使用 Microsoft SQL Server 2008，可以利用 Microsoft SQL Server Management Studio 工具注册服务器。注册服务器是为 Microsoft SQL Server 客户机/服务器系统确定一个数据库所在的机器。该机器作为服务器，可以为客户端的各种请求提供服务。服务器组是服务器的逻辑集合，可以把许多相关的服务器集中在一个服务器组中，方便对多服务器环境的管理操作。

下面介绍利用 Microsoft SQL Server Management Studio 工具注册数据库引擎服务器的操作。

（1）注册数据库引擎服务器

①启动 Microsoft SQL Server Management Studio 工具，然后选择菜单栏"视图"｜"已注册服务器"命令，在打开的"已注册服务器"窗口中，打开"数据库引擎"节点。

②选择"数据库引擎"节点下的"Local Server Groups"节点，并右击，在弹出的快捷菜单中选择"新建服务器注册（S）…"选项，即可打开"新建服务器注册"对话框，如图 3-1 所示。选择"常规"选项卡，然后在该选项卡中输入将要注册的服务器名称。在"服务器名称"下拉列表框中，既可以输入服务器名称，也可以从列表中选择一个服务器名称。从"身份验证"下拉列表框中选择身份验证模式，在此选择"Windows 身份验证"。

③选择"连接属性"选项卡，如图 3-2 所示。在该选项卡中，设置连接到的数据库、网络及其他连接属性。在"连接到数据库"下拉列表框中，指定用户将要连接到的数据库名称。如果选择"〈默认值〉"选项，表示连接到 Microsoft SQL Server 系统中当前用户的默认数据库。

如果选择"〈浏览服务器〉"选项，将弹出如图 3-3 所示的"查找服务器上的数据库"对话框，用于指定该服务器注册连接的数据库。

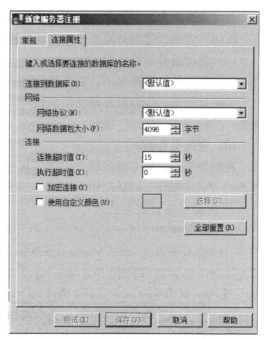

图 3-1　"新建服务器注册"对话框　　　　图 3-2　"新建服务器注册"中的"连接属性"

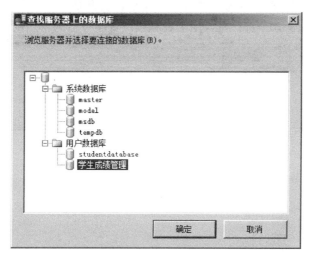

图 3-3　"查找服务器上的数据库"对话框

④单击"测试"按钮，测试当前设置的连接属性。如果出现如图 3-4 所示的"新建服务器注册"消息框，表示连接属性的设置是正确的。

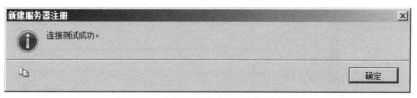

图 3-4　"新建服务器注册"消息框

⑤完成连接属性设置后，单击"保存"按钮，完成连接属性的设置。接着单击"保存"按钮，完成新建服务器注册操作。新建注册的服务器名称将出现在列表中。

（2）修改服务器的注册

①在已注册的服务器中，右击某台服务器，在弹出的快捷菜单中选择"属性"命令。

②在打开的"编辑服务器注册属性"对话框中，修改服务器信息、登录信息或连接属性，然后单击"保存"按钮。

（3）删除服务器

在需要删除的服务器名称上右击，从弹出的快捷菜单中选择"删除"命令，然后在弹出的"确认删除"对话框中单击"是"按钮，完成删除操作。

2. 设置服务器配置选项

服务器配置选项用于确定 Microsoft SQL Server 2008 系统运行行为、资源利用状况。用户可以使用 SQL Server Management Studio 或 sp_configure 系统存储过程，通过服务器配置选项来管理和优化 SQL Server 资源。大多数常用的服务器配置选项可以通过 SQL Server Management Studio 来使用，而所有配置选项都可通过 sp_configure 来访问。在设置这些选项之前，应该认真考虑对系统的影响。

（1）使用 SQL Server Management Studio 工具设置服务器配置选项

①在 SQL Server Management Studio 中的"对象资源管理器"右击需要配置的服务器名称，从弹出的快捷菜单中选择"属性"命令，打开如图 3-5 所示的"服务器属性"对话框。该对话框包含 8 个选择页，用于查看或设置服务器的常用选项值。

图 3-5 "服务器属性"对话框"常规"选择页

"常规"选择页如图 3-5 所示，其中列出了当前服务器的产品名称、操作系统名称、平台名称、版本号、使用的语言、当前服务器的最大内存数量、当前服务器的处理器数量、当前 SQL Server 安装的根目录、服务器使用的排序规则及是否已经群集化等信息。

②"服务器属性"对话框的"内存"选择页如图 3-6 所示，用于设置与内存管理相关的选项。

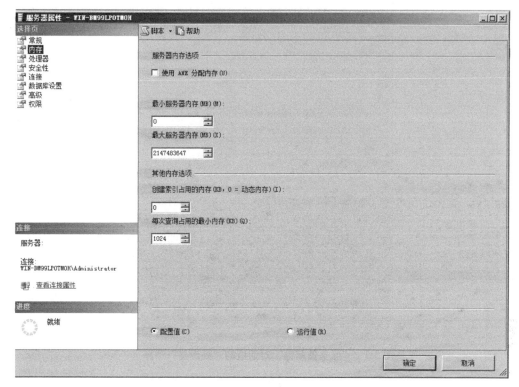

图 3-6 "服务器属性"对话框"内存"选择页

"使用 AWE 分配内存"复选框表示在当前服务器上使用 AWE 技术执行超大物理内存。从理论上讲，32 位地址最多可以映射 4GB 内存。但是，通过使用 AWE 技术，SQL Server 系统可以使用远远超过 4GB 的内存空间。一般情况下，只有在使用大型数据库系统时才选中该复选框。

"最小服务器内存（MB）"和"最大服务器内存（MB）"两个文本框用来设置服务器可以使用的内存范围。

"创建索引占用的内存"文本框用来设置索引占用的内存。当"创建索引占用的内存"文本框的值为"0"时，表示系统动态为索引分配内存。查询也需要耗费内存，在"每次查询占用的最小内存（KB）"文本框中设置查询所占内存的大小，默认值为"1024"。

"配置值"指的是当前设置了但是还没有真正起作用的选项值，"运行值"指的是当前系统正在使用的选项值。在设置某个选项之后选中"运行值"单选按钮，可以查看该设置是否立即生效。如果这些设置不能立即生效，必须重新启动服务器，才能使设置生效。

③"服务器属性"对话框的"处理器"选择页如图 3-7 所示，用于设置与服务器的处

理器相关的选项。只有服务器安装了多个处理器，"处理器关联"和"I/O 关联"才有意义。

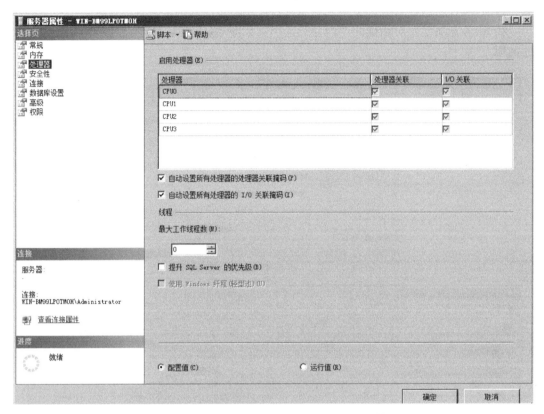

图 3-7　"服务器属性"对话框的"处理器"选择页

在 Windows 操作系统中，有时为了执行多个任务，需要在不同的处理器之间移动，以便处理多个线程。但是，这种移动会使处理器缓存不断地重新加载数据，降低了 Microsoft SQL Server 系统的性能。如果事先将每个处理器分配给特定的线程，可以避免处理器缓存重新加载数据，从而提高 Microsoft SQL Server 系统的性能。线程与处理器之间的这种关系称为处理器关联。

"最大工作线程数"选项用于设置 Microsoft SQL Server 进程的工作线程数。如果客户端比较少，可以为每一个客户端设置一个线程；如果客户端很多，可以为这些客户端设置一个工作线程池。当该值为 0 时，表示系统动态分配线程。最大线程数受服务器硬件的限制。例如，当服务器的 CPU 个数低于 4 时，32 位机器的最大可用线程数为 256，64 位机器的最大可用线程数为 512。

"提升 SQL Server 的优先级"复选框表示设置 SQL Server 进程的优先级高于操作系统上的其他进程。一般情况下，选中"使用 Windows 纤程（轻型池）"复选框，通过减小上下文的切换频率来提高系统的吞吐量。

④"服务器属性"对话框的"安全性"选择页如图 3-8 所示，用于设置与服务器身份认证模式、登录审核等安全性相关的选项。

在该选择页中，可以修改系统的身份验证模式。通过设置登录审核功能，将用户的

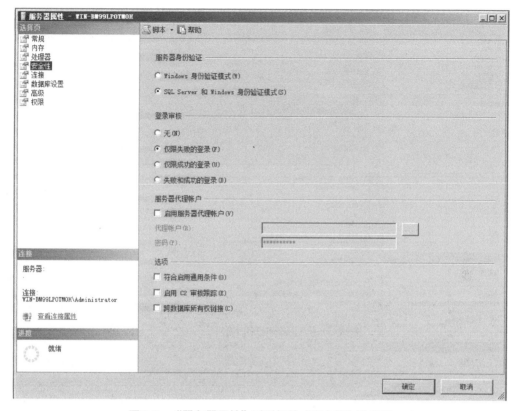

图 3-8　"服务器属性"对话框的"安全性"选择页

登录结果记录在错误日志中。如果选中"无"单选按钮，表示不对登录过程进行审核；选中"仅限失败的登录"单选按钮，表示只记录登录失败的事件；选中"失败和成功的登录"单选按钮，表示无论是登录失败事件还是登录成功事件，都将记录在错误日志中，以便对这些登录事件进行跟踪和审核。这种登录和审核仅仅是对登录事件审核。

如果要对执行某条语句的事件进行审核、对使用某个数据库对象的事件进行审核，可以选中"启用 C2 审核跟踪"复选框。该选项在日志文件中记录对语句、对象访问的事件。

如果选中"启用服务器代理账户"复选框，需要指定代理账户名称和密码。注意：如果服务器代理账户的权限过大，有可能被恶意用户利用，形成安全漏洞，危及系统安全。因此，服务器代理账户应该只具有执行既定工作所需的最低权限。

所有权链接通过设置某个对象的权限，允许管理多个对象的访问。但是，这种所有权链接是否可以跨数据库，可通过"跨数据库所有权链接"复选框来设置。

⑤"服务器属性"对话框的"连接"选择页如图 3-9 所示，用于设置与连接服务器相关的选项和参数。

"最大并发连接数（＝0 无限制）"数值框用于设置当前服务器允许的最大并发连接数。并发连接数是同时访问服务器的客户端数量，受到技术和商业两方面的限制。技术上的限制可以在这里设置，商业上的限制通过合同或协议来确定。将该选项设置为"0"，表示从技术上不限制并发连接数，理论上允许有无数多客户端同时

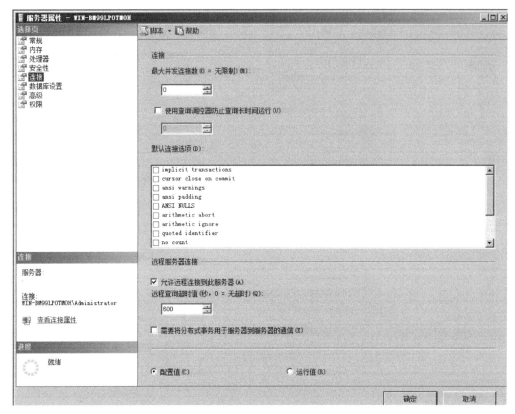

图 3-9　"服务器属性"对话框的"连接"选择页

访问服务器。

在 Microsoft SQL Server 系统中，查询语句执行时间的长短是通过查询调控器限定的。如果在"使用查询调控器防止查询长时间运行"下面的文本框中指定一个正数，查询调控器将不允许查询语句的执行时间超过设定值；如果指定为"0"，表示不限制查询语句的执行时间。另外，通过设置"默认连接选项"中的列表清单来控制查询语句的执行行为。

如果要设置与远程服务器连接有关的操作，选中"允许远程连接到此服务器"复选框，设置"远程查询超时值（秒，0＝无超时）"文本框和"需要将分布式事务用于服务器到服务器的通信"复选框。

⑥"服务器属性"对话框的"数据库设置"选择页如图 3-10 所示，用于设置与创建索引、执行备份和还原等操作相关的选项。

⑦"服务器属性"对话框的"高级"选择页如图 3-11 所示，用于设置有关服务器的并行操作行为、网络行为等。

⑧"服务器属性"对话框的"权限"选择页如图 3-12 所示，用于设置和查看当前 SQL Server 实例中登录名或角色的权限信息。

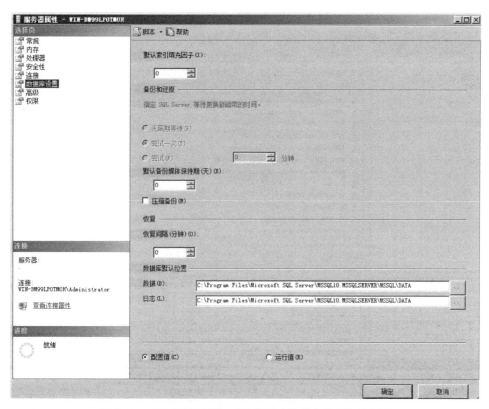

图 3-10　"服务器属性"对话框的"数据库设置"选择页

图 3-11　"服务器属性"对话框的"高级"选择页

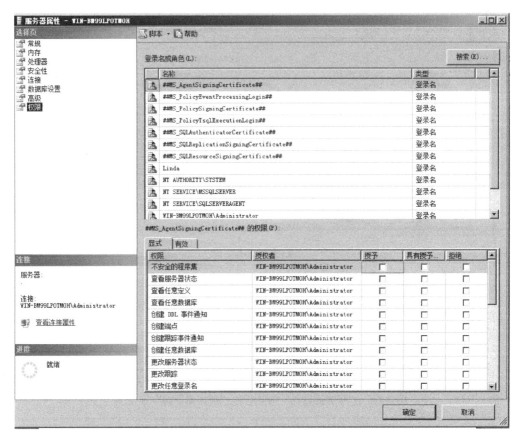

图 3-12　"服务器属性"对话框的"权限"选择页

（2）使用系统存储过程 sp_configure 设置服务器配置选项

sp_configure 系统存储过程用于显示和配置服务器的各种选项。sp_configure 的基本语法形式如下所示：

```
sp_configure 'option_name','value'
```

其中，option_name 为服务器配置选项的名称，value 为要配置的值。图 3-13 所示为设置服务器配置选项示例。

```
SQLQuery5.sql - (lo...dministrator (52))*
 use master
 go
sp_configure 'show advanced options',1
 reconfigure
 go
sp_configure 'cursor threshold',0
 reconfigure
 go
```

图 3-13　设置服务器配置选项示例

3.1.2 SQL Server 2008 常用的管理工具

Microsoft SQL Server 2008 系统提供了大量的管理工具，实现了对系统快速、高效地管理。这些管理工具主要包括 Microsoft SQL Server Management Studio、SQL Server 配置管理器、SQL Server Profiler、数据库引擎优化顾问及大量的命令行实用工具。其中，最重要的工具是 Microsoft SQL Server Management Studio。

1. Microsoft SQL Server Management Studio

Microsoft SQL Server Management Studio 是 Microsoft SQL Server 2008 提供的一种集成环境。它将各种图形化工具和多功能的脚本编辑器组合在一起，完成访问、配置、控制、管理和开发 SQL Server 的所有工作，大大方便了技术人员和数据库管理员对 SQL Server 系统的各种访问。Microsoft SQL Server Management Studio 启动后的主窗口如图 3-14 所示。

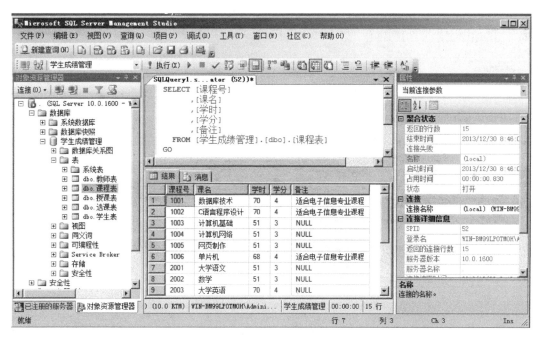

图 3-14 Microsoft SQL Server Management Studio 启动后的主窗口

2. SQL Server 配置管理器

在 Microsoft SQL Server 2008 系统中，可以通过"计算机管理"工具（见图 3-15）或"SQL Server 配置管理器"（见图 3-16）查看和控制 SQL Server 的服务。通过右击某个服务名称，可以查看该服务的属性，以及启动、停止、暂停、重新启动相应的服务。

3. SQL Server Profiler

使用摄像机，可以记录一个场景的所有过程，以便以后能够反复地观看。能否对 Microsoft SQL Server 2008 系统的运行过程进行摄录呢？答案是肯定的。使用 SQL Server Profiler 工具，可以完成这种摄录操作。从 Microsoft SQL Server Management Studio 窗口的"工具"菜单中运行 SQL Server Profiler，如图 3-17 所示。

图 3-15　"计算机管理"工具窗口

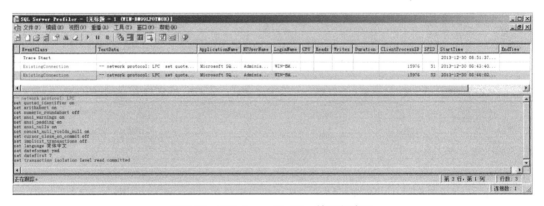

图 3-16　"SQL Server 配置管理器"窗口

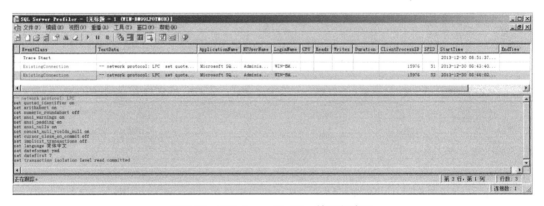

图 3-17　SQL Server Profiler 的运行窗口

4. 数据库引擎优化顾问

通过使用查询优化器分析工作负荷中的查询，推荐数据库的最佳索引组合；为工作负荷中引用的数据库推荐对齐分区和非对齐分区；推荐工作负荷中引用的数据库的索引视图；分析所建议的更改将产生的影响，包括索引的使用、查询在工作负荷中的性能；推荐为执行一个小型的问题查询集而对数据库进行优化的方法；允许通过指定磁盘空间约束等选项自定义推荐；提供对所给工作负荷的建议执行效果的汇总报告。

5. 实用工具

在 Microsoft SQL Server 2008 系统中，不仅提供了大量的图形化工具，还提供了大量的命令行实用工具。这些命令行实用工具包括 bcp、dta、dtexec、dtutil、

Microsoft. AnalysisServices. Deployment、 NSControl、 OSQL、 Profiler90、 RS、 RSConfig、 RSKeymgmt、 SAC、 SQLAgent90、 SQLCMD、 SQLdiag、 SQLMaint、 SQLServr、 SQLWB、 Tablediff 等。其中，SQLCMD 实用工具的窗口如图 3-18 所示。

图 3-18　SQLCMD 实用工具的窗口

任务 3.2　学生成绩管理数据库的创建

 任务描述

通过上一任务的学习，我们熟悉了 SQL Server 2008 的开发环境。接下来将要学习如何使用 SQL Server Management Studio、T-SQL 语句创建学生成绩管理数据库及 student 数据库，学会在 SQL Server 2008 中创建数据库。

3.2.1　使用 SSMS 创建学生成绩管理数据库

创建数据库，就是确定数据库名称、文件名称、数据文件大小、数据库的字符集、是否自动增长及如何自动增长等信息的过程。在一个 Microsoft SQL Server 实例中，最多可以创建32 767个数据库。数据库的名称必须满足系统的标识符规则。在命名数据库时，一定要保证数据库名称简短并有一定的含义。下面将介绍创建学生成绩数据库及 student 数据库的创建来学习如何在 SSMS 中创建数据库。

1. 使用 SSMS 图形化界面创建数据库

通过一个实例——创建学生成绩管理数据库，学习如何使用 SSMS 创建数据库。

【例 3.1】　创建一个名为"学生成绩管理"的数据库。该数据库的主数据文件逻辑名称为"学生成绩管理"，物理文件名为"学生成绩管理 . mdf"，初始大小为 10MB，最大尺寸为无限大，增长速度为 10%；数据库的日志文件逻辑名称为"学生成绩管理_log"，物理文件名为"学生成绩管理 . ldf"，初始大小为 1MB，最大尺寸为 5MB，增长速度为 1MB。

步骤如下：

①打开 SQL Server Management Studio（SSMS），在数据库文件夹或其下属任一用户数据库图标上右击，然后从弹出的快捷菜单中选择"新建数据库"选项（见图 3-19），弹出如图 3-20 所示的"新建数据库"对话框"常规"选择页。

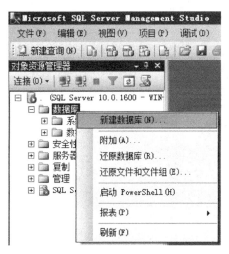

图 3-19　"新建数据库"选项

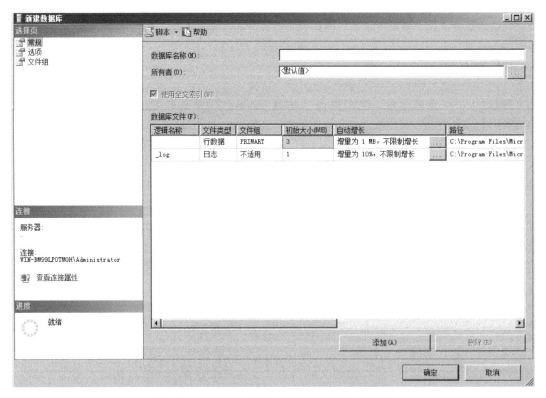

图 3-20　"新建数据库"对话框"常规"选择页

②设置数据库名称。在"常规"选择页的"数据库名称"文本框中输入新建数据库的名称"学生成绩管理",如图 3-21 所示。

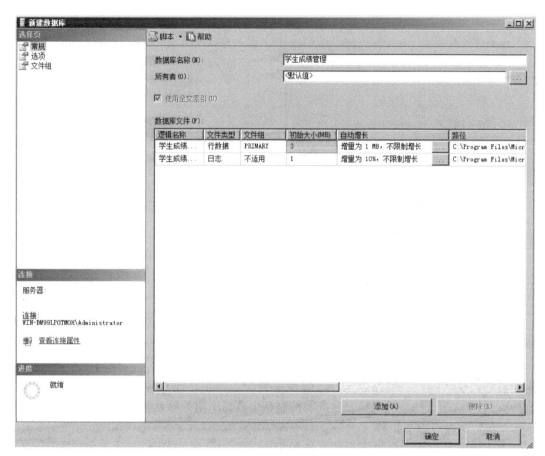

图 3-21　输入新建数据库名称

③设置数据库数据文件属性。在"常规"选择页的右下框"数据库文件(F):"中,将逻辑名称为"学生成绩管理"行的数据文件的"初始大小"修改为 10MB,并单击该行"自动增长"列的▢▢按钮,弹出"更改学生成绩管理_data 的自动增长设置"对话框,如图 3-22 所示。在此对话框中,"文件增长"项选择为"按百分比",并在其后面的组合框中输入"10";"最大文件大小"项选择为"不限制文件增长"。最后单击"确定"按钮,完成数据库数据文件的设置。

④设置数据库事务日志文件属性。在"常规"选择页的右下框"数据库文件(F):"中,将逻辑名称为"学生成绩管理_log"的日志文件的"初始大小"设置为 1MB,并单击该行"自动增长"列的▢▢按钮,弹出"更改学生成绩管理_log 的自动增长设置"对话框。在此对话框中,"文件增长"项选择为"按 MB(M)",并在其后的组合框中输入"1";"最大文件大小"项选择为"限制文件增长(MB)(R)",并在其后的组合框中输入"5"。最后单击"确定"按钮,完成数据库日志文件的设置。

⑤单击"新建数据库"对话框"常规"选择页的"确定"按钮,完成"学生成绩管理"数据库的创建,如图 3-23 所示。

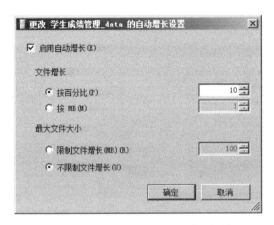

图 3-22　"更改自动增长设置"对话框　　　　图 3-23　创建完成学生成绩管理数据库

2. 数据库和数据库对象的特点

在【例 3.1】创建数据库时，提到了用户数据库。下面介绍 Microsoft SQL Server 2008 的数据库和数据库对象。

（1）数据库的类型和特点

Microsoft SQL Server 2008 系统提供了两种类型的数据库，即系统数据库和用户数据库。

系统数据库存放 Microsoft SQL Server 2008 系统的系统级信息，例如系统配置、数据库属性、登录账户、数据库文件、数据库备份、警报、作业等信息。Microsoft SQL Server 2008 使用这些系统级信息管理和控制整个数据库服务器系统。

系统数据库有以下 4 种。

①master 数据库：是最重要的系统数据库。它记录了 SQL Server 系统级的所有信息，包括服务器配置信息、登录账户信息、数据库文件信息、SQL Server 初始化信息等。这些信息影响整个 SQL Server 系统的运行。

②model 数据库：是一个模板数据库。它存储了可以作为模板的数据库对象和数据。当创建用户数据库时，系统自动把该模板数据库中的所有信息复制到用户新建的数据库，使得新建的用户数据库初始状态下具有了与 model 数据库一致的对象和相关数据，从而简化数据库的初始创建和管理操作。

③msdb 数据库：是与 SQL Server Agent 服务有关的数据库。它记录有关作业、警报、操作员、调度等信息。这些信息用于自动化系统的操作。

④tempdb 数据库：是一个临时数据库，用于存储查询过程中使用的中间数据或结果。实际上，它只是系统的一个临时工作空间。

用户数据库是由用户创建的，用来存放用户数据和对象的数据库。例如，本项目已创建的学生成绩管理数据库和将要创建的 student 数据库。

（2）数据库对象的类型和特点

数据库是数据和数据库对象的容器。数据库对象是指存储、管理和使用数据的不同结构形式。在 Microsoft SQL Server 2008 中，主要的数据库对象包括数据库关系图、表、视图、同义词、存储过程、函数、数据库触发器、程序集、类型、规则、默认值等，如图 3-24 所示。

"数据库关系图"对象用来描述数据库中表和表之间的关系。关系图有时也称为 E-R 图、ERD 图或 EAR 图等。

"表"对象是数据库最基本、最重要的对象。表用来存储系统数据和用户数据，是最核心的数据库对象。

"视图"对象是建立在表基础上的数据库对象。视图是一种虚拟表，用来查看数据库中的一个或多个表，主要以 SELECT 语句形式存在。

"同义词"对象是数据库对象的另一个名称。通过使用同义词对象，可以大大简化对复杂数据库对象名称的引用。

"可编程性"对象是一个逻辑组合，它包括存储过程、函数、数据库触发器、程序集、类型、规则和默认值等对象。存储过程是封装了可重用代码的模块或例程。

①存储过程可以接收输入参数，向用户返回结果和消息，调用 Transact-SQL（后文简用为 T-SQL）语句并返回输出参数。在 Microsoft SQL Server 2008 中，使用 T-SQL 或 CLR 语言定义存储过程。

②函数是接收参数，执行复杂操作，并将结果以值的

图 3-24 "对象资源管理器"数据库对象节点

形式返回的例程。函数分为：表值函数、标量值函数、聚合函数和系统函数。

③数据库触发器是一种特殊的存储过程，在数据库服务器中发生指定的事件后自动执行。

④程序集是在 Microsoft SQL Server 2008 中使用的 DDL 文件，用于部署用 CLR 编写的函数、存储过程、触发器、用户定义聚合和用户定义类型等对象。

⑤类型中包含了系统数据类型、用户定义数据类型、用户定义类型和 XML 架构集合等对象类型。系统数据类型是 SQL Server 系统提供的数据类型，如数值类型、日期类型等。用户定义数据类型是指用户基于系统数据类型定义的数据类型。用户定义类型扩展了 SQL Server 的类型系统，用于定义表中列的类型，或者 T-SQL 语言中的变量或例程参数的类型。XML 架构集合是一个类似数据库表的元数据实体，用户存储导入的 XML 架构。

⑥规则可以限制表中列值的取值范围，确保输入数据的正确性。实际上，规则是一种向后兼容的，用于执行与 CHECK 约束相同的功能。

⑦默认值也是一种完整性对象，它可以为表中指定列提供默认值。

⑧计划指南是一种优化应用程序中查询语句性能的对象，通过将查询提示或固定的查询计划附加到查询来影响查询的优化。这是 Microsoft SQL Server 2008 的新增功能。

除了上述对象，数据库中还包括消息类型、约定、队列、服务、路由、远程服务绑定、Broker 优先级等对象。

3. 继续操练

【**例 3.2**】　　使用 SSMS 创建 student 数据库。创建一个指定多个数据文件和日志文件的数据库，名为 student，其中有 1 个 10MB 和 1 个 20MB 的数据文件及 2 个 10MB 的事务日志文件。数据文件逻辑名称为 student1 和 student2，物理文件名为 student1. mdf 和 student2. ndf。主数据文件是 student1，由 primary 指定；辅数据文件 student2 属于文件组 filegroup2，两个数据文件的最大尺寸分别为无限大和 100MB，增长速度分别为 10％ 和 1MB。事务日志文件的逻辑名为 studentlog1 和 studentlog2，物理文件名为 studentlog1. ldf 和 studentlog2. ldf，最大尺寸均为 50MB，文件增长速度为 1MB。

提示：【例 3.2】比【例 3.1】增加了文件数量和文件组数量，且各数据文件分别属于不同的文件组。

步骤如下：

①打开 SQL Server Management Studio 对象资源管理器，在数据库文件夹或其下属任一用户数据库图标上右击，从弹出的快捷菜单中选择"新建数据库"选项，如图 3-19 所示，弹出如图 3-20 所示的"新建数据库"对话框"常规"选择页。

②设置数据库名称。在"常规"选择页的"名称"文本框中输入新建数据库的名称 student。

③设置数据库 student1 数据文件属性。在"常规"选择页的右下框"数据库文件（F）："中，修改行数据文件的逻辑名称为 student1，"初始大小"修改为 10MB，并单击该行"自动增长"列的□按钮，弹出"更改 student1 的自动增长设置"对话框。其中，"文件增长"项选择为"按百分比"，并在其后的组合框中输入"10"；"最大文件大小"项选择为"不限制文件增长"。单击"确定"按钮，完成数据库 student1 数据文件的设置。

④设置数据库 student2 数据文件属性。在"常规"选择页中单击"添加"按钮，在"数据库文件（F）："中增加一行，如图 3-25 所示。输入行数据文件的逻辑名称为 student2。在该行的"文件组"列，单击下拉列表框，如图 3-26 所示，然后选择"〈新文件组〉"，弹出如图 3-27 所示的"student 的新建文件组"对话框。在"名称（N）："后的文本框中输入文件组名称 filegroup2，然后单击"确定"按钮。同【例 3.1】，将"初始大小"修改为 20MB，并单击该行"自动增长"列的□按钮，弹出"更改 student2 的自动增长设置"对话框。其中，"文件增长"项选择为"按 MB（M）"，并在其后的组合框中输入 1；"最大文件大小"项选择为"限制文件增长（MB）（R）"，并在其后的组合框中输入 100。最后单击"确定"按钮，完成数据库 student2 数据文件的设置。

⑤设置数据库事务日志文件属性。在"常规"选择页的右下框"数据库文件（F）："中，修改逻辑名称为 student_log，日志文件为 studentlog1，其"初始大小"设置为 20MB，然后单击该行"自动增长"列的□按钮，弹出"更改 studentlog1 的自动增长设置"对话框。其中，"文件增长"项选择为"按 MB（M）"，并在其后的组合框中输入 1；"最大文件大小"项选择为"限制文件增长（MB）（R）"，并在其后的组合框中输入 50。

再在"常规"选择页中单击"添加"按钮，在"数据库文件（F）："中增加一行，输入逻辑名称 studentlog2。在该行的"文件类型"列单击下拉式列表框，如图 3-28 所示。选择"日志"，其初始大小、自动增长等设置同上述 studentlog1 日志文件。

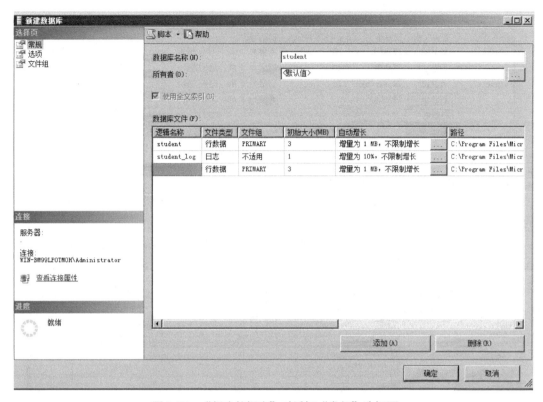

图 3-25　"新建数据库"对话框"常规"选择页

逻辑名称	文件类型	文件组	初始大小(MB)	自动增长		路径
student	行数据	PRIMARY	3	增量为 1 MB，不限制增长	...	C:\Program Files\Micr
student_log	日志	不适用	1	增量为 10%，不限制增长	...	C:\Program Files\Micr
	行数据	PRIMARY ▼	3	增量为 1 MB，不限制增长	...	C:\Program Files\Micr
		PRIMARY				
		〈新文件组〉				

图 3-26　选择文件组

图 3-27　"student 的新建文件组"对话框

55

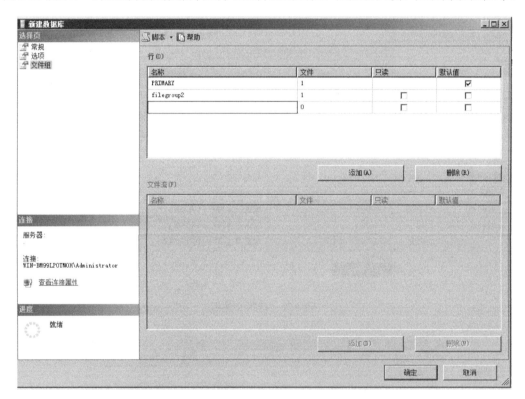

图 3-28　选择文件类型

最后，单击"确定"按钮，完成数据库日志文件的设置。

⑥单击"新建数据库"对话框"常规"选择页的"确定"按钮，完成 student 数据库的创建。

上述"新建文件组"也可以在"新建数据库"对话框的"文件组"选择页中完成，如图 3-29 所示，可设置或添加数据库文件和文件组的属性，如是否只读，是否为默认值等。

图 3-29　"新建数据库"对话框"文件组"选择页

从【例 3.1】和【例 3.2】发现，为了有效地完成数据库创建工作，必须解决以下问题：存储问题、数据库的大小问题、确定数据库运行时的行为特征等。【例 3.2】涉及到文件组，下面介绍什么是数据库文件和文件组。

在 Microsoft SQL Server 2008 系统中，一个数据库至少有一个主数据文件和一个主事务日志文件。当然，一个数据库也可以有多个数据文件和多个日志文件。数据文件用于存放数据库的数据和各种对象，事务日志文件用于存放事务日志。一般情况下，主数

据文件的后缀为 .mdf，辅数据文件的后缀为 .ndf。一个数据库最多可以拥有32 767个数据文件和32 767个日志文件。

文件组就是文件的逻辑集合。为了方便数据的管理和分配，文件组可以把一些指定的文件组合在一起。使用文件和文件组时，应该考虑下列因素：

①一个文件或者文件组只能用于一个数据库，不能用于多个数据库。

②一个文件只能是某一个文件组的成员，不能是多个文件组的成员。

③数据库的数据信息和日志信息不能放在同一个文件或文件组中。数据文件和日志文件总是分开的。

④日志文件永远不能是任何文件组的一部分。

另外，通过理解数据库的空间管理，可以估算数据库的设计尺寸。数据库的大小等于数据库中的表大小、索引大小及其他占据物理空间的数据库对象大小之和。假设某个数据库中只有一个表，该表的数据行字节是 800B。这时，一个数据页上最多只能存放 10 行数据。如果该表大约有 100 万行的数据，该表将占用 10 万个数据页的空间。因此，该数据库的大小估计为：100 000×8KB＝800 000KB＝781.25MB。根据数据库大小的估计值，再考虑其他因素，可以得到数据库的设计值。

另外，在创建上述两个数据库的过程中，"新建数据库"对话框还有一个"选项"选择页，如图 3-30 所示。设置数据库选项是定义数据库状态或特征的方式，可设置数据库的排序规则、恢复模式、兼容级别及其他选项。需要注意的是，使用 Microsoft SQL Server Management Studio 工具只能设置其中大多数选项。

图 3-30 "新建数据库"对话框"选项"选择页

3.2.2 使用 T-SQL 语句创建学生成绩管理数据库

1. 使用 T-SQL 语句创建"学生成绩管理"数据库

除了使用 SSMS 创建数据库，还可以使用 T-SQL 语句创建数据库。

使用 CREATE DATABASE 语句创建数据库的语法如下所示：

```
CREATE DATABASE 数据库名
[ON]                    --数据文件
{ [PRIMARY] [FILEGROUP 文件组名]
(NAME=逻辑文件名,
FILENAME='物理文件名'
[,SIZE=大小[KB|MB|GB]]
[,MAXSIZE={增长量[KB|MB|GB|%]|UNLIMITED}]
[,FILEGROWTH=增长量[KB|MB|GB|%])
}[,…n]
LOG ON          --日志文件
{(NAME=逻辑文件名,
FILENAME='物理文件名'
[,SIZE=大小[KB|MB|GB]]
[,MAXSIZE={最大容量[KB|MB|GB] | UNLIMITED}]
[,FILEGROWTH=增长量[KB|MB|GB|%])
}[,…n]]
```

各参数说明如下：

①ON：指明数据文件的明确定义。

②数据库名，最长为 128 个字符。

③PRIMARY：该参数在主文件组中指定文件。若没有指定 PRIMARY 关键字，该语句中列的第一个文件成为主数据文件。

④LOG ON：指明事务日志文件的明确定义。

⑤NAME：指定数据库的逻辑名称。这是在 SQL Server 系统中使用的名称，是数据库在 SQL Server 中的标识符。

⑥FILENAME：指定数据库所在文件的操作系统文件名称和路径。该操作系统文件名和 NAME 的逻辑名称一一对应。

⑦SIZE：指定数据库的初始容量大小。

⑧MAXSIZE：指定操作系统文件可以增长到的最大尺寸。如果没有指定，文件可以不断增长，直到充满磁盘。

⑨FILEGROWTH：指定文件每次增加容量的大小。当指定数据为"0"时，表示文件不增长。

注：T-SQL 语句中命令可用英文大写，也可用英文小写，没有区别，原则上，一般命令用大写，其他则用小写。

【例 3.3】 创建【例 3.1】所述学生成绩管理数据库。该数据库的主数据文件逻辑名称为"学生成绩管理",物理文件名为"学生成绩管理.mdf",初始大小为10MB,最大尺寸为无限大,增长速度为10%;数据库的日志文件逻辑名称为"学生成绩管理_log",物理文件名为"学生成绩管理.ldf",初始大小为1MB,最大尺寸为5MB,增长速度为1MB。

```
CREATE DATABASE 学生成绩管理    -- 数据库名为学生成绩管理
ON                             -- 指明为数据文件
(NAME = 学生成绩管理,
FILENAME = 'D:\学生成绩管理.mdf',
SIZE = 10,                              主数据文件
MAXSIZE = unlimited,
FILEGROWTH = 10%
)
LOG  ON
(NAME = 学生成绩管理_Log,
FILENAME = 'D:\学生成绩管理.ldf',
SIZE = 1,                               日志文件
MAXSIZE = 5,
FILEGROWTH = 1
)
```

说明: 在这个实例中,学生成绩管理数据库包含一个主数据文件和一个日志文件。

2. 继续操练

【例 3.4】 使用 T-SQL 语句创建【例 3.2】所述的 student 数据库。

分析: 与【例 3.3】不同的是,本例多了一个文件组及辅数据文件。

具体实现如下所示:

```
CREATE DATABASE student
ON PRIMARY
(NAME = student1,
FILENAME = 'd:\student1.mdf',
SIZE = 10,
Maxsize = unlimited,
FILEGROWTH = 10%),
FileGroup filegroup2              -- 定义文件组 filegroup2
(NAME = student2,
FILENAME = 'd:\student2.ndf',
SIZE = 20,                              辅数据文件
Maxsize = 100,
FILEGROWTH = 1)
LOG ON
(NAME = studentlog1,
```

```
FILENAME = 'd:\studentlog1.ldf',
maxsize = 50,
FILEGROWTH = 1),
(NAME = studentlog2,
FILENAME = 'd:\studentlog2.ldf',
maxsize = 50,
FILEGROWTH = 1)
```

说明： 一个数据库可以包含多个辅数据文件，可以用文件组将一些指定的数据文件组合在一起。这个实例中，student 数据库包含一个主数据文件（student1.mdf）、一个辅数据文件（student2.ndf）和两个日志文件（studentlog1.ldf、tudentlog2.ldf），其中辅数据文件 student2.ndf 是文件组 filegroup2 的成员。

任务 3.3　学生成绩管理数据库的维护

任务描述

前面介绍了数据库的创建方法。那么，如何重命名数据库，如何修改数据库大小、名称和属性，如何删除数据库和查看数据库状态及信息，这些都是本学习任务要讨论的内容。本学习任务将通过对学生成绩管理数据库、student 数据库的操作，介绍数据库的重命名、查看、修改、删除，以及附加和分离数据库、管理数据库快照、收缩数据库的方法等。

3.3.1　重命名数据库

1. 使用 SSMS 重命名数据库

【例 3.5】　把 student 数据库的名称改为 studentdatabase。

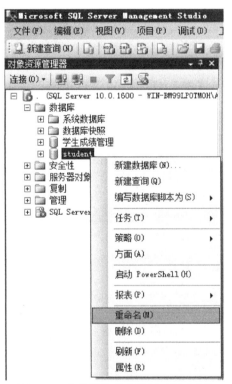

图 3-31　在快捷菜单中选择"重命名"

在 SQL Server Management Studio 中，右击要重命名的数据库，然后在弹出的菜单中选择"重命名"命令（见图 3-31），其后的操作步骤如图 3-32 和图 3-33 所示。

2. 使用系统存储过程 sp_renamedb

其语法格式如下：

```
exec sp_renamedb '原数据库名','新数据库名'
```

【例 3.6】　使用系统存储过程 sp_renamedb 重命名数据库。把【例 3.5】中已改为 studentdatabase 数据库的名称重新改为 student 的语句如下所示：

```
exec sp_renamedb'studentdatabase','student'
```

图 3-32 　 重命名前 　 　 　 　 　 　 　 图 3-33 　 重命名后

3.3.2　 查看和修改数据库

1. 用 SSMS 图形界面进行查看和修改

启动 SSMS，在"对象资源管理器"窗口中展开"数据库"节点，再右击目标数据库"学生成绩管理"，从弹出的快捷菜单中选择"属性"命令后，出现"数据库属性—学生成绩管理"对话框的"常规"页，如图 3-34 所示。在"数据库属性—学生成绩管理"对话框中，共有"常规""文件""文件组""选项""更改跟踪""权限""扩展属性""镜像""事务日志传送"9 个选择页，分别用于查看数据库的各项属性，并修改数据库。

图 3-34 　 "数据库属性—学生成绩管理"对话框的"常规"页

【例 3.7】 修改"学生成绩管理"数据库，把原有的"学生成绩管理"文件的初始容量增加到 15MB，并将其容量上限增加到 25MB，递增量加到 2MB。

使用 SSMS 图形界面修改数据库的步骤如下所述：在"数据库属性—学生成绩管理"对话框中单击"文件"页，弹出如图 3-35 所示的界面。修改数据文件"学生成绩管理"的"初始大小（MB）"为"15"，并修改其"自动增长"，具体操作同数据库创建时一样。

图 3-35 "数据库属性—学生成绩管理"对话框"文件"页

【例 3.8】 修改 student 数据库，为其添加一个数据文件和一个日志文件，数据文件的逻辑文件名为 student3_dat，物理文件名为 student3_dat.ndf，日志文件的逻辑文件名为 student3_log，物理文件名为 student3_log.ldf。这 2 个文件的初始容量为 5MB，最大容量为 10MB，文件大小递增量为 1MB。

使用 SSMS 图形界面修改数据库的步骤如下所述：在"数据库属性—student"对话框中单击"文件"页，再单击"添加"按钮添加数据文件和日志文件，具体操作同数据库创建时一样。

【例 3.9】 修改 student 数据库，为其添加一个文件组 studentFileGroup，并向该文件组添加两个初始容量为 3MB，最大容量为 10MB，递增量为 1MB 的数据文件。第一个文件的逻辑文件名和物理文件名分别为 student4_dat 和 student4_dat.ndf，第二个文件的逻辑文件名和物理文件名分别为 student5_dat 和 student5_dat.ndf。然后，删除【例 3.8】中添加的事务日志文件 student3_log。

使用 SSMS 图形界面修改数据库的步骤如下所述：在"数据库属性—student"对话

框中单击"文件组"页，添加文件组 studentFileGroup；然后单击"文件"页，添加数据文件，具体操作同数据库创建时一样。删除日志文件更简单，只要单击要删除的日志文件，然后单击"删除"按钮即可。

2. 使用 T-SQL 语句修改数据库

除了使用 SSMS 图形化界面修改数据库，用户还可以根据需要使用 ALTER DATABASE 语句修改数据库中指定的文件。这些修改操作包括增加数据文件、在指定的文件组中增加指定文件、增加日志文件、删除指定的文件及修改指定的文件等。如果要在指定的文件组中增加文件，可以使用 TO FILEGROUP 子句。下面通过【例 3.10】、【例 3.11】和【例 3.12】介绍这些内容。

（1）修改数据库中文件的容量的格式如下：

```
ALTER DATABASE 数据库名
MODIFY FILE
(NAME = 逻辑文件名,
Size = 大小
[,MAXSIZE = 最大容量,
FILEGROWTH = 增长速度]
)
```

注意：重新指定的数据库分配空间必须大于现有空间，否则不会对该文件的大小进行修改并提示出错信息。

【例 3.10】　修改"学生成绩管理"数据库，把原有的"学生成绩管理"文件的初始容量增加到 15MB，并将其容量上限增加到 25MB，递增量加到 2MB。

使用 T-SQL 语言的 ALTER DATABASE 语句修改"学生成绩管理"数据库，具体实现如下所示：

```
ALTER DATABASE 学生成绩管理
MODIFY FILE
(NAME = 学生成绩管理,
Size = 15MB,
MAXSIZE = 25MB,
FILEGROWTH = 2MB)
```

（2）修改数据库，为其添加文件的格式如下：

```
ALTER DATABASE database_name
ADD [LOG] FILE
(NAME = 逻辑文件名,
FILENAME = '物理文件名'
[,SIZE = 大小,
MAXSIZE = 最大容量,
FILEGROWTH = 增长量]
)[TO FILEGROUP 文件组名]
```

【例 3. 11】 修改 student 数据库，添加一个数据文件和一个日志文件，数据文件的逻辑文件名为 student3_dat，物理文件名为 student3_dat. ndf，日志文件的逻辑文件名为 student3_log，实际文件名为 student3_log. ldf。这 2 个文件的初始容量为 5MB，最大容量为 10MB，文件大小递增量为 1MB（修改前，先将在 SSMS 中增添的数据文件和日志文件删除）。

具体实现代码如下所示：

```
ALTER DATABASE student
ADD FILE
(NAME = student3_dat,
FILENAME = 'd:\ student3_dat.ndf',
Size = 5MB,
MAXSIZE = 10MB,
FILEGROWTH = 1MB
)
GO
ALTER DATABASEstudent
ADD LOG FILE
(NAME = student3_log,
FILENAME = 'd:\ student3_log.ldf',
Size = 5MB,
MAXSIZE = 10MB,
FILEGROWTH = 1MB
)
GO
```

（3）修改数据库，为其添加文件组的格式如下：

```
ALTER DATABASE   数据库名
ADD   FILEGROUP   文件组名
```

（4）修改数据库，进行删除文件的格式如下：

```
ALTER DATABASE   数据库名
REMOVE FILE   文件名
```

【例 3. 12】 修改 student 数据库，添加一个文件组 studentFileGroup，并向该文件组中添加两个初始容量为 3MB，最大容量为 10MB，递增量为 1MB 的数据文件。第一个文件的逻辑文件名和实际文件名分别为 student4_dat 和 student4_dat. ndf，第二个文件的逻辑文件名和实际文件名分别为 student5_dat 和 student5_dat. ndf。然后删除【例 3. 11】添加的事务日志文件 student3_log。

具体实现代码如下所示：

①添加文件组：

```
ALTER DATABASE student
add filegroup studentFileGroup
GO
```

②添加文件到指定的文件组中：

```
ALTER DATABASE student
ADD FILE
(NAME = student4_datt,
FILENAME = 'd:\ student4_dat.ndf',
Size = 3MB,
maxsize = 10MB,
filegrowth = 1MB),
(NAME = student5_dat,
FILENAME = 'd:\ student5_dat.ndf',
Size = 3MB,
maxsize = 10MB,
filegrowth = 1MB)
TO FILEGROUP studentdatabase
GO
```

③删除文件：

```
ALTER DATABASE student
REMOVE FILE student3_log
```

总结：T-SQL 语言使用 ALTER DATABASE 语句修改数据库的语法格式如下所示：

```
Alter database 数据库名
{add file<文件说明>[, … n] [to filegroup 文件组名]
|add log file <文件说明>[, … n]
|remove file 逻辑文件名 [with delete]
|modify file <文件说明>
|modify name = 新数据库名
|add filegroup 文件组名
|remove filegroup 文件组名
|modify filegroup 文件组名
    {文件组组属性|name = 新文件组名}}
```

其中，〈文件说明〉格式如下：

```
〈文件说明〉::=
(NAME = 逻辑文件名
[,FILENAME = '物理文件名']
[,SIZE = 大小]
[,MAXSIZE = 最大容量|UNLIMINTED]
[,FILEGROWTH = 增长量]
)
```

说明： 以上语法格式中，可根据数据库所需的修改操作，选择"｛｝"中以"｜"为分隔的一个或多个语句执行，"［］"中的语句可根据实际需要决定选择与否。

3.3.3 删除数据库

1. 使用 SQL Server Management Studio 图形化界面删除数据库

【例 3.13】 删除名为 student 的数据库。

在 SQL Server Management Studio 中，右击要删除的数据库，然后从弹出的快捷菜单中选择"删除"选项，即可删除数据库。系统弹出确认是否要删除数据库的对话框，如图 3-36 所示。选择"关闭现有连接（C）"，然后单击"确定"按钮，删除该数据库。

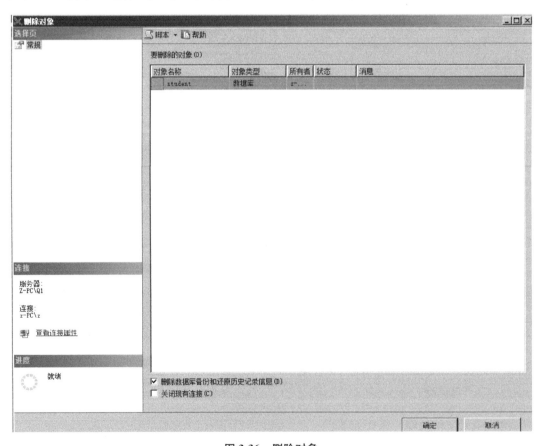

图 3-36　删除对象

2. 使用 T-SQL 语句删除数据库

使用 DROP DATABASE 语句，可以从 SQL Server 中一次删除一个或多个数据库，其语法格式如下：

```
DROP   DATABASE 数据库名 [,…n]
```

【例 3.14】   删除名为 student 的数据库。

使用 T-SQL 语言的 DROP DATABASE 语句删除 student 数据库，具体实现如下所示：

```
DROP DATABASE student
```

3.3.4 分离数据库和附加数据库

1. 分离数据库

分离数据库是指将数据库从 Microsoft SQL Server 实例中删除，但是该数据库的数据文件和事务日志文件保持不变。这样，可以将该数据库附加到任何 Microsoft SQL Server 实例中。可以使用 SQL Server Management Studio 工具执行数据库分离操作，也可以使用 sp_detach_db 系统存储过程执行数据库分离操作。

附加数据库就是将存放在硬盘上的数据库文件加入 SQL Server 服务器中。附加数据库可以使用 SQL Server Management Studio 工具，也可以使用 T-SQL 语句来完成。

2. 使用 SSMS 实现分离/附加数据库

（1）使用 SSMS 实现分离数据库

【例 3.15】   分离"学生成绩管理"数据库。

使用 SSMS 分离"学生成绩管理"数据库的步骤如下：

①打开 SQL Server Management Studio，展开服务器。

②展开数据库文件夹，右击要分离的"学生成绩管理"数据库，选择"任务"｜"分离"命令。

③在随后出现的"分离数据库"对话框中，在"要分离的数据库（A）:"中根据需要，选择"删除连接""更新统计信息""保留全文目录"，单击"确定"按钮，则完成数据库分离。

（2）使用 SSMS 实现附加数据库

【例 3.16】   附加"学生成绩管理"数据库。

使用 SSMS 实现附加"学生成绩管理"数据库的步骤如下：

①启动 SQL Server Management Studio，展开服务器。

②右击数据库，选择"任务"｜"附加"命令。

③在随后出现的"附加数据库"对话框中，单击"添加"按钮，选择要附加的数据库的主数据文件名及存放位置。

④单击"确定"按钮，完成数据库附加。

3. 使用 T-SQL 命令实现分离/附加数据库

（1）使用 sp_detach_db 系统存储过程分离数据库

【例 3.17】　使用 sp_detach_db 系统存储过程实现分离"学生成绩管理"数据库，具体实现如下：

```
sp_detach_db 学生成绩管理
```

（2）使用 T-SQL 语句附加数据库

【例 3.18】　用 T-SQL 语句附加"学生成绩管理"数据库。代码如下：

```
create database 学生成绩管理
on(filename = 'D:\学生成绩管理.mdf')
for attach
```

3.3.5　管理数据库快照

相片是被照对象在照像时刻的静态图像表示。数据库快照与此类似。数据库快照提供了源数据库在创建快照时刻的只读、静态视图，可以有效地支持报表数据汇总和数据分析等只读操作。如果源数据库中包含未提交事务，那么这些事务不包含在数据库快照中。需要说明的是，数据库快照必须与源数据库在同一个服务器实例上。另外，数据库快照是在数据页级上进行的，因此数据库快照有很多限制，如下所述：

①必须与源数据库在相同的服务器实例上创建数据库快照。

②数据库快照捕捉开始创建快照的时刻点，不包括所有未提交的事务。

③数据库快照是只读的，不能在数据库快照中执行修改操作。

④不能修改数据库快照的文件。

⑤不能创建基于 model、master、tempdb 等系统数据库的快照。

⑥不能对数据库快照执行备份或还原操作。

⑦不能附加或分离数据库快照。

⑧数据库快照不支持全文索引，因此源数据库中的全文目录不能传输过来。

⑨数据库快照继承快照创建时源数据库的安全约束。但是由于快照是只读的，源数据库中对权限的修改不能反映到快照中。

⑩数据库快照始终反映创建该快照时的文件组状态。

【例 3.19】　创建"学生成绩管理"数据库快照。

使用 T-SQL 语句创建"学生成绩管理"数据库快照，具体实现如下所示：

```
create database 学生成绩管理_snapshot
on
(name = 学生成绩管理,
filename = 'D:\学生成绩管理_snapshot.snp')
as snapshot of 学生成绩管理
go
```

3.3.6 收缩数据库

如果数据库的设计尺寸过大，或者删除了数据库中的大量数据，数据库会白白耗费大量的磁盘资源。根据用户的实际需要，可以收缩数据库的大小。在 Microsoft SQL Server 系统中，有 3 种收缩数据库的方式。第一种方式是设置数据库为"自动收缩"，通过设置 AUTO_SHRINK 数据库选项实现；第二种方式是收缩整个数据库的大小，通过使用 DBCC SHRINKDATABASE 命令完成；第三种方式是收缩指定的数据文件，使用 DBCC SHRIKNFILE 命令实现。除了这些命令方式，还可以使用 SQL Server Management Studio 工具来收缩数据库。下面通过【例 3.20】～【例 3.23】介绍数据库收缩操作。

1. 使用 AUTO_SHRINK 数据库选项

在 Microsoft SQL Server 系统中，数据库引擎会定期检查每一个数据库的空间使用情况。如果某个数据库的 AUTO_SHRINK 选项设置为"ON"，数据库引擎将自动收缩数据库中文件的大小。如果该选项设置为"OFF"，则不自动收缩数据库的大小。默认值是"OFF"。

在 ALTER DATABASE 语句中，设置 AUTO_SHRINK 选项的语法形式如下所示：

```
ALTER DATABASE 数据库名 SET AUTO_SHRINK ON
```

【例 3.20】 使用 AUTO_SHRINK 数据库选项设置收缩"学生成绩管理"数据库，具体实现如下所示：

```
ALTER DATABASE 学生成绩管理 SET AUTO_SHRINK ON
```

2. 使用 DBCC SHRINKDATABASE 命令

DBCC SHRINKDATABASE 命令是一种比自动收缩数据库更加灵活的收缩数据库的方式，可以收缩整个数据库。

DBCC SHRINKDATABASE 命令的基本语法形式如下所示：

```
DBCC SHRINKDATABASE('数据库名',target_percent)
```

【例 3.21】 使用 DBCC SHRINKDATABASE 命令收缩"学生成绩管理"数据库。

```
DBCC SHRINKDATABASE('学生成绩管理',80)
```

3. 使用 DBCC SHRINKDFILE 命令

使用 DBCC SHRINKDFILE 命令，可以收缩指定的数据库文件，并且将文件收缩至小于其初始创建的大小，重新设置当前的大小为其初始创建的大小。这是该命令与自动收缩、DBCC SHRINKDATABASE 命令不同的地方。在执行收缩数据库操作时，DBCC SHRINKDFILE 命令的功能最强大。

DBCC SHRINKDFILE 命令的基本语法形式如下所示：

```
DBCC SHRINKFILE('数据库名',target_size)
```

【例 3. 22】　使用 DBCC SHRINKDFILE 命令收缩"学生成绩管理"数据库，具体实现如下：

```
DBCC SHRINKFILE('学生成绩管理',80)
```

4. 使用 SQL Server Management Studio

【例 3. 23】　使用 SQL Server Management Studio 收缩"学生成绩管理"数据库，步骤如下：

①打开 SQL Server Management Studio，展开服务器。

②右击数据库，然后选择"任务"｜"收缩"命令，根据需要选择"数据库（D）"或"文件（F）"。这里以选择"文件（F）"为例，弹出"收缩文件—学生成绩管理"对话框，如图 3-37（a）所示。在对话框中，根据需要进行相应的设置，然后单击"确定"按钮，完成数据库收缩。图 3-37（b）所示的是选择"数据库（D）"的情况。

3.3.7　优化数据库

在创建数据库时，有两个基本目标：提高数据库的性能和提高数据库的可靠性。提高数据库的性能，就是提高操纵数据库的速度。提高数据库的可靠性，就是指数据库中的某个文件破坏之后，数据库依然可以正常使用的能力。一般地，通过选择如何放置数据文件和日志文件、如何使用文件组及如何使用 RAID 等技术来优化数据库和数据库文件。

1. 放置数据文件和日志文件

在创建数据库时，为了提高操作数据的效率，应该遵循下面两个原则：

①尽可能地把数据文件分散在不同的物理磁盘驱动器中。

②把数据文件和日志文件分散在不同的物理磁盘驱动器上。

这样可以最大程度地允许系统执行并行操作，提高系统使用数据的效率。

2. 使用文件组

使用文件组的优势在于提高系统的操作性能。使用文件组的两个明显的优点是：

①可以平衡多个磁盘上的数据访问负荷。

②可以使用并行线程，提高数据访问的效率。

另外，使用文件组可以简化数据库的维护工作，备份或恢复单个的文件或文件组而不必备份或恢复整个数据库。对于海量数据库来说，备份文件或文件组是一个有效的备份策略，可以把表和索引分布到不同的文件组中。对于那些常用的表来说，这样可以提高查询语句的效率。

3. 使用 RAID 技术

RAID 是 Redundant Array of Independent Disks 的缩写，中文含义是独立磁盘冗余阵列。RAID 是一种磁盘系统，可以将多个磁盘驱动器组合成一个磁盘阵列，实现高性能、高可靠性、大存储能力及低成本。磁盘容错阵列分成 6 个等级，即 RAID0 ～ RAID5，每一级使用不同的算法提高系统性能。在 Microsoft SQL Server 2008 系统中，经常涉及的 RAID 技术包括 RAID0、RAID1 和 RAID5。

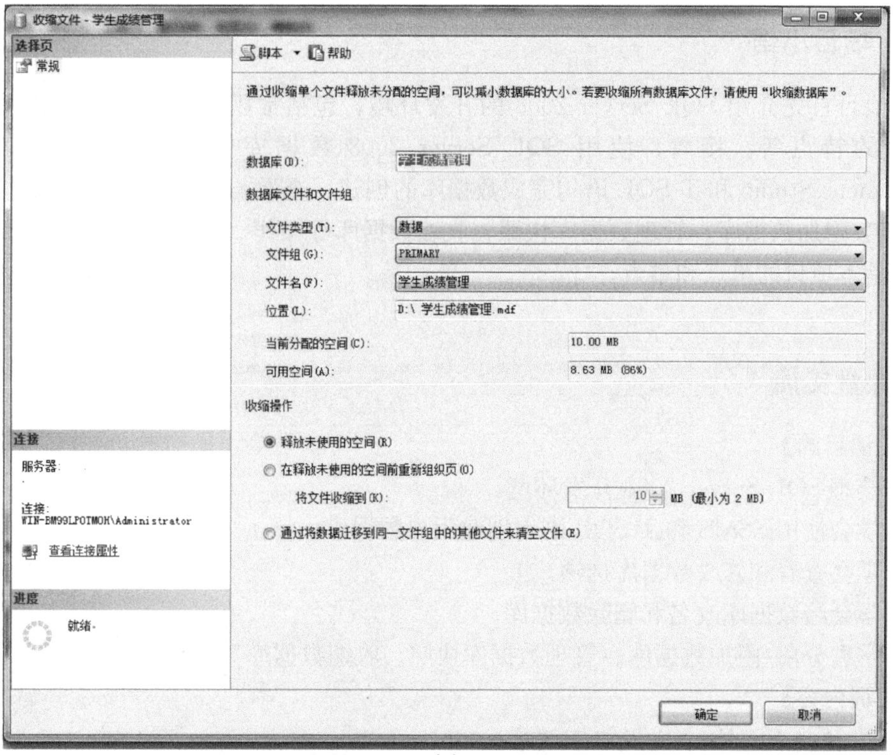

(a)

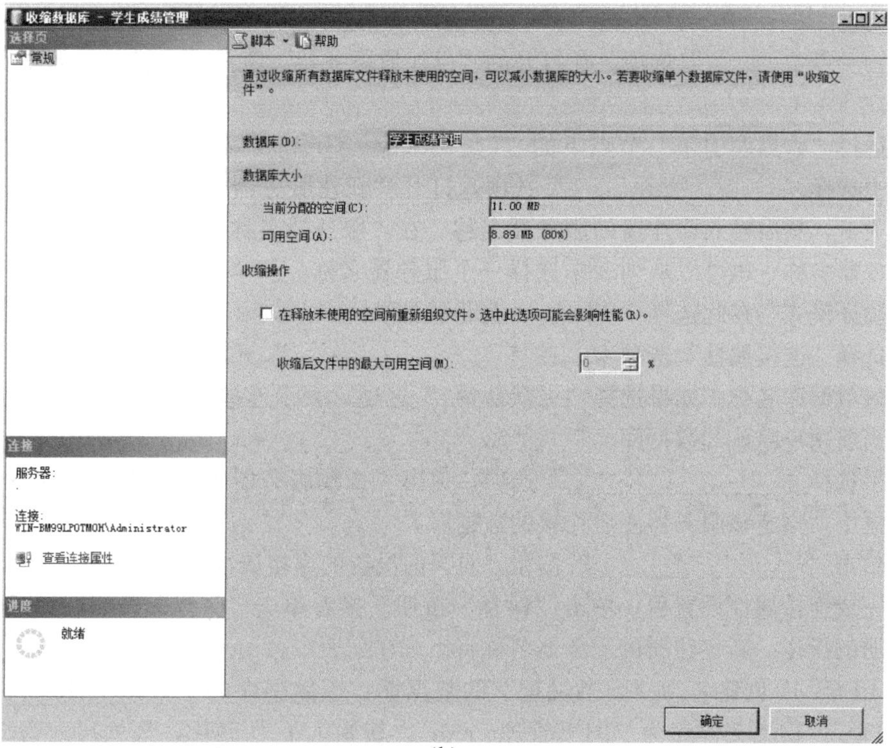

(b)

图 3-37 "收缩文件—学生成绩管理"对话框

项目小结

本项目首先介绍 SQL Server 2008 的开发环境，包括常用管理工具、数据库和数据库对象的特点等。接着，使用 SQL Server 2008 数据库管理系统的 SQL Server Management Studio 和 T-SQL 语句完成数据库的创建、查看与修改、删除等操作；还介绍了分离/附加数据库、管理数据库快照、收缩数据库等操作。其中，创建、查看和修改数据库是本项目的重点和难点。

课堂实训

【实训目的】

1. 熟悉 SQL Server 2008 开发环境。

2. 学会使用 SSMS 和 T-SQL 语句创建用户数据库。

3. 学会查看和修改数据库选项。

4. 学会给数据库改名和删除数据库。

5. 掌握分离/附加数据库、管理数据库快照、收缩数据库等操作。

【实训内容】

（一）使用 SSMS 中完成以下内容

1. 利用 Microsoft SQL Server Management Studio 工具新建服务器注册。

①启动 Microsoft SQL Server Management Studio 工具，然后选择菜单栏"视图"中的"_____"选项。在打开的"已注册服务器"窗口中，打开"数据库引擎"节点。

②选择"数据库引擎"节点下的"Local Server Groups"节点并右击，在弹出的快捷菜单中选择"_____"选项，打开"新建服务器注册"对话框。选择"常规"选项卡，然后输入要注册的服务器名称。在"服务器名称"下拉列表框中，既可以输入服务器名称，也可以从列表中选择一个服务器名称。从"身份验证"下拉列表框选择身份验证模式。在此选择"Windows 身份验证"。

③选择"连接属性"选项卡，在"_____"下拉列表框中指定用户将要连接到的数据库名称。如果选择"〈默认值〉"选项，表示连接到 Microsoft SQL Server 系统中当前用户默认的数据库。

如果选择"_____"选项，弹出"查找服务器上的数据库"对话框。在该对话框中，指定该服务器注册连接的数据库。

④单击"_____"按钮，对当前设置的连接属性进行测试。

⑤完成连接属性设置后，单击"保存"按钮。接着单击"保存"按钮，完成新建服务器注册的操作。新建注册的服务器名称将出现在列表中。

2. 用 SSMS 创建名为"图书管理"的数据库：该数据库的主数据文件逻辑名称为"图书管理"，物理文件名为"图书管理.mdf"，初始大小为 5MB，最大尺寸为无限大，增长速度为 10%；数据库的日志文件逻辑名称为"图书管理_log"，物理文件名为"图书管理.ldf"，初始大小为 2MB，最大尺寸为 5MB，增长速度为 1MB。

①在 SQL Server Management Studio 中，在数据库文件夹或其下属任一用户数据库图标上右击，然后从弹出的快捷菜单中选择"＿＿＿＿＿＿＿"选项，弹出"新建数据库"对话框"常规"选择页。

②设置数据库名称：在"常规"选择页的"名称"文本框中输入新建数据库的名称：＿＿＿＿＿＿＿。

③设置数据库数据文件属性：在"常规"选择页的右下框"数据库文件"中，逻辑名称为"＿＿＿＿＿＿＿"，行数据文件的初始大小修改为 10MB；然后单击该行"自动增长"列的＿＿＿＿＿＿＿，弹出"更改图书管理的自动增长设置"对话框。在"更改自动增长设置"对话框中，"文件增长"项选择"＿＿＿＿＿＿＿"，并在其后的组合框中输入"＿＿＿＿＿＿＿"；"最大文件大小"项选择"＿＿＿＿＿＿＿"。最后单击"确定"按钮，完成数据库数据文件的设置。

④设置数据库事务日志文件属性：在"常规"选择页的右下框"数据库文件"中，逻辑名称为"＿＿＿＿＿＿＿"日志文件的初始大小设置为＿＿＿＿＿＿＿；单击该行"自动增长"列的＿＿＿＿＿＿＿，弹出"更改图书管理_log 的自动增长设置"对话框。在"更改自动增长设置"对话框中，"文件增长"项选择"＿＿＿＿＿＿＿"，并在其后的组合框中输入"＿＿＿＿＿＿＿"；"最大文件大小"项选择"＿＿＿＿＿＿＿"，并在其后的组合框中输入"＿＿＿＿＿＿＿"。最后单击"确定"按钮，完成数据库日志文件的设置。

⑤单击"新建数据库"对话框"常规"选择页的"确定"按钮，完成"图书管理"数据库的创建。

3. 用 SSMS 创建名为 Library 的数据库：该数据库有 1 个 10MB 和 1 个 20MB 的数据文件，以及 2 个 10MB 的事务日志文件。数据文件逻辑名称为 Library1 和 Library2，物理文件名为 Library1.mdf 和 Library2.ndf。主数据文件是 Library1，由 primary 指定；辅数据文件 Library2 属于文件组 filegroup2，两个数据文件的最大尺寸分别为无限大和 100MB，增长速度分别为 10％ 和 1MB。事务日志文件的逻辑名为 Librarylog1 和 Librarylog2，物理文件名为 Librarylog1.ldf 和 Librarylog2.ldf，最大尺寸均为 50MB，文件增长速度为 1MB。

①启动 SQL Server Management Studio，在数据库文件夹或其下属任一用户数据库图标上右击，然后从弹出的快捷菜单中选择"＿＿＿＿＿＿＿"选项，弹出"新建数据库"对话框"常规"选择页。

②设置数据库名称：在"常规"选择页的"＿＿＿＿＿＿＿"文本框中输入新建数据库的名称 Library。

③设置数据库数据文件属性：在"常规"选择页的右下框"数据库文件"中，修改行数据文件的逻辑名称为"＿＿＿＿＿＿＿"，初始大小修改为＿＿＿＿＿＿＿，并单击该行"自动增长"列的▢按钮，弹出"更改 Library1 的自动增长设置"对话框。在"更改自动增长设置"对话框中，"文件增长"项选择"＿＿＿＿＿＿＿"，并在其后的组合框中输入"＿＿＿＿＿＿＿"；"最大文件大小"项选择"＿＿＿＿＿＿＿"。最后单击"确定"按钮，完成数据库 Library1 数据文件的设置。

④继续设置数据库数据文件属性：在"常规"选择页中，单击"＿＿＿＿＿＿＿"

按钮，在"数据库文件"中增加了一行，输入行数据文件的逻辑名称为
"_____"。在该行的"文件组"列，单击下拉列表框，选择
"_____"，弹出"Library 的新建文件组"对话框，在"名称"后的文本框中
输入文件组名称：_____，然后单击"确定"按钮。接着，将初始大小修改
为_____，并单击该行"自动增长"列的_____，弹出"更改
Library2 的自动增长设置"对话框。在"更改自动增长设置"对话框中，"文件增长"项
选择"_____"，并在其后的组合框中输入"_____"；"最大文件
大小"项选择"_____"，并在其后的组合框中输入"_____"。
最后单击"确定"按钮，完成数据库 Library2 数据文件的设置。

⑤设置数据库事务日志文件属性：在"常规"选择页的右下框"数据库文件"中，
修改逻辑名称为为"_____"，其初始大小设置为_____，并单击
该行"自动增长"列的_____，弹出"更改 Librarylog1 的自动增长设置"对
话框。在"更改自动增长设置"对话框中，"文件增长"项选择"_____"，
并在其后的组合框中输入"_____"；"最大文件大小"项选择
"_____"，并在其后的组合框中输入"_____"。

⑥再在"常规"选择页中单击"_____"按钮，在"数据库文件"中增
加一行，输入逻辑名称：_____。在该行的"_____"列，单击
下拉式列表框，然后选择"_____"，其初始大小、自动增长等设置同
Library1 日志文件。

⑦单击"确定"按钮，完成数据库日志文件的设置。

⑧单击"新建数据库"对话框"常规"选择页的"确定"按钮，完成 Library 数据库
的创建。

思考：上述"新建文件组"是否也可以在"新建数据库"对话框"文件组"选择页
中完成？

4. 把 Library 数据库的名称改为 Librarydatabase。

在 SQL Server Management Studio 中，右击要重命名的数据库，然后在弹出的菜单
中选择"_____"。

5. 用 SSMS 修改"图书管理"数据库：把原有的"图书管理"文件的初始容量增加
到 15MB，并将其容量上限增加到 25MB，递增量增加到 2MB。

①在"对象资源管理器"窗口中，展开"数据库"节点，然后右击目标数据库：
_____，从弹出的快捷菜单中选择"_____"命令，弹出"数据
库属性—图书管理"对话框的"常规"页。在"数据库属性—图书管理"对话框中，共
有 _____、_____、_____、_____、
_____、_____、_____、_____、
_____ 9 个选择页，分别用于查看数据库的各项属性，并修改数据库。

②在"数据库属性—图书管理"对话框中，单击"_____"选择页，然
后修改行数据文件"图书管理"的"初始大小（MB）"为"_____"，并修改
其"自动增长"，具体操作同数据库创建时一样。

6. 用 SSMS 修改 Librarydatabase 数据库：添加一个数据文件和一个日志文件，数据

文件的逻辑文件名为 Library3_dat，物理文件名为 Library3_dat.ndf，日志文件的逻辑文件名为 Library3_log，物理文件名为 Library3_log.ldf。这 2 个文件的初始容量为 5MB，最大容量为 10MB，文件大小递增量为 1MB。

步骤：在"数据库属性—Librarydatabase"对话框中，单击"＿＿＿＿＿＿＿＿"选择页，然后单击"＿＿＿＿＿＿＿＿＿"按钮，添加数据文件和日志文件，具体操作同数据库创建时一样。

7. 用 SSMS 修改 Librarydatabase 数据库：添加一个文件组 LibraryFileGroup，并向该文件组添加两个初始容量为 3MB，最大容量为 10MB，递增量为 1MB 的数据文件。第一个文件的逻辑文件名和实际文件名分别为 Library4_dat 和 Library4_dat.ndf；第二个文件的逻辑文件名和实际文件名分别为 Library5_dat 和 Library5_dat.ndf。然后删除第 6 题中添加的事务日志文件 Library3_log。

步骤：在"数据库属性—Librarydatabase"对话框中，单击"＿＿＿＿＿＿＿"选择页，添加文件组 LibraryFileGroup；然后单击"＿＿＿＿＿＿＿"选择页，添加数据文件，具体添加操作同数据库创建时一样。删除日志文件更简单，单击要删除的日志文件：＿＿＿＿＿＿＿＿，然后单击"＿＿＿＿＿＿＿"按钮。

8. 创建 Bedroomdatabase 数据库，数据文件和日志文件名及大小都默认；再删除 Bedroomdatabase 数据库。

步骤：在 SQL Server Management Studio 中，＿＿＿＿＿＿＿＿；然后右击所要删除的数据库 Bedroomdatabase，从弹出的快捷菜单中选择"＿＿＿＿＿＿＿"选项即可删除数据库。系统会弹出确认是否要删除数据库对话框。选择"＿＿＿＿＿＿＿"，然后单击"确定"按钮，删除该数据库。

9. 分离"图书管理"数据库，然后再附加"图书管理"数据库。

（1）分离数据库

①打开 SQL Server Management Studio，再展开服务器组，再展开服务器。

②展开数据库文件夹，右击要分离的数据库：＿＿＿＿＿＿＿＿。然后，选择"＿＿＿＿＿＿＿"，再选择"＿＿＿＿＿＿＿"命令。

③在随后出现的分离数据库对话框中，在"要分离的数据库"中根据需要选择"删除连接""更新统计信息""保留全文目录"，然后单击"确定"按钮，完成数据库的分离。

（2）附加数据库

①打开 SQL Server Management Studio，展开服务器组，再展开服务器。

②右击数据库，然后在弹出的菜单中选择"＿＿＿＿＿＿＿"，再选择"＿＿＿＿＿＿＿"命令。

③在随后出现的附加数据库对话框中，单击"添加"按钮，然后选择要附加的数据库及其存放位置。

④单击"确定"按钮，完成数据库附加。

10. 使用 SQL Server Management Studio 收缩"图书管理"数据库。

①打开 SQL Server Management Studio，展开服务器组，再展开服务器。

②右击数据库，然后在弹出的菜单中选择"＿＿＿＿＿＿＿"，再选择

"＿＿＿＿＿＿＿＿＿"。根据需要选择"＿＿＿＿＿＿＿＿"或"＿＿＿＿＿＿＿＿"。

11. 删除学生成绩管理数据库和 Librarydatabase 数据库。

步骤：在 SQL Server Management Studio 中，右击所要删除的数据库，从弹出的快捷菜单中选择"＿＿＿＿＿＿＿＿＿＿"选项即可删除数据库。系统会弹出确认是否要删除数据库对话框，选择"＿＿＿＿＿＿＿＿＿＿"，单击"确定"按钮则删除该数据库。

（二）使用 T-SQL 语句

1. 创建名为"图书管理"的数据库：该数据库的主数据文件逻辑名称为"图书管理"，物理文件名为"图书管理.mdf"，初始大小为 5MB，最大尺寸为无限大，增长速度为 10％；数据库的日志文件逻辑名称为"图书管理_log"，物理文件名为"图书管理.ldf"，初始大小为 2MB，最大尺寸为 5MB，增长速度为 1MB。

```
CREATE DATABASE _____
ON
(NAME = _____,
FILENAME = _____,
SIZE = _____,
MAXSIZE = _____,
FILEGROWTH = _____
)
LOG   ON
(NAME = _____,
FILENAME = _____,
SIZE = _____,
MAXSIZE = _____,
FILEGROWTH = _____
)
```

2. 创建名为 Library 的数据库：该数据库有 1 个 10MB 和 1 个 20MB 的数据文件，以及 2 个 10MB 的事务日志文件。数据文件逻辑名称为 Library1 和 Library 2，物理文件名为 Library1.mdf 和 Library2.ndf。主数据文件是 Library1，由 primary 指定；辅数据文件 Library2 属于文件组 filegroup2。两个数据文件的最大尺寸分别为无限大和 100MB，增长速度分别为 10％和 1MB。事务日志文件的逻辑名为 Librarylog1 和 Librarylog2，物理文件名为 Librarylog1.ldf 和 Librarylog2.ldf，最大尺寸均为 50MB，文件增长速度为 1MB。

```
_____ Library
_____
(_____ = Library1,
_____ = 'd:\Library1.mdf',
_____ = 10,
```

_____ = unlimited,

_____ = 10 ％),

_____ filegroup2

(_____ = Library2,

_____ = 'd:\ Library2. mdf',

_____ = 20,

_____ = 100,

_____ = 1)

_____

(_____ = Librarylog1,

_____ = 'd:\ Librarylog1. ldf',

_____ = 50,

_____ = 1),

(_____ = Librarylog2,

_____ = 'd:\ Librarylog2. ldf',

_____ = 50,

_____ = 1)

3. 使用系统存储过程 sp_renamedb，把 Library 数据库的名称改为 Librarydatabase。语句： _____

4. 修改 "图书管理" 数据库：把原有的 "图书管理" 文件的初始容量增加到 15MB，并将其容量上限增加到 25MB，递增量加到 2MB。

_____ 图书管理

_____

(_____ = 图书管理,

_____ = 15MB,

_____ = 25MB,

_____ = 2MB)

5. 修改 Librarydatabase 数据库：添加一个数据文件和一个日志文件，数据文件的逻辑文件名为 Library3_dat，实际文件名为 Library3_dat.ndf；日志文件的逻辑文件名为 Library3_log，实际文件名为 Library3_log.ldf。这 2 个文件的初始容量为 5MB，最大容量为 10MB，文件大小递增量为 1MB。

_____ Librarydatabase

_____

(_____ = Library3_dat,

_____ = 'd:\ Library3_dat.ndf ',

_____ = 5MB,

_____ = 10MB,

```
_____ = 1MB
)
GO

_____

_____
(_____ = student3_log,
_____ = 'd:\Library3_log.ldf',
_____ = 5MB,
_____ = 10MB,
_____ = 1MB
)
GO
```

6. 修改 Librarydatabase 数据库：添加一个文件组 LibraryFileGroup，并向该文件组添加两个初始容量为 3MB，最大容量为 10MB，递增量为 1MB 的数据文件。第一个文件的逻辑文件名和实际文件名分别为 Library4_dat 和 Library4_dat.ndf，第二个文件的逻辑文件名和实际文件名分别为 Library5_dat 和 Library5_dat.ndf。并删除事务日志文件 Library 3_log。

```
_____ Librarydatabase
_____ LibraryFileGroup
GO
_____ Librarydatabase

_____
(_____ = Library4_datt,
_____ = 'd:\Library4_dat.ndf',
_____ = 3MB,
_____ = 10MB,
_____ = 1MB),
(_____ = Library5_dat,
_____ = 'd:\ Library5_dat.ndf',
_____ = 3MB,
_____ = 10MB,
_____ = 1MB)
_____ Librarydatabase
GO
_____ Librarydatabase
_____ Library3_log
```

7. 创建 Bedroomdatabase 数据库，数据文件和日志文件名及大小默认；再删除名为 Bedroomdatabase 的数据库。

语句：_____

_____

8. 分离"图书管理"数据库，然后再附加"图书管理"数据库。

（1）使用 sp_detach_db 系统存储过程分离数据库。

语句：＿＿＿＿＿＿＿＿＿

（2）使用 T-SQL 语句附加数据库。

语句：

```
＿＿＿＿＿＿＿＿＿图书管理

＿＿＿＿＿＿＿＿＿

（＿＿＿＿＿＿＿＿＿ = 'D:\图书管理.mdf'）

＿＿＿＿＿＿＿＿＿
```

9. 创建"图书管理"数据库快照。

语句：

```
＿＿＿＿＿＿＿＿＿图书管理_snapshot

＿＿＿＿＿＿＿＿＿

（＿＿＿＿＿＿＿＿＿ = 图书管理,

＿＿＿＿＿＿＿＿＿ = 'D:\图书管理_snapshot.snp'）

＿＿＿＿＿＿＿＿＿图书管理

go
```

10. 收缩"图书管理"数据库。

（1）使用 AUTO_SHRINK 数据库选项设置。

语句：＿＿＿＿＿＿＿＿＿

（2）使用 DBCC SHRINKDATABASE 命令。

语句：＿＿＿＿＿＿＿＿＿

（3）使用 DBCC SHRINKDFILE 命令。

语句：＿＿＿＿＿＿＿＿＿

课外实训

1. 新建服务器注册。

2. 分别用 SSMS 和 T-SQL 语句创建名为"学生宿舍管理"的数据库：该数据库的主数据文件逻辑名称为"学生宿舍管理"，物理文件名为"学生宿舍管理.mdf"，初始大小为 5MB，最大尺寸为无限大，增长速度为 10％；数据库的日志文件逻辑名称为"学生宿舍管理_log"，物理文件名为"学生宿舍管理.ldf"，初始大小为 2MB，最大尺寸为 5MB，增长速度为 1MB。

3. 分别用 SSMS 和 T-SQL 语句创建名为 Bedroom 的数据库：该数据库有 1 个 10MB 和 1 个 20MB 的数据文件以及 2 个 10MB 的事务日志文件。数据文件逻辑名称为 Bedroom1 和 Bedroom2，物理文件名为 Bedroom1.mdf 和 Bedroom2.ndf。主文件是 Bedroom1，由 primary 指定，数据文件 Bedroom2 属于文件组 filegroup2。两个数据文件的最大尺寸分别为无限大和 100MB，增长速度分别为 10％和 1MB。事务日志文件的逻辑名为 Bedroomlog1 和 Bedroomlog2，物理文件名为 Bedroomlog1. ldf 和 Bedroomlog2. ldf，最大尺寸均为 50MB，文件增长速度为 1MB。

4. 分别用 SSMS 和 T-SQL 语句将 Bedroom 数据库的名称改为 Bedroomdatabase。

5. 分别用 SSMS 和 T-SQL 语句修改"学生宿舍管理"数据库：把原有的"学生宿舍管理"文件的初始容量增加到 15MB，并将其容量上限增加到 25MB，递增量加到 2MB。

6. 分别用 SSMS 和 T-SQL 语句修改 Bedroomdatabase 数据库：添加一个数据文件和一个日志文件，数据文件的逻辑文件名为 Bedroom3_dat，实际文件名为 Bedroom3_dat. ndf，日志文件的逻辑文件名为 Bedroom3_log，实际文件名为 Bedroom3_log. ldf。这 2 个文件的初始容量为 5MB，最大容量为 10MB，文件大小递增量为 1MB。

7. 分别用 SSMS 和 T-SQL 语句修改 Bedroomdatabase 数据库：添加一个文件组 BedroomFileGroup，并向该文件组中添加两个初始容量为 3MB，最大容量为 10MB，递增量为 1MB 的数据文件。第一个文件的逻辑文件名和实际文件名分别为 Bedroom4_dat 和 Bedroom4_dat. ndf，第二个文件的逻辑文件名和实际文件名分别为 Bedroom5_dat 和 Bedroom5_dat. ndf。并删除第 6 题中添加的事务日志文件 Bedroom3_log。

8. 分别用 SSMS 和 T-SQL 语句删除名为 Bedroomdatabase 的数据库。

9. 分离"学生宿舍管理"数据库，附加"学生宿舍管理"。

10. 创建"学生宿舍管理"数据库快照。

11. 收缩"学生宿舍管理"数据库。

项目 4　学生成绩管理数据库数据表的创建和维护

知识目标

1. 理解 SQL Server 中的数据库对象——表的概念及作用。

2. 熟悉 SQL Server 2008 中的数据类型。

3. 理解数据库完整型约束的含义，掌握主键、外键、检查约束的概念及设置方法。

4. 掌握数据表的创建、修改及删除方法。

能力目标

1. 能利用 SQL Server Management Studio 完成数据表的创建、修改、删除及数据库的完整性约束的设置。

2. 熟悉 SQL 语句，能利用 T-SQL 语句完成数据表的创建、修改、删除及数据库的完整性约束的设置。

3. 针对表的建立及其相互关系，进一步加深对数据库设计理论的理解，提高实际运用的能力。

项目描述

假如把数据库比作一座楼房，则数据表是真正存放数据的房间。数据表是数据库的基本构成单元，用来保存用户的各种数据。本项目的学习内容主要是：通过学生成绩数据库中数据表的创建和管理，掌握数据表的概念及创建、管理和查看数据表的方法；然后通过在已创建的数据表中插入、删除、修改数据，学会使用 SSMS 和 T-SQL 语句插入、删除、修改表数据；最后通过课堂实训、课外实训进一步加强数据库数据表的创建和维护实操能力。

本项目共有 4 个学习任务：

任务 4.1　学生成绩管理数据库数据表的创建

任务 4.2　学生成绩管理数据库数据表的查看

任务 4.3　学生成绩管理数据库数据表的管理

任务 4.4　学生成绩管理数据库中表数据的插入、修改及删除

任务 4.1　学生成绩管理数据库数据表的创建

任务描述

在创建用户数据库后，接下来的重要工作就是创建和管理数据库。那么，什么是数据表？什么是记录、字段？数据表如何创建？本学习任务通过创建学生成绩管理数据库数据表，介绍如何使用 SSMS 和 T-SQL 命令创建数据表。

4.1.1　表概述

表是关系模型中表示实体的方式，用来组织和存储数据，具有行列结构的数据对象，如表 4-1 所示。

表 4-1　学生基本信息表

学号	姓名	性别	专业	出生年月	家庭地址	联系电话	总学分
00110001	李倩倩	女	电子商务	06/07/93	杭州曙光路 7 号	13578941258	60
00112201	王铁树	男	计算机应用	08/12/93	宁波中山路 9 号	13405721357	57
00110002	张大成	男	电子商务	12/08/92	温州天地路 12 号	13205785412	61
00112202	赵明明	男	计算机应用	11/08/93	杭州莫干山路 2 号	15878451278	62
00110003	周芳芳	女	电子商务	05/12/93	宁波大明路 9 号	13745891245	60
……	属性（字段）					元组（记录）	

表由行和列构成。行称为记录，是组织数据的单位，每行代表唯一的一条记录；列称为字段，每一列表示记录的一个属性。在表 4-1 中，每一行代表一个学生，各列分别表示学生的详细资料，如学号、姓名、性别、专业、出生年月、家庭地址、联系电话、总学分等。

在表中，行的顺序可以是任意的，一般按照数据插入的先后顺序存储。在使用过程中，可以使用排序语句或按照索引对表中的行排序。

列的顺序也可以是任意的。对于每一个表，最多允许用户定义 1024 列。在同一个表中，列名必须是唯一的，即不能有名称相同的两个或两个以上的列同时存在于一个表中。同时，在定义列时，需为每一个列指定一种数据类型。但是，在同一个数据库的不同表中，可以使用相同的列名。

数据表是数据库中一个非常重要的对象，是其他对象的基础。没有数据表，关键字、主键、索引等无从谈起。关系数据库的理论基础是关系模型。关系模型的数据结构是一种二维表格结构，是现实世界的实体、联系的表示方法。

对于每个表，在设计时要列出各列的数据类型、列宽，是否为空值，哪些是主键、外键等，如表 4-2～表 4-7 所示。

表 4-2 学生表（用来存储学生的基本信息）

字段名称	数据类型	长度	是否为空	说　明
学号	char	9	否	主键
姓名	char	8	否	
性别	bit		是	0 代表男生，1 代表女生。默认为 0
专业	varchar	50	否	
出生年月	smalldatetime		是	
家庭地址	varchar	100	是	
联系电话	char	12	是	
总学分	float		是	默认为 0

表 4-3 课程表（用来存储课程信息）

字段名称	数据类型	长度	是否为空	说　明
课程号	char	9	否	主键
课名	varchar	50	否	
学时	int		否	≥0
学分	float		否	≥0
备注	text			

表 4-4 选课表（用来存储学生的选课情况及成绩）

字段名称	数据类型	长度	是否为空	说　明
学号	char	9	否	联合主键，外键，参照学生表
课程号	char	9	否	联合主键，外键，参照课程表
成绩	float		是	成绩≥0 并且 成绩≤100

表 4-5 教师表（用来存储教师的基本信息）

字段名称	数据类型	长度	是否为空	说　明
教师号	char	6	否	主键
姓名	char	8	否	
职称	char	8	否	
部门编号	varchar	50	否	外键，参照部门表
联系方式	char	12	是	

表 4-6 部门表（用来存储部门基本信息）

字段名称	数据类型	长度	说　明
部门编号	varchar	50	主键
部门名称	varchar	50	不可为空
部门地址	varchar	100	

表 4-7 授课表（用来存储教师授课的基本信息）

字段名称	数据类型	长度	是否为空	说　明
教师号	char	6	否	联合主键，外键，参照教师表
课程号	char	9	否	联合主键，外键，参照课程表
开课时间	smalldatetime		是	

在 SQL Server 中，数据表分为永久数据表和临时数据表两种。永久数据表在创建后一直存储在数据库文件中，直至用户删除为止。临时数据表在用户退出或系统修复时被自动删除。

4.1.2　在 SSMS 中创建学生成绩管理数据库数据表

项目 2 介绍了学生成绩管理数据库的规划与设计，我们了解到学生成绩管理数据库数据表的结构。下面介绍如何在 SSMS 中创建数据表。

创建一个表最有效的方法是将表中所需的信息一次定义完成，包括各种数据约束。

【例 4.1】　利用 SSMS 创建表 4-2 所示学生成绩管理数据库中的学生表。

①启动 SQL Server Management Studio，在"对象资源管理器"中，展开"数据库"，然后右击"学生成绩管理"数据库菜单下的"表"选项，在弹出的快捷菜单中，选择"新建表"命令，如图 4-1 所示。

②在"表设计器"窗口中，根据设计好的学生表结构，分别输入或选择各列的名称、数据类型、是否允许为空等属性，如图 4-2 所示。

图 4-1　"新建表"菜单项

图 4-2　表设计器

③在"学号"列上右击，在弹出的菜单中选择"设置主键"命令，如图 4-3 所示。设为主键的项中出现一把金色的小钥匙，如图 4-4 所示。

图 4-3 设置主键界面　　　　图 4-4 完成主键设置后的界面

④单击"性别"列，在下面的"列属性"中将"默认值或绑定"设为"0"，如图 4-5 所示。

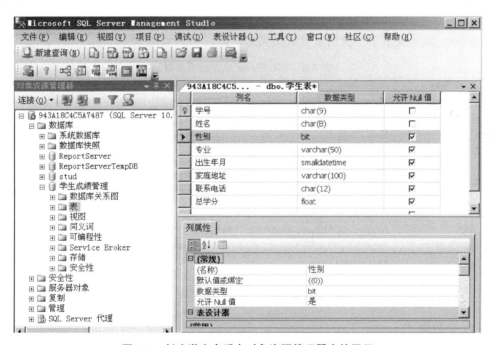

图 4-5 创建学生表后在对象资源管理器中的显示

⑤同样，设置总学分的默认值为"0"。

⑥表的各列的属性设置完成后，单击工具栏中的 （"保存"）按钮，弹出如图 4-6 所示"选择名称"对话框。在"选择名称"对话框中输入表名"学生表"，然后单击"确定"按钮，即创建了学生表。接着，可

图 4-6 "选择名称"对话框

在"对象资源管理器"窗口中找到新创建的学生表，如图 4-7 所示。

【例 4.1】介绍了在 SSMS 中创建数据表的方法。从中可以发现，还需了解的相关知识点有列名、数据类型、列的属性、数据的完整性等。下面将分别介绍。

1. 列名的取法

在"列名"框中输入字段名时，应符合 SQL Server 的命名规则，即字段名可以是汉字、英文字母、数字、下画线及其他符号。在同一个表中，字段名必须是唯一的。

2. 数据类型

创建表的字段时，必须为其指定数据类型。可以从下拉列表框中选择一种系统数据类型。数据类型是用来限制一个列中可以存储的数据的类型，字段的数据类型决定了数据的取值、范围和存储格式。

图 4-7　对象资源管理器

字段的数据类型可以是 SQL Server 提供的系统数据类型，也可以是用户定义数据类型。SQL Server 2008 提供了丰富的系统数据类型，如表 4-8 所示。

表 4-8　SQL Server 系统数据类型

数据类型	符号标识
整数型	bigint、int、smallint、tinyint
精确数值型	decimal、numeric
浮点型	float、real
货币型	money、smallmoney
位型	bit
字符型	char、varchar、varchar（MAX）
Unicode 字符型	nchar、nvarchar、nvarchar（MAX）
文本型	text、ntext
二进制型	binary、varbinary、varbinary（MAX）
日期时间类型	datetime、smalldatetime、date、time、datetime2、datetimeoffset
时间戳型	timestamp
图像型	image
其他	cursor、sql_variant、table、uniqueidentifier、xml、hierarchyid

（1）整型

整数型包括 bigint、int、smallint 和 tinyint 4 类。根据标识符的含义就可以看出，它们的表示数范围逐渐缩小。表 4-9 列出了这 4 类整数的精度、长度和取值范围。

表 4-9　4 类整数的精度、长度和取值范围

整数类型	精度	长度（字节数）	数值范围
bigint（大整数）	19	8	$-2^{63} \sim 2^{63}-1$
int（整数）	10	4	$-2^{31} \sim 2^{31}-1$
smallint（短整数）	5	2	$-2^{15} \sim 2^{15}-1$
tinyint（微短整数）	3	1	$0 \sim 255$

（2）精确数值型

精确数值型数据由整数部分和小数部分构成，其所有的数字都是有效位，能够以完整的精度存储十进制数。精确数值型包括 decimal 和 numeric 两类。在 SQL Server 2008 中，这两种数据类型在功能上完全等价。

声明精确数值型数据的格式是 numeric｜decimal（p［，s］）。其中，p 为精度，s 为小数位数，s 的默认值为 0。例如，指定某列为精确数值型，精度为 6，小数位数为 3，即 decimal(6，3)，那么若向某记录的该列赋值 56.342689，该列实际存储的是 56.343。

decimal 和 numeric 可存储 $-10^{38}+1\sim10^{38}-1$ 的固定精度和小数位的数字数据，其存储长度随精度的变化而变化，最少为 5 字节，最多为 17 字节。

例如，若有声明 numeric(8，3)，则存储该类型数据需 5 字节；若有声明 numeric(22，5)，则存储该类型数据需 13 字节。

（3）浮点型

浮点型也称近似数值型，这种类型不能提供精确表示数据的精度。当使用这种类型来存储某些数值时，有可能损失一些精度，所以它可用于处理取值范围非常大且对精确度要求不是十分高的数值量，如一些统计量。

有两种近似数值数据类型：float［（n）］和 real，两者通常都使用科学记数法表示数据。科学记数法的格式为：

尾数 E 阶数

其中，阶数必须为整数。

例如，9.8431E10、-8.932E8、3.68963E-6 等都是浮点型数据。

real 和 float 类型数据的精度、长度和数值范围如表 4-10 所示。

表 4-10 浮点型数据的精度、长度和取值范围

类 型	精 度	长 度（字节数）	数 值 范 围
real	7	4	$-3.40\text{E}+38\sim3.40\text{E}+38$
float［（n）］（当 n 为 1～24 时）	7	4	$-3.40\text{E}+38\sim3.40\text{E}+38$
float［（n）］（当 n 为 25～53 时）	15	8	$-1.79\text{E}+308\sim1.79\text{E}+308$

（4）货币型

SQL Server 提供了两个专门用于处理货币的数据类型：money 和 smallmoney，它们用十进制数表示货币值。这两种类型数据的精度、小数位数、长度和数值范围如表 4-11 所示。

表 4-11 货币型数据的精度、长度和取值范围

类 型	精 度	小数位数	长 度（字节数）	数 值 范 围
money	19	4	8	$-2^{63}\sim2^{63}-1$
smallmoney	10	4	4	$-2^{31}\sim2^{31}-1$

（5）位型

SQL Server 2008 中的位（bit）型数据相当于其他语言中的逻辑型数据，它只存储 0 和 1，长度为 1 个字节。但要注意，SQL Server 对表中 bit 类型列的存储做了优化：如果一个表中有不多于 8 个 bit 列，这些列将作为 1 个字节存储；如果表中有 9～16 个 bit 列，这些列将作为 2 个字节存储；更多列的情况依此类推。

当为 bit 类型数据赋 0 时，其值为 0；赋非 0（如 100）时，其值为 1。

字符串值 True 和 False 可以转换为以下 bit 值：True 转换为 1，False 转换为 0。

（6）字符型

字符型数据用于存储字符串。字符串中可包括字母、数字和其他特殊符号（如♯、@、& 等）。在输入字符串时，需将字符串中的符号用单引号或双引号括起来，如 "abc" "Abc〈Cde"。

SQL Server 字符型包括两类：固定长度（char）和可变长度（varchar）字符数据类型。

①char［(n)］：定长字符数据类型。其中，n 定义字符型数据的长度，n 在 1～8000 之间，默认值为 1。当表中的列定义为 char(n) 类型时，若实际要存储的串长度不足 n，则在串的尾部添加空格，以达到长度 n，所以 char(n) 的长度为 n。例如，某列的数据类型为 char(20)，而输入的字符串为 test2004，则存储的是字符 test2004 和 12 个空格。若输入的字符个数超出了 n，则超出的部分被截断。

②varchar［(n)］：变长字符数据类型。其中，n 的规定与定长字符型 char 中的完全相同，但这里 n 表示的是字符串可达到的最大长度。varchar(n) 的长度为输入字符串的实际字符个数，而不一定是 n。例如，表中某列的数据类型为 varchar(100)，而输入的字符串为 "test2004"，则存储的是字符 test2004，其长度为 8 字节。

（7）Unicode 字符型

Unicode 是"统一字符编码标准"，用于支持国际上非英语语种的字符数据的存储和处理。SQL Server 的 Unicode 字符型可以存储 Unicode 标准字符集定义的各种字符。

Unicode 字符型包括 nchar［(n)］和 nvarchar［(n)］两类。nchar 是固定长度 Unicode 数据的数据类型，nvarchar 是可变长度 Unicode 数据的数据类型，二者均使用 Unicode UCS-2 字符集。

①nchar［(n)］：包含 n 个字符的固定长度 Unicode 字符型数据，n 的值在 1～4000 之间，默认值为 1，长度为 $2n$ 字节。若输入的字符串长度不足 n，将以空白字符补足。

②nvarchar［(n)］：最多包含 n 个字符的可变长度 Unicode 字符型数据，n 的值在 1～4000 之间，默认值为 1，其长度是所输入字符个数的 2 倍。

（8）文本型

当需要存储大量的字符数据，如较长的备注、日志信息等，字符型数据最长 8000 个字符的限制可能使它们不能满足应用需求，此时可使用文本型数据。

文本型包括 text 和 ntext 两类，分别对应 ASCII 字符和 Unicode 字符，表示的最大长度和存储字节数如表 4-12 所示。

表 4-12　text 和 ntext 数据最大长度和字节数

类　型	最　大　长　度（字符数）	存　储　字　节　数
text	$2^{31}-1$（2，147，483，647）	与实际字符个数相同
ntext	$2^{30}-1$（1，073，741，823）个 Unicode 字符	是实际字符个数的 2 倍

（9）二进制型

二进制数据类型表示的是位数据流，包括 binary（固定长度）和 varbinary（可变长度）两种。

①binary［(n)］：固定长度的 n 个字节二进制数据。n 的取值范围为 1～8000，默认值为 1。binary(n) 数据的存储长度为 $n+4$ 字节。若输入的数据长度小于 n，不足部分用 0 填充；若输入的数据长度大于 n，则多余部分被截断。

输入二进制值时，在数据前面要加上 0x，可以用的数字符号为 0～9、A～F（字母大小写均可）。因此，二进制数据有时称为十六进制数据。例如，0xFF、0x12A0 分别表示值 FF 和 12A0。因为每字节的数最大为 FF，故 "0x" 格式的数据每 2 位占 1 个字节。

②varbinary［(n)］：n 个字节变长二进制数据。n 取值范围为 1～8000，默认值为 1。varbinary(n) 数据的存储长度为实际输入数据长度+4 字节。

（10）日期时间类型

日期时间类型数据用于存储日期和时间信息，在 SQL Server 2008 以前的版本中日期时间数据类型只有 datetime 和 smalldatetime 两种。而在 SQL Server 2008 新增了 4 种新的日期时间数据类型，分别为 date、time、datetime2 和 datetimeoffset。

①datetime：datetime 类型表示的是从 1753 年 1 月 1 日到 9999 年 12 月 31 日的日期和时间数据。数据长度为 8 字节，日期和时间分别使用 4 个字节存储。

②smalldatetime：smalldatetime 类型数据表示从 1900 年 1 月 1 日到 2079 年 6 月 6日的日期和时间，数据精确到分钟。数据的存储长度为 4 字节。

③date：date 类型数据表示从公元元年 1 月 1 日到 9999 年 12 月 31 日的日期。date类型只存储日期数据，不存储时间数据，存储长度为 3 个字节，表示形式与 datetime 数据类型的日期部分相同。

④time：time 数据类型只存储时间数据，表示格式为 "hh：mm：ss［.nnnnnnn］"。hh 表示小时，范围为 0～23；mm 表示分钟，范围为 0～59；ss 表示秒数，范围为 0～59；n 表示秒的小数部分，即微秒数。time 数据类型的取值范围为 00：00：00.0000000～23：59：59.9999999。time 类型的存储大小为 5 个字节。

⑤datetime2：datetime2 数据类型和 datetime 类型一样，也用于存储日期和时间信息。但是 datetime2 类型取值范围更广，日期部分取值范围从公元元年 1 月 1 日到 9999年 12 月 31 日，时间部分的取值范围从 00：00：00.0000000 到 23：59：59.999999。

⑥datetimeoffset：datetimeoffset 数据类型也用于存储日期和时间信息，取值范围与datetime2 类型相同。但 datetimeoffset 类型具有时区偏移量，此偏移量指定时间相对于协调世界时（UTC）偏移的小时和分钟数。datetimeoffset 的格式为 "YYYY-MM-DDhh：mm：ss［.nnnnnnn］［{+ |-} hh：mm］"。其中，hh 为时区偏移量中的小时数，范围为 00～14；mm 为时区偏移量中的额外分钟数，范围为 00～59。时区偏移量中必须包含 "+"（加）或 "－"（减）号。这两个符号表示是在 UTC 时间的基础上加上还是从中减去时区偏移量，以得出本地时间。时区偏移量的有效范围为－14：00～+14：00。

（11）时间戳型

标识符是 timestamp。若创建表时定义一个列的数据类型为时间戳类型，那么每当对该表加入新行或修改已有行时，都由系统自动将一个计数器值加到该列，即将原来的时间戳值加上一个增量。

记录 timestamp 列的值实际上反映了系统对该记录修改的相对（相对于其他记录）

顺序。一个表只能有一个 timestamp 列。timestamp 类型数据的值实际上是二进制格式数据，其长度为 8 字节。

（12）图像型

标识符是 image，用于存储图片、照片等。实际存储的是可变长度二进制数据，介于 0 与 $2^{31}-1$（2，147，483，647）字节之间。在 SQL Server 2008 中，该类型是为了向下兼容而保留的数据类型。Microsoft 推荐用户使用 varbinary（MAX）数据类型来替代 image 类型。

3. 列的属性

（1）Null 属性

数据表中的列值可以设置为 Null（空），也可以设置为 Not Null（非空）。如果表的某一列设置为非空性，像【例 4.1】中的学号、姓名，则不允许在插入或修改表数据时省略该列的值。反之，如果表的某一列设置为 Null，像【例 4.1】中的家庭地址、联系电话，则允许在插入或修改表数据时省略该列的值，即某个人的家庭地址、联系电话若是未知的情况下，可以为空。

Null 是一个特殊值，Null 不同于空字符或 0。因为空字符是一个有效的字符，同样 0 也是一个有效的数字。

（2）IDENTITY 属性

IDENTITY 属性可以使表的列包含系统自动生成的数字，这种数字在表中可以唯一地标识表的每一行，即表中的每一行数据在指定为 IDENTITY 属性的列上的数字均不相同。IDENTITY 属性的表达格式为：

```
IDENTITY [ ( seed, increment ) ]
```

参数说明如下。

①seed：装载到表中的第一个行所使用的值。

②increment：增量值。该值被添加到前一个已装载的行的标识值上。

例如，identity（100，1）从 100 开始递增；dentity（1，1）从 1 开始递增。

注意：必须同时指定 seed 和 increment，或二者都不指定。如果二者都未指定，则取默认值（1，1）。

（3）默认值

定义列的默认值是在插入表数据时，如果不指定列值，系统自动赋默认值，如【例 4.13】所示。

4. 数据的完整性

数据库中的数据是从外界输入的，而数据的输入由于种种原因，会发生输入无效或错误信息。保证输入的数据符合规定，成为数据库系统，尤其是多用户关系数据库系统首要关注的问题。数据完整性因此而提出。数据完整性就是用于保证数据库中的数据在逻辑上的一致性、正确性和可靠性。数据完整性的含义、分类在项目 2 中已介绍。

数据的完整性常常用约束、规则、检查等来体现。

约束是 SQL Server 自动保持数据完整性的一种方法。约束的分类有：主键约束、外键约束、唯一性约束、检查约束等。在创建约束时，一般系统会自动生成约束名。但是为了便于管理,在创建约束时,可以给定约束名。约束名称必须符合标识符的命名规则。

①主键(Primary key)约束:用于指定表的一列或几列的组合唯一标识符,即只能在表中唯一地指定一行记录。建立主键约束可以在列级别创建,如【例 4.6】和【例 4.7】所示;也可以在表级别上创建,如【例 4.8】和【例 4.10】所示。

②唯一性(Unique)约束:主要用来限制表的非主键列中不允许输入重复值,如【例 4.27】所示。

③非空(Not Null)约束:用于设定某列值能不能为空。

④检查(CHECK)约束:使用逻辑表达来限制表中的列可以接受的数据范围,如【例 4.2】、【例 4.3】和【例 4.8】所示。

⑤默认(DEFAULT)约束:它为表中的某列建立一个默认值,如【例 4.1】和【例 4.7】所示。

⑥外键(Foreign Key)约束:通过外键约束,可以为相关联的两个表建立联系,实现数据的引用完整性,维护两张表之间数据的一致性关系,如【例 4.3】、【例 4.6】、【例 4.9】和【例 4.12】所示。

5. 继续操练

【例 4.2】 在 SSMS 中创建如表 4-3 所示课程表(用来存储课程信息)。

分析:在【例 4.1】中已经创建了学生表,课程表的创建大体与学生表一样,只是课程表中规定:学时、学分值一定要大于 0。这就是数据完整性中提到的 CHECK 约束,所以本题侧重介绍 CHECK 约束。

步骤:

①启动 SSMS,在资源对象管理器中选中"学生成绩管理库",然后右击,在弹出的菜单中选择"新建表"命令。

②在"表设计器"中,根据已经设计好的课程表结构分别输入或选择各列的名称、数据类型、是否允许为空等属性。

③在"课程号"列上右击,在弹出的菜单中选择"设置主键"命令。

④选中"学时"列,右击,然后在弹出的菜单中选择"CHECK 约束"命令,如图 4-8 所示。

图 4-8 快捷菜单选择"CHECK 约束"

⑤在弹出的"CHECK 约束"对话框中单击"添加"按钮,在表达式中输入"学分>=0",再将标识名称改为"CK_课程表_1"(可以不修改标识名),如图 4-9 所示。

⑥再在"CHECK 约束"对话框中单击"添加"按钮,在表达式中输入"学时>=0",然后将标识名称改为"CK_课程表_2",如图 4-10 所示。最后单击"关闭"按钮,设置完成表 4-3 中学时、学分的检查约束了。

⑦单击"保存"按钮,建立完成课程表。

这里的 CHECK 约束,是指在对课程表的数据操作时,若不小心将学时或学分输入为负数,系统会提示出错,直到输入正确的值为止。

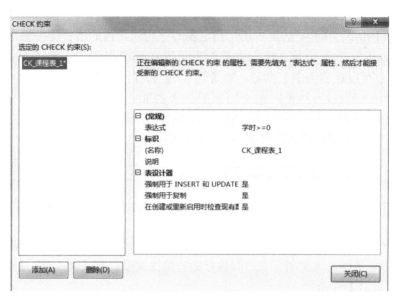

图 4-9 "CHECK 约束"对话框

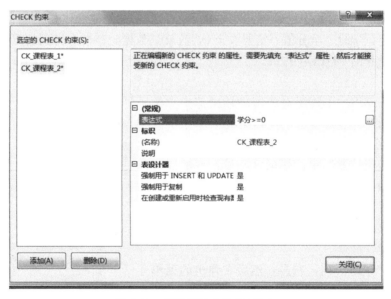

图 4-10 增添学时 CHECK 约束

【例 4.3】 在 SSMS 中创建如表 4-4 所示选课表（用来存储学生的选课情况及成绩）。

分析：本题与【例 4.2】的区别有两点，一是复合主键，另一个是外键。所以，本题的重点是学习复合主键和外键的创建。

创建步骤：

①启动 SSMS，在资源对象管理器中选中学生成绩管理数据库中的表节点，然后右击，在弹出的菜单中选择"新建表"。

②在"表设计器"中，根据设计好的选课表结构分别输入学号、课程号、成绩的列

名、数据类型、是否允许为空等属性。

③选中"学号"及"课程号"两列（方法是：首先单击"学号"，然后按住 Ctrl 键，再单击"课程号"），然后右击，在弹出的菜单中选择"设为主键"命令，然后就可以看到，学号及课程号的边上各有一把金色的小钥匙，说明联合主键设置成功。

④选中"成绩"列，然后右击，在弹出的菜单中选择"CHECK 约束"命令，再在弹出的"CHECK 约束"对话框输入"成绩>=0 and 成绩<=100"，最后单击"关闭"按钮。

⑤选中"学号"列，然后右击，在弹出的菜单中选择"关系"命令，如图 4-11 所示。

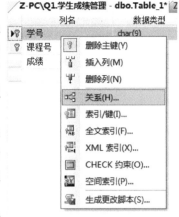

图 4-11　快捷菜单

⑥在弹出的"外键关系"对话框中，如图 4-12 所示，将标识"名称"改为"FK_选课表_学生表_1"（这是为了直观，当然可以不改，选择系统默认名也行），然后选中"表和列规范"项，再单击边上的按钮。

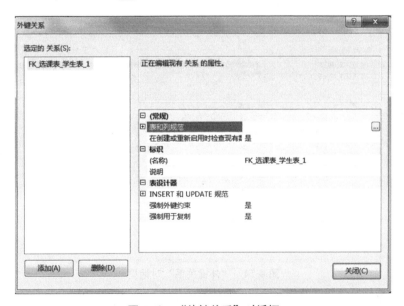

图 4-12　"外键关系"对话框

⑦在弹出的"表和列"对话框中，如图 4-13 所示，将"主键表"选为"学生表"，"外键表"选为"选课表"（Table_1），在下拉项中都选择"学号"，意思是：两个表之间的学号建立了外键联系。然后单击"确定"按钮，再单击"外键关系"对话框中的"关闭"按钮，就建好了外键。

⑧采用同样的步骤，在"外键关系"对话框中单击"添加"按钮，重复⑤、⑥步，再根据题意要求设置，如图 4-14 和图 4-15 所示，只是将图 4-15 中的下拉项改为"课程号"。然后单击"确定"按钮，再单击"外键关系"对话框中的"关闭"按钮，就建好了课程号的外键。

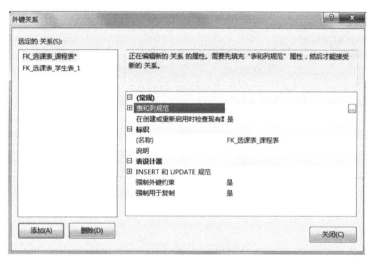

图 4-13　"表和列"对话框

图 4-14　"外键关系"对话框

⑨单击工具栏中的"保存"图标，在弹出的对话框中选择"是"。

经过上述步骤，"选课表"与"学生表"、"选课表"与"课程表"之间的外键建立起来。查看"对象资源管理器"，单击"键"项，可以看到两把银色的小钥匙，如图 4-16 所示。有了这两个外键，表间的参照性就建立了，我们就不能在选课表中输入学生表中无此学生记录的信息；同样，也不能在选课表中输入课程表中无记录的课程号信息。

【例 4.4】　在 SSMS 中创建如表 4-5 所示教师表（用来存储教师的基本信息）。

分析：与【例 4.1】相同。

步骤：

①右击"学生成绩管理"数据库菜单下的"表"选项，在弹出的快捷菜单中选择"新建表"命令。

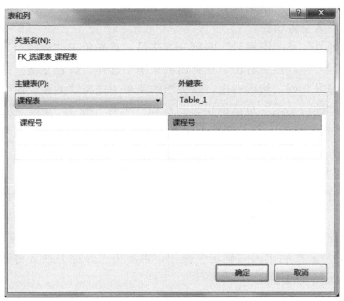

图 4-15 "表和列"对话框

②在"表设计器"窗口中，根据设计好的教师表结构，分别输入或选择各列的名称、数据类型、是否允许为空等属性。

③在"教师号"列上右击，在弹出的菜单中选择"设置主键"命令。

④选择表的各列属性之后，单击工具栏中的█按钮（"保存"按钮），然后在"选择名称"对话框中输入表名"教师表"，再单击"确定"按钮，创建教师表。

【例 4.5】 在 SSMS 中创建如表 4-6 所示部门表（用来存储部门基本信息）。

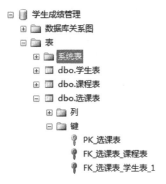

图 4-16 主外键图

分析：与【例 4.1】相同。

步骤：

①右击"学生成绩管理"数据库菜单下的"表"选项，在弹出的快捷菜单中选择"新建表"命令。

②在"表设计器"窗口中，根据设计好的教师表结构，分别输入或选择各列的名称、数据类型、是否允许为空等属性。

③在"部门编号"列上右击，在弹出的菜单中选择"设置主键"命令。

④选择表的各列属性之后，单击工具栏中的█按钮（"保存"按钮），然后在"选择名称"对话框中输入表名"部门表"，再单击"确定"按钮，创建教师表。

【例 4.6】 在 SSMS 中创建如表 4-7 所示教师授课表（用来存储教师授课的基本信息）。

分析：与【例 4.3】类似。

步骤：

①在"表设计器"中，根据设计好的授课表结构，分别输入或选择各列的名称、数据类型、是否允许为空等属性。

②选中"教师号"及"课程号"两列（方法是：首先单击"教师号"，然后按住 Ctrl 键，再单击"课程号"），然后右击，在弹出的菜单中选择"设置主键"命令。

③选中"教师号"列，然后右击，在弹出的菜单中选择"关系"命令。

④在弹出的"外键关系"对话框中，将标识"名称"改为"FK_授课表_学生表_1"（这是为了直观，当然可以不改，选择系统默认名就行），然后单击"表和列规范"，再单击边上的▭按钮。

⑤在弹出的"表和列"对话框中，将"主键表"选为"教师表"，"外键表"选为"授课表"，在下拉项中都选择"教师号"，意思是表间通过教师号建立外键联系。然后单击"确定"按钮，再单击"外键关系"对话框中的"关闭"按钮，就建好了外键。

⑥同样的道理，再在"外键外系"对话框中单击"添加"按钮，重复步骤⑤，将下拉项改为"课程号"。然后单击"确定"按钮，再单击"外键关系"对话框中的"关闭"按钮，就建好了课程号的外键。

⑦单击工具栏中的"保存"图标，在弹出的对话框中选择"是"。

经过上述操作，"授课表"与"教师表"、"授课表"与"课程表"之间的外键建立起来。查看对象资源管理器，单击"键"，可以看到两个银色的小钥匙。有了这两个外键，表间的参照性就建立了，我们就不能在授课表中输入教师表中无此教师记录的信息；同样，不能在授课表中输入课程表中无记录的课程号信息。

4.1.3 用 T-SQL 语句创建学生成绩管理数据库数据表

下面先举一个用 T-SQL 命令创建数据表的例子。

【例 4.7】 创建表 4-2 所示的数据表（用来存储学生的基本信息）。

在查询编辑器中输入以下代码：

```
Use 学生成绩管理
Go
create table 学生表
(学号 char(9) Not Null CONSTRAINT PK_xh primary key,
姓名 char(8) Not Null,
性别 bit Null CONSTRAINT DE_1 default 0,
专业 varchar(50) Null,
出生年月 smalldatetime Null,
家庭地址 varchar(100) Null,
联系电话 char(12) NULL,
总学分    float CONSTRAINT DE_2 default 0)
```

单击工具栏中的 ! 执行(X) 按钮，就完成了学生表的创建。由此可见，要学会用 T-SQL 命令创建数据表，首先要知道 T-SQL 语句创建表的语法格式。

说明：

①学号 char(9) Not Null CONSTRAINT PK_xh primary key，表示对学号做主键约

束，约束名为 PK_xh。在这里，主键是定义在所在列的边上，即定义在列级上的。

②性别 bit Null CONSTRAINT DE_1 default 0，表示性别的默认值为 0，默认约束名为 DE_1。

③总学分 float CONSTRAINT DE_2 default 0，表示总学分的默认值为 0，默认约束名为 DE_2。

1. T-SQL 创建表的语法

```
create table 表名
(列名1   数据类型 [ 是否为空] [ [约束] [ 自动编号],
  …
列名n   数据类型[ 是否为空] [ [约束] [ 自动编号]   )
```

各参数说明如下。

①表名：新建表的名称。

②列名：新建表中列的名称。

③是否为空：允许字段值是否为空。是，则为 Null；非空，则为 Not Null。默认的是 Null。

④约束：[CONSTRAINT 约束名] 约束。

约束分为主键约束、外键约束、检查约束、默认值约束和唯一性约束等。

⑤自动编号：即 IDENTITY，自动标识编号。

2. T-SQL 语句创建表的应用

【例 4.8】   用 T-SQL 语句创建如表 4-3 所示课程表（用来存储课程的基本信息）。

分析：此题与【例 4.7】的不同之处是，有检查约束。

在查询编辑器中输入以下代码：

```
Use 学生成绩管理
Go
create table 课程表
(课程号 char(9) Not Null,
课名 varchar(50) Not Null,
学时 int Not Null constraint Ch_1 check (学时＞＝0),
学分 int Not Null check (学分＞＝0),
备注 text,
CONSTRAINT PK_kh primary key(课程号)
)
```

说明：

①学时 int Not Null constraint Ch_1 check（学时＞＝0），说明对学时进行检查约束，约束名为 Ch_1；同理，学分也是一样地进行检查约束，只不过约束名由系统默认。请注意，（学分＞＝0）是需要加括号的。

②CONSTRAINT PK_kh primary key（课程号）用于设置课程号为主键，从【例

4.7】及本例得知，主键可以定义在列级上，如【例4.7】；也可以定义在表级上，如本例。同理，其他约束也是如此。

【例 4.9】 用 T-SQL 语句创建如表 4-4 所示选课表（用来存储学生的选课情况及成绩）。

分析：注意组合主键及外键的创建方法。

在查询编辑器中，输入以下代码并执行：

```
Use 学生成绩管理
Go
create table 选课表
(学号 char(9) Not Null,
课程号 char(9) Not Null constraint FK_1 foreign key references 课程表(课程号),
成绩 float Null,
constraint ch_cj check(成绩 > = 0 and 成绩 < = 100),
constraint PK_xh1 primary key(学号,课程号),
constraint FK_2 foreign key(学号)references 学生表(学号)
)
```

说明：

①课程号 char(9) Not Null constraint FK_1 foreign key references 课程表（课程号），表示外键约束名为 FK_1，选课表中的课程号参照课程表中的课程号。

②constraint FK_2 foreign key（学号）references 学生表（学号），表示外键约束名为 FK_2，选课表中的学号参照学生表中的学号。

③constraint PK_xh1 primary key（学号，课程号），表示主键约束名为 PK_xh1，是学号与课程号的复合主键。注意，对于复合约束，一定要定义在表级上。

【例 4.10】 用 T-SQL 语句创建如表 4-5 所示授课表（用来存储教师的基本信息）。

分析：与【例 4.9】相同，注意主键的创建。

在查询编辑器中，输入如下代码：

```
Use 学生成绩管理
Go
create table 教师表
(教师号 char(6)        Not Null,
姓名 Char(8)          Not Null,
职称 char(8)          Not Null,
部门编号 Varchar(50)    Not Null,
联系方式 char(12)       Null,
primary key(教师号)
)
```

说明：

primary key（教师号），表示对教师号进行主键约束，约束名由系统默认。

【例 4.11】 用 T-SQL 语句创建如表 4-6 所示部门表（用来存储部门基本信息）。

分析：与【例 4.10】相同。

在查询编辑器中，输入以下代码并执行：

```
Use 学生成绩管理
Go
create table 部门表
(部门编号 Varchar(50)      Not Null primary key,
部门名称 Varchar(50)      Not Null,
部门地址 Varchar(100)      Null
)
```

【例 4.12】 用 T-SQL 语句创建如表 4-7 所示授课表（用来存储教师授课的基本信息）。

分析：与【例 4.9】相似。

在查询编辑器中，输入以下代码并执行：

```
Use 学生成绩管理
Go
create table 授课表
(教师号 char(6)Not Null foreign key references 教师表(教师号),
课程号 char(9) Not Nullforeign key references 课程表(课程号),
开课时间 smalldatetime Null,
primary key(教师号,课程号)
)
```

说明：

①教师号 char(6) Not Null foreign key references 教师表（教师号），表示对教师号有一个外键约束，约束名由系统默认，授课表中的教师号参照教师表中的教师号。

②课程号 char(9) Not Null foreign key references 课程表（课程号），表示课程号有一个外键约束，约束名由系统默认，授课表中的课程号参照课程表中的课程号。

4.1.4 规则和约束

为了保持数据的完整性，还有一种方法是建立规则和默认。

1. 规则

规则（RULE）是一种数据库对象，其作用与检查约束类似，用来限制输入值的取值范围。规则与 CHECK 约束相比较，CHECK 约束比规则更简明，它可以在创建表或修改表时指定，而规则需要单独创建。

使用规则的优点是：一个规则只需定义一次就可以被多次应用，即可以应用于多个表或多个列。

规则的使用包括规则的创建、绑定、解除和删除，可以在查询编辑器中用 T-SQL 语句完成。

（1）创建规则

规则是一种数据库对象，在使用前必须被创建。创建规则的语法为：

```
CREATE   RULE 规则名   AS   条件表达式
```

（2）规则的绑定

创建好的规则，需要绑定到指定列上才有意义。绑定规则的语法为：

```
[EXECUTE] sp_bindrule  '规则名称','表名．字段名'
```

【例 4.13】　创建一个规则 rule_xb，将它绑定到"学生表"的"性别"字段，保证输入数据只能为"0"或"1"。

在查询编辑器中输入以下代码：

```
CREATE RULE rule_xb  AS  @xb = 0 or @xb = 1   -- 建立规则名为 rule_xb
GO
sp_bindrule  'rule_xb',  '学生表．性别'   -- 将 rule_xb 规则绑定到学生表中的性别上
```

说明：

①CREATE RULE rule_xb　AS　@xb='男'　or @xb ='女'，说明建立了一个规则，规则名叫 rule_xb。这个规则的功能是限制跟它绑定的字段，其值只能取"0"或"1"。

②sp_bindrule　'rule_xb',　'学生表．性别'，表示规则 rule_xb 已跟"学生表"中的"性别"字段绑定了，使得在"学生表"中的字段"性别"的值只能取"0"或"1"。当然，如果需要，规则 rule_xb 还能跟学生成绩管理数据库中其他表中的字段绑定。

执行上述代码，将显示"已将规则绑定到表的列"。

（3）解除绑定

如果字段不需要规则限制其值了，就要把已经绑定的规则去掉。这就是解除绑定的规则，其语法为：

```
[EXECUTE]  sp_unbindrule  '表名．字段名'
```

【例 4.14】　将【例 4.13】中的绑定解除。

```
sp_unbindrule  '学生表．性别'
```

执行这条语句，将显示"已解除了表列与规则之间的绑定"。

（4）删除规则

如果规则没有用了，可以将其删除。在删除规则前，一定要先对规则解除绑定。当规则不再作用于任何表或字段时，可以删除规则。删除规则的语法格式为：

```
drop rule 规则名
```

因为【例 4.13】中创建的规则 rule_xb 已经解除了绑定，所以可以删除这个规则。

【例 4.15】 删除规则 rule_xb。语句如下所示：

```
drop  rule  rule_xb
```

2. 默认

默认（DEFAULT），也称默认值，是一种数据库对象，它与默认约束作用相似，即表中的一列被绑定了默认对象，当向表中输入记录时，没有为该列输入数据，系统会自动将默认值赋给该列。默认约束可以在创建表或修改表时指定，而默认要单独创建。

使用默认的优点是：一个默认只需定义一次就可以被多次应用，即可以应用于多个表或多个列。

默认对象的使用方法类似于规则，同样包括创建、绑定、解除和删除。这些操作可以在查询编辑器中完成。

（1）创建默认值

在查询编辑器中，创建默认对象的语法格式如下所示：

```
CREATE DEFAULT 默认值名 AS 常量表达式
```

说明：格式中的常量表达式可以包含常量表达式，还可以包含常量、内置函数或数学表达式。

（2）默认的绑定

创建好的默认，必须将其绑定到表的字段上才能产生作用。绑定默认的语法为：

```
[EXECUTE] sp_bindefault  '默认名称','表名 . 字段名'
```

【例 4.16】 创建一个默认 default_xf，将它绑定到"课程表"的"学分"字段，使默认学分为 3。

在查询编辑器中输入以下语句：

```
CREATE  DEFAULT default_xf  AS  3  -- 建立默认
GO
sp_bindefault 'default_xf',  '课程表 . 学分'  -- 将 default_xf 默认绑定到课程表中的学分上
```

说明：

①CREATE DEFAULT default_xf AS 3，表示创建了一个名为 default_xf 的默认值，值为 3。

②sp_bindefault 'default_xf', '课程表 . 学分'，表示将创建的默认 default_xf 绑定到"课程表"的"学分"字段上，使得"课程表"中"学分"字段的默认值为 3。当然，如果需要，可以继续将默认值 default_xf 绑定到学生成绩管理数据库的其他表的字

段上。

（3）解除绑定

如果字段不需要默认值了，可以把已经绑定的默认去掉，这就是解除默认。其语法为：

```
[EXECUTE]   sp_ununbindefault   '表名.字段名'
```

【例 4. 17】　将【例 4.16】建立的默认绑定解除。

```
sp_unbindefault   '课程表.学分'
```

执行这条语句，将显示"已解除了表列与默认之间的绑定"。

（4）删除默认

如果默认值没有用了，可以将其删除。在删除默认前，一定要先对默认解绑。当默认不再作用于任何表或字段时，可以删除默认。删除默认的语法格式为：

```
drop rule   默认名
```

由于【例 4.17】已将默认 default_xf 解除了绑定，所以可以删除这个默认。

【例 4. 18】　删除默认 default_xf。语句如下所示：

```
drop DEFAULT   default_xf
```

任务 4. 2　学生成绩管理数据库数据表的查看

任务描述

一个表建立之后，要进行查看，以便修改。本学习任务主要介绍使用 SSMS 及 T-SQL 语句查看数据表的方法。

1. 在 SSMS 中查看表结构

可以在 SSMS 图形界面下查看表的属性、列的属性及表的依赖关系，方法是：在"对象资源管理器"窗口中展开要查看的表节点并右击，然后在弹出的快捷菜单中选择"属性"命令，打开"表属性"窗口，查看表的数据空间、记录数目、创建日期等属性。

同样，右击要查看的"列"，选择"属性"命令，即可查看相应的信息。

右击要查看的数据表并选择"查看依赖关系"命令，打开"查看依赖关系"窗口，可查看依赖的其他数据对象和依赖于此表的依赖对象。

【例 4. 19】　利用 SSMS 查看学生成绩管理数据库中"学生表"的属性、"学号"列的属性及学生表与其他表的依赖关系。

步骤：

①查看学生表的属性。在"对象资源管理器"窗口中，选中"学生成绩管理"数据库，展开"表"节点，再右击"学生表"，然后在弹出的快捷菜单中选择"属性"命令，如图 4-17 所示，弹出"表属性-学生表"对话框，如图 4-18 所示。在"常规"选择页中显示"学生表"的定义，包括存储结构、当前的连接及名称等属性。该选择页中显示的属性不能修改。

②查看学生表中学号列的属性。在"对象资源管理器"窗口中，选中"学生成绩管理"数据库，展开"表"节点中的"列"节点，再右击"学生表"中的"学号"，然后在弹出的快捷菜单中选择"属性"命令，弹出"列属性-学号"对话框，如图 4-19 所示。在"常规"选择页中可以看到学号的数据类型、主键等属性。同理，可查看其他列属性窗口。

图 4-17　快捷菜单

图 4-18　表属性窗口

③查看"学生表"与其他数据对象的依赖关系。右击"学生表"，在弹出的快捷菜单中选择"查看依赖关系"命令，在弹出的"对象依赖关系-学生表"对话框中显示"学生表"依赖的其他数据对象和依赖于此表的对象，如图 4-20 所示。

2. 用 T-SQL 语句查看学生成绩管理数据表

查看数据表属性的语句格式为：

```
sp_help 表名
```

图 4-19 列属性窗口

图 4-20 对象依赖关系窗口

【例 4.20】 利用 T-SQL 命令查看学生成绩管理数据库中学生表的详细信息。
在查询编辑器中输入以下语句：

```
USE 学生成绩管理
GO
sp_help 学生表
```

执行命令，将显示"学生表"的表结构的详细信息，如图 4-21 所示。

	Name	Owner	Type	Created_datetime						
1	学生表	dbo	user table	2013-11-05 21:11:43.497						

	Column_name	Type	Computed	Length	Prec	Scale	Nullable	TrimTrailingBlanks	FixedLenNullInSource	Collation
1	学号	char	no	9			no	no	no	Chinese_PRC_CI_AS
2	姓名	char	no	8			no	no	no	Chinese_PRC_CI_AS
3	性别	bit	no	1			yes	(n/a)	(n/a)	NULL
4	专业	varchar	no	50			yes	no	yes	Chinese_PRC_CI_AS
5	出生年月	smalldatetime	no	4			yes	(n/a)	(n/a)	NULL
6	家庭地址	varchar	no	100			yes	no	yes	Chinese_PRC_CI_AS
7	联系电话	char	no	12			yes	no	yes	Chinese_PRC_CI_AS

	Identity	Seed	Increment	Not For Replication
1	No identity column defined.	NULL	NULL	NULL

	RowGuidCol
1	No rowguidcol column defined.

	Data_located_on_filegroup
1	PRIMARY

	index_name	index_description	index_keys
1	PK_xh	clustered, unique, primary key located on PRIMARY	学号

	constraint_type	constraint_name	delete_action	update_action	status_enabled	status_for_replication	constraint_keys
1	DEFAULT on column 性别	DE_1	(n/a)	(n/a)	(n/a)	(n/a)	((0))
2	PRIMARY KEY (clustered)	PK_xh	(n/a)	(n/a)	(n/a)	(n/a)	学号

	Table is referenced by foreign key
1	学生成绩管理.dbo.选课表: fk_1
2	学生成绩管理.dbo.选课表: FK_2

图 4-21 查看表的属性

任务 4.3 学生成绩管理数据库数据表的管理

 任务描述

数据表创建后，可根据需要对它进行修改和删除。修改的内容可以是列的属性，如列名、数据类型、长度等，也可以添加列、删除列等，还可以删除表。本学习任务就是介绍如何使用 SSMS 及 T-SQL 命令管理数据表。

4.3.1 在 SSMS 中管理数据表

1. 在 SSMS 中修改数据表

人们在使用数据表的过程中，会发现有些结构不理想，需要修改。在 SSMS 中修改数据表的方法为：

①启动 SSMS，在对象资源管理器窗口中展开"数据库"节点，然后选择相应的数据库，例如"学生成绩管理数据库"，再展开数据表节点。

②右击要修改的数据表，例如"学生表"，然后在弹出的快捷菜单中选择"设计"命令，如图 4-22 所示，启动表设计器。

③在表设计器中，如同在 SSMS 中创建数据表一样，根据需要修改各字段的字段名、数据类型、长度等。

④插入一行：将光标移动到需要插入的字段上，例如"学号"，右击，如图 4-23 所示，再选择"插入列"命令，可以在光标所在字段前插入新字段。

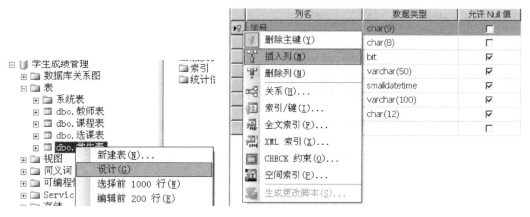

图 4-22　快捷菜单　　　　　　　　　　图 4-23　学生表设计器

⑤删除一行：若选择"删除列"命令，则删除光标所在列；若选择"删除主键"命令，则光标所在列上的主键被删除。

⑥同样地，选择"关系""CHECK 约束"等，完成外键、检查约束的修改及创建。修改的方法与前面介绍的创建类似。

⑦修改完毕，单击工具栏中的"保存"按钮。

【例 4.21】　在 SSMS 中修改学生成绩管理数据库中"学生表"的学号，将其宽度定义为 10。

①启动 SSMS，在对象资源管理器窗口中，展开"学生成绩管理"数据库节点，再展开数据表节点，然后选择"学生表"。

②右击"学生表"，在弹出的快捷菜单中选择"设计"命令，弹出"学生表"修改表设计器。

③选中"学号"中的数据类型，将其改为 CHAR(10)，单击"保存"按钮即可。

2．删除数据表

由于种种原因，会产生不需要的表，对于不需要的表，可以将其删除。一旦表被删除，则有关表的一切都被删除。

删除表的方法为：在"对象资源管理器"窗口中，选中要删除的表，右击，选择"删除"命令，在弹出的删除对象中单击"确定"按钮，则选中的表就被删除。

【例 4.22】　在 SSMS 中删除学生成绩管理数据库中的"选课表"。

①启动 SSMS，在对象资源管理器窗口中展开"学生成绩管理"数据库节点，再展开数据表节点，然后选择"选课表"。

②右击"选课表"，在弹出的快捷菜单中选择"删除"命令，则"选课表"被删除。

3．修改数据表名

要修改数据表名，方法为：在"对象资源管理器"窗口中，选中要修改表名的表，然后右击，再选择"重命名"命令，根据要求修改即可。

【例 4.23】　在 SSMS 中，修改学生成绩管理数据库的"学生表"为 student。

①启动 SSMS，在"对象资源管理器"窗口中展开"学生成绩管理"数据库节点，再展开数据表节点，然后选择"学生表"。

②右击"学生表"，在弹出的快捷菜单中选择"重命名"命令，将其改名为 student，则表名修改完毕。

注：为了后面教学内容的连贯性，这里将表名重新改回"学生表"。

4.3.2　用 T-SQL 语句管理数据表

修改表结构的另一种方法就是使用 T-SQL 命令。

【例 4.24】　将授课表中开课时间的数据类型修改为 datetime。

在查询编辑器中输入并执行以下语句：

```
alter table 授课表
alter column 开课时间 datetime
```

下面介绍管理数据表的语法。

1. 修改数据表的基本语句格式

```
Alter Table 表名
[ Alter column 列名　新数据类型 ]　　　　-- 修改列属性
[ Add 列名　数据类型　[ 完整性约束 ]]　-- 添加列
[ Drop column 列名 ]　　　-- 删除列
[ Drop 完整性约束名 ]　　　-- 删除约束
```

说明：

①Alter column 列名　新数据类型：表示修改列属性。

②Add 列名　数据类型　[完整性约束]：表示增添一列。

③Drop column 列名：表示删除一列。

④Drop 完整性约束名：表示删除约束。

2. 应用

（1）修改列属性

修改列属性的语句格式如下所示：

```
Alter table 表名
Alter Column 列名 新数据类型
```

【例 4.25】　将授课表中的开课时间的数据类型修改为 smalldatetime。

在查询编辑器中输入并执行如下语句：

```
Alter table 授课表
Alter column 开课时间 smalldatetime
```

（2）添加列

添加列的语句格式如下所示：

```
Alter table 表名
Add 字段名   数据类型  [约束]
```

【例 4.26】 在授课表添加一个字段："开课地点，varchar(30) null"。

在查询编辑器中输入并执行如下语句：

```
Alter table 授课表
Add 开课地点 varchar(20) null
```

注意：添加的字段要设置为空值。如果不是空值，添加的列具有指定的 DEFAULT 定义，或者要添加的列是标识列或时间戳列。

【例 4.27】 在课程表添加一个字段："序号　Smallint not null"，标识种子为 1，增量为 1，且是唯一约束。

在查询编辑器中输入并执行如下语句：

```
Alter table 课程表
Add 序号 smallint Not null IDENTITY(1,1) constraint un_1 unique
```

注意：IDENTITY（1，1）表示添加的序号设置了标识列。

（3）删除列

删除列的语句格式如下所示：

```
Alter table 表名
Drop column 字段名
```

【例 4.28】 将【例 4.26】中课程表添加的字段"开课地点"删除。

在查询编辑器中执行如下语句：

```
Alter table 授课表
Drop column 开课地点
```

注意：当删除的列上有约束时，需要删除约束后，再删除列。例如，要删除在【例 4.27】中添加的字段"序号"，要删除其唯一性约束，然后删除该列。

即先执行：

```
Alter table 课程表
Drop   constraint un_1
```

再执行：

```
Alter table 课程表
Drop column 序号
```

（4）添加约束

添加约束的语句格式如下所示：

```
Alter table 表名
Add 约束
```

【例 4.29】 将教师表中的"职称"默认为"讲师"，默认名为 de_2。

```
Alter table 教师表
Add constraint de_2 default '讲师'   for   职称
```

【例 4.30】 将课程表中的"学分"默认为"4"。

```
Alter table 课程表
Add default 4 for 学分
```

注意：【例 4.29】与【例 4.30】的区别是：一个指定了默认约束名；一个没有指定，由系统默认。

（5）删除约束

删除约束的语句格式如下所示：

```
Alter table 表名
Drop [Constraint] 约束名
```

【例 4.31】 将【例 4.29】中添加的默认约束 de_2 删除。

```
Alter table 教师表
Drop   constraint de_2
```

为了加强添加约束和删除约束的技能，下面进行强化训练。

【例 4.32】 将选课表中的复合主键 PK_xh1 删除。

```
Alter table 选课表
Drop  constraint    PK_xh1
```

【例 4.33】 添加选课表中的学号及课程号的复合主键 PK_xh1。

```
alter table 选课表
Add constraint   PK_xh1    primary key(学号,课程号)
```

【例 4.34】 将选课表中的外键 fk_1 删除。

```
Alter table 选课表
Drop  constraint fk_1
```

【例 4.35】 添加上题中删除的选课表中的外键 fk_1。

```
alter table 选课表
add   constraint   fk_1   foreign  key(学号)   references 学生表(学号)
```

【例 4.36】　在学生表中为联系电话建立唯一约束 NU_2。

```
Alter table 学生表
Add constraint   NU_2 unique(联系电话)
```

3. 删除数据表

删除数据表的语句格式如下所示：

```
Drop table 表名 1[,表名 2]
```

表示删除表名 1，表名 2。

【例 4.37】　将"授课表"删除。

在查询编辑器中执行如下语句：

```
Drop table 授课表
```

说明：为了不影响后面的学习，实际操作中可不执行此语句。

【例 4.38】　将"学生表""选课表"删除。

在查询编辑器中执行如下语句：

```
Drop table 学生表,选课表
```

说明：为了不影响后面的学习，实习操作中可不执行此语句。

4. 重命名数据表

重命名标表的语句格式如下所示：

```
SP_rename'原表名','新表名'
```

【例 4.39】　将"教师表"更名为"教师表 1"。

在查询编辑器中执行如下语句：

```
sp_rename '教师表','教师表 1'
```

【例 4.40】　将"教师表 1"更名为"教师表"。

```
sp_rename '教师表 1','教师表'
```

5. 重命名列名

可以利用 sp_rename 更改列名，语句格式如下所示：

```
sp_rename '表名 . 原列名','新列名'
```

【例 4.41】   将学生表中的"学号"更名为"学号1"。

在查询编辑器中执行如下语句：

```
USE 学生成绩管理
GO
sp_rename '学生表 . 学号','学号1'
```

【例 4.42】   将学生表中的"学号1"改为"学号"。

```
USE 学生成绩管理
GO
sp_rename '学生表 . 学号1','学号'
```

任务 4.4   学生成绩管理数据库中表数据的插入、修改及删除

 任务描述

新表建立后，表中不包含任何记录。要想实现存储，必须向表中添加数据。本学习任务主要介绍使用 SSMS 和 T-SQL 命令完成表记录的添加、修改和删除。

4.4.1   在 SSMS 中实现记录的添加、修改和删除

【例 4.43】   将表 4-13 中的数据输入到学生表中。

表 4-13   学生表中的数据

学号	姓名	性别	专业	出生年月	家庭地址	联系电话	总学分
02000101	张大成	男	电商	92—05—06	上海中山路 8 号	13578451256	62
02000102	李明媚	女	电商	93—01—15	北京新华路 7 号	13205710123	60
03000101	赵倩倩	女	计算机应用	93—01—07	杭州西湖路 12 号	13678451285	60
03000102	陈铁树	男	计算机应用	93—05—18	杭州解放路 56 号	13745127852	58
...							

步骤：

①启动 SSMS，在"对象资源管理器"窗口中展开"学生成绩管理"库，再展开表节点，然后右击"学生表"，在弹出的菜单中选择"编辑前 200 行"命令，如图 4-24 所示。

②在查询设计表中可以输入新记录，也可以修改已经输入的数据。若要删除数据，在选中的记录上右击，然后在弹出的菜单中选择"删除"命令，如图 4-25 所示。

图 4-24   快捷菜单

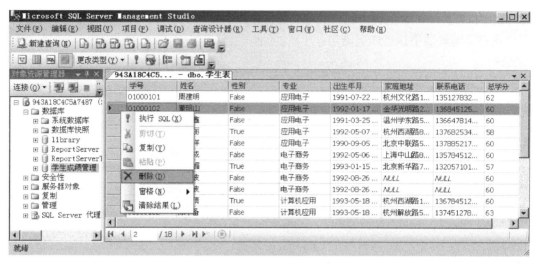

图 4-25　查询设计表

4.4.2　使用 T-SQL 语言实现表中记录的添加、删除及修改

1. 插入记录

随着数据库系统的实际运行，需要插入新的数据。在查询编辑器中，可以使用 INSERT 语句将一行记录追加到一个已存在的表中。

【例 4.44】　在课程表中添加一行记录：

1001　数据库技术　4　72　适合电子信息专业课程

在查询编辑器窗口中输入以下代码：

```
use 学生成绩管理
go
insert 课程表(课程号,课名,学分,学时,备注) values('1001','数据库技术',4,72,'适合电子信息专业课程')
```

或者输入如下代码：

```
insertinto 课程表(课程号,课名,学分,学时,备注) values('1001','数据库技术',4,72,'适合电子信息专业课程')
```

运行结果如图 4-26 所示。

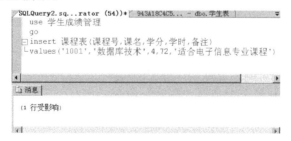

图 4-26　插入记录成功的界面

注意： values 列表中的值数据必须匹配列表中的列数。同时，values 列表中的值的数据类型应与对应列的数据类型相容。

（1）格式

```
INSERT  [INTO] 表名[(字段 1,字段 2,…,字段 n) ] values (值 1,值 2,…,值 n)
```

说明：

①字段数与 valuse 中提供的值的个数要相同，而且数据类型要一致。

②若给一条记录中的所有字段都提供数据，可以省略表名后的字段。

③用已经存在的一个表中的数据给指定的字段赋值的方法，将在项目 5 中介绍。

④标识列不能插入指定的数据值。

（2）应用

【例 4.45】　在课程表中添加一条记录：

1002　　C 语言程序设计　　4,　　72　　　适合电子信息专业课程

在查询编辑器中输入以下代码：

```
use 学生成绩管理
go
insert 课程表 values('1002','C 语言程序设计',4,72,'适合电子信息专业课程')
```

注意： 本例与【例 4.44】不同的是，在表中为所有的字段赋值，因此可以省略字段列表。

【例 4.46】　在课程表中添加一条记录：

课程号为"2001"，课名为"大学语文"，学分为"3"，学时为"60"。

在查询编辑器中输入以下代码并执行：

```
use 学生成绩管理
go
insert 课程表(课程号,课名,学分,学时) values('2001','大学语文',3,60)
```

注意： 为表中若干字段赋值，不能省略表名后的字段名。

2. 使用 T-SQL 语句更改表数据

随着数据库系统的实际运行，有些数据会发生变化，需要修改表中的某些数据。修改表数据可以在 SSMS 界面下，也可以使用命令语句。

【例 4.47】　将"课程表"中课程号为 2001 的课名改为"应用文写作"。

在查询编辑器中输入以下代码：

```
Update 课程表 set  课名 = '应用文写作' where 课程号 = '2001'
```

执行命令，提示"1 行受影响"。

说明： 若修改成功，打开课程表后，数据将发生变化，如图 4-27 所示。

课程号	课名	学时	学分	备注
1001	数据库技术	72	4	NULL
1002	C语言程序设...	4	72	NULL
2001	应用文写作	60	3	NULL
NULL	NULL	NULL	NULL	NULL

图 4-27 修改后的"课程表 2"的数据

（1）修改表数据的格式

Update 表名 set 字列名 = 表达式 [,列名 = 表达式] [where 条件]

注意：若没有 where 条件，则修改表中所有记录的指定列。

（2）应用

【例 4.48】 在为"课程表"输入数据时，误将课程号为"1002"的记录的学时、学分输反了，如图 4-27 所示，请改正。

在查询编辑器中输入以下语句：

```
Use 学生成绩管理
go
Update 课程表 set  学分 = 4,学时 = 72 where 课程号 = '1002'
```

执行命令，提示"1 行受影响"。

打开"课程表"，查看"课程表"中的记录，发现已修订完毕，如图 4-28 所示。

课程号	课名	学时	学分	备注
1001	数据库技术	72	4	适合电子信...
1002	C语言程序设...	72	4	适合电子信...
2001	大学语文	60	3	NULL
NULL	NULL	NULL	NULL	NULL

943A18C4C5... - dbo.课程表

图 4-28 修改后的"课程表"数据

注意：要修改多列，在 set 语句后用"，"分隔各修改子句。

【例 4.49】 由于教学计划变更，将"课程表"中所有记录中的学时都缩减 2 学时。

在查询编辑器中输入以下语句：

```
Use 学生成绩管理
go
Update 课程表 set 学时 = 学时 - 2
```

执行命令，提示"3 行受影响"。

打开课程表，查看数据表中的记录，发现已修订完毕，如图 4-29 所示。

注意：本题没有带 where 子句，这意味着修改表中指定字段的所有数据。大多数情况下，使用 UPDATE 更新数据，一般都有限制条件。

图 4-29   修改后的"课程表"数据

3. 使用 T-SQL 语句删除表数据

当表中出现无用数据时，应该及时清理。删除表数据，可以使用 Delete 语句和 Truncate Table 语句。

【例 4.50】   删除"课程表 1"中的所有记录。

在查询编辑器中输入以下语句：

```
Use 学生成绩管理
Go
Delete 课程表 1
```

执行命令，提示"3 行受影响"，说明 3 行记录被删除。查看"课程表 1"的记录，如图 4-30 所示。

图 4-30   执行删除操作后的"课程表 1"数据

注意：没加 where 条件，所以将表中的记录全删除了。

（1）格式

Delete 语法格式为：

```
Delete    表名 [ where    条件]        -- 删除指定表中符合条件的记录
```

Truncate Table 语法格式为：

```
Truncate Table 表名              -- 删除指定表中的所有记录
```

注意：使用 Delete 删除数据时，不能删除被外键值所引用的数据行。

（2）应用

【例 4.51】   删除"课程表"中课程名为"C 语言程序设计"的记录。

在查询编辑器中输入以下语句：

```
Use 学生成绩管理
go
Delete 课程表 where 课名 = 'C 语言程序设计'
```

执行命令，提示"1 行受影响"，说明指定行记录被删除。查看"课程表"，显示如图 4-31 所示的结果。

	课程号	课名	学时	学分	备注
▶	1001	数据库技术	58	4	NULL
	2001	应用文写作	58	3	NULL
✱	NULL	NULL	NULL	NULL	NULL

图 4-31　执行删除操作后的"课程表 2"数据

【例 4.52】　删除"课程表"中的所有记录。

在查询编辑器中输入以下语句：

```
Use 学生成绩管理
go
Truncate Table   课程表
```

执行命令，提示"命令已成功完成"，说明指定行记录被删除。查看"课程表"，显示已无记录。

提示：使用 Truncate Table 删除所有数据时，效率比 Delete 语句高。

 项目小结

本项目主要介绍使用 SSMS 和 T-SQL 语句进行数据表的创建、管理及数据的插入、删除、修改。其中，用 T-SQL 语句创建和管理数据表是本项目的难点，特别是几个约束的设置。其主要内容为：创建数据表；管理数据表包括修改表中列的属性、增添列、删除列、添加各种约束及删除各种约束；删除表；记录的插入、删除及修改操作。

 课堂实训

【实训目的】

1. 了解表的结构特点。

2. 了解 SQL Server 的基本数据类型。

3. 了解空值的概念。

4. 学会在 SSMS 中创建及管理数据表。

5. 学会使用 T-SQL 命令创建及管理数据表。

6. 学会使用 T-SQL 命令更新数据。

7. 掌握数据表数据输入和修改的操作。

【实训内容】

一、在 SSMS 中操作

（一）在项目 3 创建的 library 库中创建数据表

1. 在 SSMS 环境中创建图书管理数据表中的书籍表（见表 4-14）。

表 4-14　书籍表（用来存储书籍的基本信息）

字段名称	数据类型	长度	是否为空	说　　明
序号	int		非空	初始值和增量均为 1
图书编号	char	15	非空	主键
索书号	varchar	50	非空	
书名	varchar	100	非空	
作者	varchar	100	非空	
价格	money		非空	
种类	char	20	非空	
ISBN	char	13	非空	
出版社	varchar	50	非空	
出版日期	smalldatetime		非空	
馆藏地点	varchar	50	空	
总数量	int		非空	
库存量	int		非空	

（1）启动 SSMS，右击 library 数据库中的"表"选项，在弹出的快捷菜单中选择"新建表"命令，然后在表设计器中输入相关内容，如图 4-32 所示。

图 4-32　在表设计器中输入相关内容

（2）选中"序号"所在的行，在其列属性中单击"标识规范"，然后选择"是标识"，并将"标识增量"和"标识种子"都设置为"1"，如图 4-33 所示。

图 4-33　设置标识规范

（3）保存表，并命名为"书籍表"。

2. 在 SSMS 环境下创建"读者表"，如表 4-15 所示。

表 4-15　读者表（用来存储读者的基本信息）

字段名称	数据类型	长度	是否为空	约　束
借书证号	char	30	非空	主键
姓名	varchar	50	非空	
性别	char	2	非空	默认为"男"
单位	varchar	100	非空	
类别	char	6	非空	
电话	char	15	空	
电子邮件	varchar	50	空	

（1）启动 SSMS，右击 library 数据库中的"表"选项，在弹出的快捷菜单中选择"新建表"命令，然后在表设计器中输入相关内容，如图 4-34 所示。

列名	数据类型	允许 Null 值
借书证号	char(30)	☐
姓名	varchar(50)	☐
性别	char(2)	☐
单位	varchar(100)	☐
类别	char(6)	☐
电话	char(15)	☑
电子邮件	varchar(50)	☑
		☐

图 4-34　输入读者表相关信息

（2）选中"性别"所在的行，在其列属性中单击"默认值或绑定"，然后输入"（'男'）"，如图 4-35 所示。

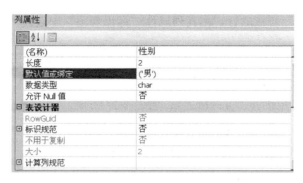

图 4-35 设置默认值

（3）保存表，并命名为"读者表"。

3. 在 SSMS 环境中创建"借阅表"，如表 4-16 所示。

表 4-16 借阅表（存储读者借阅的信息）

字段名称	数据类型	长度	是否为空	约　束
编号	int		非空	主键，初始值和增量均为 1
图书编号	varchar	50	非空	外键，参照书籍表
借书证号	char	30	非空	外键，参照读者表
借书日期	int		非空	
还书日期	datetime		空	
归还否	char	2	否	默认为否

（1）启动 SSMS，右击 library 数据库中的"表"选项，在弹出的快捷菜单中选择"新建表"命令，然后在表设计器中输入相关内容，如图 4-36 所示。

图 4-36 输入借阅表相关信息

119

（2）选中"编号"所在的行，在其列属性"标识规范"中选择"是"，将初始值和增量均设为"1"。

（3）选中"归还否"所在的行，在其列属性中单击"默认值或绑定"，然后输入"否"。

（4）保存表，并命名为"借阅表"。

4. 在 SSMS 环境中创建"管理员表"，如表 4-17 所示。

表 4-17 管理员表（用来存储管理员的基本信息）

字段名称	数据类型	长度	是否为空	约　束
序号	int			初始值和增量均为 1
员工号	char	15	非空	主键
姓名	char	8	非空	
密码	char	8	非空	

（1）启动 SSMS，右击 library 数据库中的"表"选项，在弹出的快捷菜单中选择"新建表"命令，然后在表设计器中输入相关内容，如图 4-37 所示。

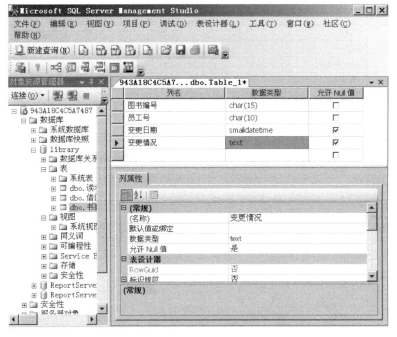

图 4-37　输入管理员表的相关信息

（2）右击"图书编号"，再在快捷菜单中选择"关系"命令。在弹出的"外键窗口"中单击"添加"按钮，在"表和列规范"行中单击▭按钮，如图 4-38 所示。在"表和列"窗口中选择如图 4-39 所示的值，再单击"确定"按钮。

（3）同理，设置员工号的外键＿＿＿＿＿＿＿＿＿＿。

（4）单击"保存"按钮，在弹出的"选择名称"对话框中输入"书籍管理表"，然后单击"确定"按钮。最后，在"保存"窗口中单击"确定"按钮。

5. 在 SSMS 环境下创建读者管理表，如表 4-18 所示。

图 4-38　"外键关系"窗口

图 4-39　"表和列"窗口

表 4-18　读者管理表（用来存储管理员对读者进行管理的信息）

字段名称	数据类型	长度	是否为空	约　束
员工号	char	15	非空	外键，参照管理员表
借书证号	char	30	非空	外键，参照读者表
办证日期	datetime		非空	
使用期限	int		非空	
注销日期	datetime		空	

（1）启动 SSMS，右击 library 数据库中的"表"选项，在弹出的快捷菜单中选择"新建表"命令，然后在表设计器中输入所要求的表结构。

（2）设置员工号及借书证号的外键_____。

（3）保存表_____。

（二）在 SSMS 中修改数据表

1. 将书籍表中的书名字段改为"书名　varchar80　非空。"

（1）选中书籍表，再右击，在弹出的快捷菜单中选择"设计"命令。

（2）在弹出的表设计器中选中"书名"，将其数据类型的宽度改为"varchar(80)"，如图 4-40 所示。

2. 将书籍表中的价格设定为大于等于 0。

（1）选中书籍表，右击，在弹出的快捷菜单中选择"设计"命令。

（2）在弹出的表设计器中选中"价格"，然后右击，在弹出的快捷菜单中选择"CHECK 约束"命令，如图 4-41 所示。

图 4-40　修改"书名"的数据类型宽度

图 4-41　选择"CHECK 约束"

（3）在弹出的"CHECK 约束"对话框中，单击"添加"按钮，然后在"表达式"中输入"价格＞0"，再单击"关闭"按钮，如图 4-42 所示。

（4）单击"保存"按钮，可以在表的约束中发现刚刚建立的检查约束，如图 4-43 所示。

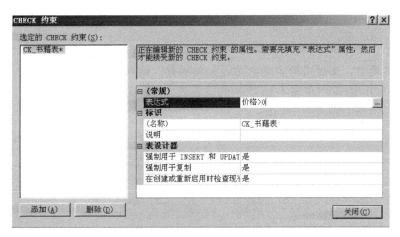

图 4-42 设置"CHECK 约束"

（5）将总书量设置为">＝0"的步骤为：

_____

（三）在 SSMS 中删除所建数据表（将前面所建的表全部删除）

（1）选中要删除的数据表。

（2）右击，在弹出的快捷菜单中选择"删除"命令，然后在弹出的"删除对象"对话框中单击"确定"按钮。

图 4-43 建立的检查约束

二、使用 T-SQL 语句操作

（一）用 T-SQL 语句创建数据表

1. 用 T-SQL 语句创建表 4-14 所示的书籍表

在查询编辑器中输入如下代码（空格处请填空）：

```
Use library
go
Create table 书籍表
(
序号 Int not null Identity(1,1),
图书编号 char(15) not null primary key,
索书号 varchar(50) not null,
书名 varchar(100)_____,
作者 varchar(100)_____,
价格 money _____,
种类 char(20)_____,
ISBNchar(13)_____,
出版社 varchar(50)_____,
出版日期 smalldatetime _____,
馆藏地点 varchar(50)_____,
```

```
总数量_____,
库存量    int  _____)
```

思考： 本题中，主键若给出约束名，如何操作？请动手试一下。

2. 用 T-SQL 语句创建表 4-15 所示的读者表。

在查询编辑器中输入如下代码（空格处请填空）：

```
Use library
go
Create table 读者表
(借书证号   char(30) not null Constraint PK_1 primary key,
姓名    _____,
性别    char(2) not null Constraint DE_1 default '男',
单位    _____,
类别    _____,
电话    _____,
电子邮件  _____
)
```

思考： 本题中，主键还能怎样设置？请试一下。

3. 用 T-SQL 语句创建表 4-16 所示的借阅表。

在查询编辑器中输入如下代码（空格处请填空）：

```
Use library
go
Create table    _____
(编号  _____,
图书编号   varchar(50) not null Constraint FK_1 foreign key references 书籍表(图书编号),
借书证号  _____,
借书日期    smalldatetime not null,
还书日期  _____,
归还否  _____)
```

思考： 外键还可以如何设置？请试一试。

4. 用 T-SQL 语句创建表 4-17 所示的管理员表。

在查询编辑器中输入如下代码（空格处请填空）：

```
Use library
go
Create table  _____
(序号   int Idenity(1,1),
员工号  _____,
姓名  _____,
```

姓名　＿＿＿＿＿＿＿＿＿＿，

密码　＿＿＿＿＿＿＿＿＿＿

）

5. 用 T-SQL 语句创建表 4-18 所示的读者管理表。

在查询编辑器中输入如下代码（空格处请填空）：

```
Use library
go
Create table     ＿＿＿＿＿＿＿＿＿＿＿＿＿＿＿＿
(员工号     ＿＿＿＿＿＿＿＿＿＿，
借书证号     ＿＿＿＿＿＿＿＿＿＿，
办证日期     ＿＿＿＿＿＿＿＿＿＿，
注销日期     ＿＿＿＿＿＿＿＿＿＿，
)
```

6. 用 T-SQL 语句创建表 4-19 所示的书籍管理表。

表 4-19   书籍管理表（用来存储管理员对书籍进行管理的信息）

字段名称	数据类型	长度	是否为空	约　　　束
图书编号	char	15	非空	外键，参照书籍表
员工号	char	15	非空	外键，参照管理员表
变更日期	smalldatetime			
变更情况	text			

在查询编辑器中输入如下代码（空格处请填空）：

```
Use library
go
Create table     ＿＿＿＿＿＿＿＿＿＿＿＿＿
(图书编号     ＿＿＿＿＿＿＿＿＿＿，
员工号     ＿＿＿＿＿＿＿＿＿＿，
变更日期     ＿＿＿＿＿＿＿＿＿＿，
变更情况     text
)
```

（二）使用 T-SQL 语句修改数据表

1. 将"读者表"中的"姓名"改为"读者姓名"。

```
Alter table 读者表
Sp_rename '读者表．姓名','读者姓名'
```

2. 将"管理员表"中的"姓名"改为"员工姓名"。

3. 在"读者表"中添加一列：家庭地址　varchar（100）null。

---

4. 将上题中添加的列删除。

---

5. 将书籍表中的总书量字段约束为"＞＝0"，约束名为 zsl_check。

---

6. 将约束名为"zsl_check"的约束删除。

---

7. 为书籍表中的总书量字段添加一个默认约束，约束名为 zsl_def。

---

8. 将读者表中的主键 pk_1 删除。

---

9. 创建读者表中借书证号的主键，名为 pk_1。

---

10. 将借阅表中约束名为 fk_1 的外键删除。

---

11. 为借阅表中的图书编号建立外键，外键名为 fk_1（参照书籍表）。

（三）用 T-SQL 语句进行数据表数据的操作

1. 为图书管理书籍表插入 3 条记录（数据任意）。

（1）

```
Use library

Go
   Insert Into 书籍表(序号,图书编号,索书号,书名,作者,价格,种类,ISBN,出版社,出版日期,馆藏
地点,总数量,库存量) values(_____)
```

（2）Insert Into 书籍表（_____）values（_____）

（3）Insert Into 书籍表（_____）values（_____）

2. 修改书籍表中书名为"数据库技术"记录的价格（可以自定）。

Update 书籍表_____where_____

3. 将书籍表中的价格都加 1 元。

Update 书籍表_____

4. 删除书籍表中书名为"大学英语"的记录。

---

5. 删除书籍表中的所有记录。

 课外实训

一、在 SSMS 中操作

（一）在 SSMS 中建立数据表

1. 新建数据库 Bedroom。

2. 在 SSMS 中创建 Bedroom 库中的学生表，如表 4-20 所示。

表 4-20　学生表（用来存储学生的基本信息）

字段名称	数据类型	长度	说　明
学号	char	9	主键
姓名	char	8	不可为空
性别	bit		"0"代表男生，"1"代表女生
专业	varchar	50	不可为空
班级	char	30	不可为空
出生年月	datatime		
家庭地址	varchar	100	
联系方式	char	12	

3. 在 SSMS 中创建 Bedroom 库中的班主任表，如表 4-21 所示。

表 4-21　班主任表（用来存储班主任的基本信息）

字段名称	数据类型	长度	说　明
教师号	char	8	主键
姓名	varchar	50	不可为空
密码	varchar	50	不可为空
联系方式	char	12	

4. 在 SSMS 中创建 Bedroom 库中的宿舍表，如表 4-22 所示。

表 4-22　宿舍表（用来存储宿舍的基本信息）

字段名称	数据类型	长度	说　明
宿舍编号	int		主键，标识列
楼号	int		不可为空
房号	int		不可为空
床位数	int		不可为空

5. 在 SSMS 中创建 Bedroom 库中的住宿表，如表 4-23 所示。

表 4-23　住宿表（用来存储学生住宿的信息）

字段名称	数据类型	长度	说　明
住宿编号	int		主键，标识列
学号	int		不可为空
宿舍编号	int		不可为空
教师号	int		不可为空
入住时间	datetime		
期限	int		

（二）在 SSMS 中修改数据表

1. 删除"住宿表"中的"期限"字段。

2. 将"住宿表"中入住时间的字段类型改为：smalldatetime。

3. 在"住宿表"中添加一个字段：备注 text null。

4. 将"住宿表"中的入住时间默认为系统当前日期。

5. 为"学生表"中的姓名添加一个唯一约束，约束名为 xm_un。

6. 将"学生表"中的约束名 xm_un 删除。

7. 为"住宿表"的学号添加一个外键约束 fk_stu（参照学生表）。

（三）在 SSMS 中数据表数据的输入、删除及修改

1. 在"学生表"中任意插入 3 条记录。

2. 将第二条插入的记录删除。

3. 修改第一条记录的姓名。

4. 将上述几个数据表全部删除。

二、使用 T-SQL 命令

（一）用 T-SQL 命令创建数据表

1. 新建数据库 Bedroom。

2. 用 T-SQL 命令创建宿舍管理数据库中的学生表。

3. 用 T-SQL 命令创建宿舍管理数据库中的班主任表。

4. 用 T-SQL 命令创建宿舍管理数据库中的宿舍表。

5. 用 T-SQL 语句创建宿舍管理数据库中的住宿表。

（二）用 T-SQL 命令修改数据表

1. 删除"住宿表"中的"期限"字段。

2. 将"住宿表"中入住时间的字段类型改为：smalldatetime。

3. 在"住宿表"中添加一个字段：备注 text null。

4. 将"住宿表"中的入住时间默认为系统当前日期。

5. 为"学生表"中的姓名添加一个唯一约束，约束名为 xm_un。

6. 将"学生表"中的约束名 xm_un 删除。

7. 为"住宿表"的学号添加一个外键约束 fk_stu（参照学生表）。

（三）用 T-SQL 命令进行表数据的插入、修改、删除

1. 在学生表中插入 3 条记录（数据任意）。

2. 删除第二条记录。

3. 修改第一条记录的姓名。

项目 5 学生成绩管理数据库表数据查询

知识目标

1. 掌握 T-SQL 语句 select…from…的语法规则。
2. 掌握使用 select 语句进行简单查询、连接查询、子查询的方法。
3. 掌握数据的简单汇总方法。
4. 掌握结合查询进行数据记录的添加、修改、删除等的方法。

能力目标

1. 能利用查询语句进行简单查询。
2. 能利用查询语句进行多表查询、嵌套查询。
3. 能利用聚合函数进行简单汇总。
4. 能结合查询完成数据记录的添加、修改、删除等操作。

项目描述

数据库的最大功能之一是查询。在学生成绩管理系统中，用得最多的也是查询。例如，要查询姓名为"张大山"的学生信息；或者要查询姓名为"张大山"的学生所修课程及对应成绩的信息等。本项目首先通过学生表、成绩表、课程表等记录的查询，介绍数据表记录的基本查询方法；其次，通过学生表、成绩表、课程表等几个表的连接查询、子查询等，介绍高级查询的方法；然后，通过对学生表、成绩表、课程表等的查询结果更新相应的表数据，介绍利用查询结果更新表数据的方法；最后，通过课堂实训、课外实训来加强学生对数据库表数据的灵活查询能力。

本项目共有 3 个学习任务：

任务 5.1 学生成绩管理数据库单表查询

任务 5.2 学生成绩管理数据库多表查询

任务 5.3 用学生成绩管理数据库数据查询结果更新表数据

任务 5.1　学生成绩管理数据库单表查询

 任务描述

数据查询是指对数据库中的数据按指定内容和顺序进行检索输出。它可以对数据源进行各种组合，有效地筛选记录、管理数据，并对结果排序；让用户以需要的方式查询数据表中的数据，控制查询数据表中的字段、记录及显示记录的顺序等。数据查询是数据库的核心操作。本学习任务主要介绍数据库单表查询语句。

5.1.1　简单查询

数据库查询是数据库的核心操作。数据查询用来描述怎样从数据库中获取所需要的数据。查询会产生一个虚拟表，即看到的是以表的形式显示的结果，但结果并不真正存储。每次执行查询，只是从数据表中提取数据，并按照表的形式显示出来，如图 5-1 所示。

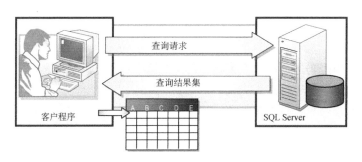

图 5-1　查询过程

简单查询指的是在一个数据表中查询所需的数据。下面给出单表查询的方法。

1. 格式

select[all | distinct] [top n　[percent]]　〈选择列〉　from　〈表名〉　[where 〈条件表达式〉]

[order by〈排序的列名〉[asc 或 desc]]

其中，带有方括号的子句是可选的。

①〈选择列〉：指所查询列，由一组列名、列表、星号、表达式等构成。

②[all ｜ distinct]：all 表示所有行；distinct 表示过滤重复行，默认为所有行。

③[top n [percent]]：表示返回的行数。top n 表示显示前 n 行，top n percent 表示显示前 n 百分比行。

④from 〈表名〉：对单表查询，只需给出一个表名。

⑤where 〈条件表达式〉：筛选条件。

⑥order by 〈排序的列名〉：对指定的列排序。asc 表示升序，desc 表示降序。

若想查询"学生表"中专业为"应用电子"的前 5 条信息（按性别排序），并将它按

格式分类，如表 5-1 所示，即

select 学号，姓名 top 5　from 学生表　where 专业='应用电子'　order by 性别

由此可知，select 语句的功能是从一个或多个表或视图中查询满足条件的数据。它的数据源是表或视图，结果是另一个表。

表 5-1　"学生表"中专业为"应用电子"的前 5 条信息查询构成分类表

选择列	限制固定行数	表名	过滤条件	排序条件
select 学号，姓名	top 5	from 学生表	where 专业='应用电子'	order by 性别

2. 应用

（1）查询选择部分列，并指定显示次序

【例 5.1】　查询"学生表"中所有学生的学号、姓名、性别、专业等信息。

在查询编辑器中输入以下代码：

```
select 学号,姓名,性别,专业 from 学生表
```

或者

```
select all 学号,姓名,性别,专业 from 学生表
```

单击"执行"按钮，将显示如图 5-2 所示的结果。

注意：列名之间用逗号隔开。

图 5-2　查询"学生表"中所有学生的学号、姓名、性别、专业等信息的运行结果

（2）查询所有列

用"*"表示所有列或将表中的所有列一一列出。

【例 5.2】 查询"学生表"中所有学生的详细信息。

```
select * from 学生表
```

或

```
select 学号,姓名,性别,出生年月,家庭地址,联系电话,总学分 from 学生表
```

执行上述语句，显示如图 5-3 所示的结果。

图 5-3 查询学生表中所有学生的详细信息的运行结果

（3）查询经过计算的值

【例 5.3】 查询"学生表"中所有学生的学号、姓名、性别、专业、年龄、家庭地址及联系电话。

```
select 学号,姓名,性别,year(getdate())-year(出生年月),家庭地址,联系电话 from 学生表
```

执行结果如图 5-4 所示。

year（）是取年份的函数，所以 year（出生年月）就是取出生的年份。getdate（）是系统当前日期的函数，year（getdate（））就是取系统当前的年份。

注意： 由于"学生表"中只有"出生年月"的字段，而无"年龄"字段，但是通过计算可以得到年龄。由于是计算得到的列，在原先的表中无此列，所以显示"无列名"。

本题涉及的主要知识点是 SQL Server 函数。

SQL Server 中的函数分为字符串函数、日期函数、数学函数、系统函数。表 5-2～表 5-5 列出了部分常用的 SQL Server 函数，详细内容请见本书资源文档中的附录 C。

图 5-4　查询学生表中所有学生的信息的运行结果

表 5-2　日期函数

函数名	描述	举　例
getdate	取得当前的系统日期	select getdate( ) 返回：今天的日期
dateadd	在日期中添加或减去指定的时间间隔	select dateadd（mm，4，'03/01/1999'） 返回：以当前的日期格式返回 07/01/1999
year	返回日期表达式中的年份	select year('01/10/2014') 返回：2014
month	返回日期表达式中的月份	select month('2014/11/13') 返回：11
datename	日期中指定日期部分的字符串形式	select datename(dw，'12/03/2013') 返回：星期二

表 5-3　字符串函数

函数名	描述	举　例
len	返回传递给它的字符串长度	select len('SQL Server 课程') 返回：12
lower	把传递给它的字符串转换为小写	select lower('SQL Server 课程') 返回：SQL Server 课程
upper	把传递给它的字符串转换为大写	select upper（'SQL Server 课程'） 返回：SQL Server 课程
ltrim	清除字符左边的空格	select ltrim('周智宇') 返回：周智宇　　（后面的空格保留）
rtrim	清除字符右边的空格	select rtrim('周智宇') 返回：周智宇　　（前面的空格保留）
right	从字符串右边返回指定数目的字符	selet right('买卖提．吐尔松'，3) 返回：吐尔松

续表

函数名	描述	举 例
replace	替换一个字符串中的字符	select replace('莫乐可切.杨可', '可', '兰') 返回：莫乐兰切.杨兰
stuff	在一个字符串中，删除指定长度的字符，并在该位置插入一个新的字符串	select stuff(' ABCDEFG', 2，3, '我的音乐我的世界') 返回：A 我的音乐我的世界 EFG

表 5-4 数学函数

函数名	描述	举 例
abs	取数值表达式的绝对值	select abs(—43) 返回：43
ceiling	返回大于或等于所给数字表达式的最小整数	select ceiling(43.3) 返回：44
floor	取小于或等于指定表达式的最大整数	select floor(43.5) 返回：43
power	取数值表达式的幂值	select power(5，2) 返回：25
round	将数值表达式四舍五入为指定精度	select round(43.543，1) 返回：43.5
sign	对于正数，返回＋1；对于负数，返回—1；对于 0，则返回 0	select sign(—43) 返回：—1
sqrt	取浮点表达式的平方根	select sqrt(9) 返回：3

表 5-5 系统函数

函数名	描述	举 例
convert	用来转变数据类型	select convert(varchar（5），12345) 返回：字符型（'12345')
current_user	返回当前用户的名字	select current_user 返回：登录的用户名
datalength	返回用于指定表达式的字节数	select datalength('中国 A 盟') 返回：7
host_name	返回当前用户所登录的计算机名字	select host_name() 返回：所登录的计算机的名字
system_user	返回当前所登录的用户名称	select system_user 返回：当前所登录的用户名
user_name	从给定的用户 ID 返回用户名	select user_name(1) 返回：从任意数据库中返回"dbo"

（4）更改列标题

【例 5.4】 为【例 5.3】中的年龄列显示列标题"年龄"。

select 学号,姓名,性别,专业,年龄 = year(getdate()) – year(出生年月),家庭地址,联系电话
from 学生表

执行结果如图 5-5 所示。

图 5-5 显示列标题"年龄"的运行结果

此题也可以写成：

> select 学号,姓名,性别,专业,year(getdate()) – year(出生年月)as 年龄,家庭地址,联系电话
> from 学生表

或

> select 学号,姓名,性别,专业,year(getdate()) – year(出生年月)年龄,家庭地址,联系电话 from
> 学生表

即写成"列别名＝表达式"，或"表达式 as 列别名"，或"表达式 列别名"。

（5）过滤重复行

select 语句中使用 all 或 distinct 选项来显示表中符合条件的所有行，或过滤其中重复的数据行，默认为 all。使用 distinct 选项时，对于所有重复的数据行，在 select 返回的结果集中只保留一行。

【**例 5.5**】 显示"学生表"中所有的专业（不要出现重复专业）。

> select distinct 专业 from 学生表

执行结果如图 5-6 所示。

说明：distinct 用于过滤重复的列。若执行

> select 专业 from 学生表

则显示的结果中多次重复出现相同的专业。

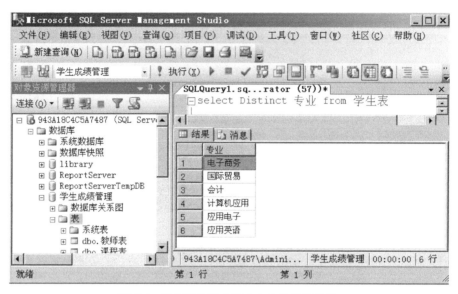

图 5-6　显示学生表中所有专业的运行结果

（6）限制返回的行数

使用 top n［percent］选项限制返回的数据行数。top n 说明返回 n 行。对于 top n percent，n 表示一个百分数，指定返回的行数等于总行数的百分之几。

【例 5.6】　显示"学生表"中前三位的专业（不要出现重复专业）。

```
select distinct top 3 专业 from 学生表
```

执行结果如图 5-7 所示。

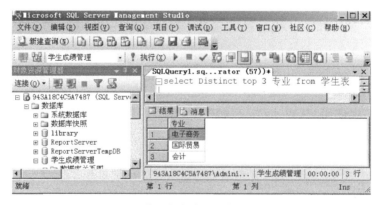

图 5-7　显示学生表中前三位专业的运行结果

说明：distinct 用于过滤重复的列，top 3 指前三行。

【例 5.7】　显示"学生表"中前 60％的专业（不要重复出现专业）。

```
select distinct top 60 Percent 专业 from 学生表
```

执行结果如图 5-8 所示。

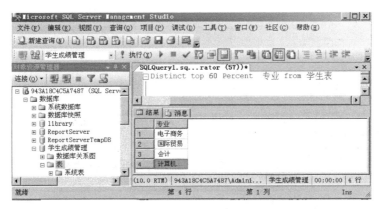

图 5-8　显示学生表中前 60%专业的运行结果

说明：distinct 用于过滤重复的列，top 60 Percent 指前 60%行。

（7）查询满足条件的记录

查询满足条件的记录用 where 子句。where 子句常用查询条件中的运算符如表 5-6 所示。

表 5-6　常用的查询运算符

运算符	含义	运算符	含义	运算符	含义
大于	>	不大于	！>	模糊查询	like; not like
大于等于	>=	不小于	！<	空值	is null
等于	=	在某一范围	between and	非空值	is not null
小于	<	不在某一范围	not between and	非	not
小于等于	<=	指定集合	in	并且	and
不等于	！=；<>	不属于指定集合	not in	或	or

①比较运算符的使用。

【例 5.8】　显示"学生表"中计算机应用专业学生的名单。

```
select * from 学生表 where 专业 = '计算机应用'
```

执行结果如图 5-9 所示。

图 5-9　显示学生表中计算机应用专业学生名单的运行结果

【例 5.9】 查询"选课表"中考试成绩小于 70 分的选课信息。

```
select * from 选课表 where 成绩<=70
```

图 5-10　选课表中考试成绩小于 70 分的学生的相关信息运行结果

说明：显示结果中，将成绩小于等于 70 分的记录全都显示，可能出现一个学生有几门课的成绩都在 70 分以上，像图 5-10 中的第 4 行、第 5 行。

有时，即使满足条件的记录有多条，只要显示一条就可以了，这就要用到 Distinct，如例【例 5.10】所示。

【例 5.10】 查询"选课表"中考试成绩小于 70 分的学生信息。

```
select Distinct 学号 from 选课表 where 成绩<=70
```

执行命令结果如图 5-11 所示。

注意：本题要求显示成绩小于 70 分的学生的学号。当一个学生有多门课程小于 70 分时，他的学号只列一次，所以用 Distinct。

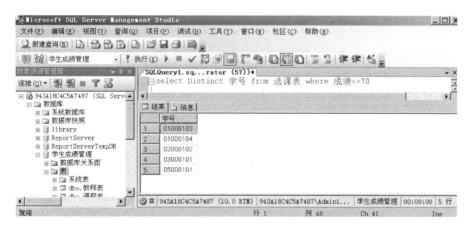

图 5-11　选课表中考试成绩小于 70 分的学生信息运行结果

② "and" 运算符的使用。

【例 5.11】 显示"学生表"中应用电子专业男生的名单。

```
select * from 学生表 where 性别 = 0 and 专业 = '应用电子'
```

执行结果如图 5-12 所示。

说明：因为筛选的条件有两个，一个是性别为男生，另一个是专业为应用电子，二者需要同时满足，所以就用 "and" 运算符。

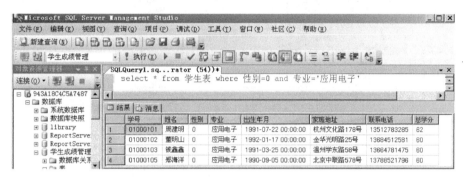

图 5-12 显示学生表中应用电子专业男生名单的运行结果

③ "or" 运算符与 "in" 运算符的使用。

【例 5.12】 查询"学生表"中计算机应用专业及应用电子专业学生的名单。

```
select * from 学生表 where 专业 = '计算机应用' or 专业 = '应用电子'
```

还可以写成

```
select * from 学生表 where 专业  in('计算机应用','应用电子')
```

运行结果如图 5-13 所示。

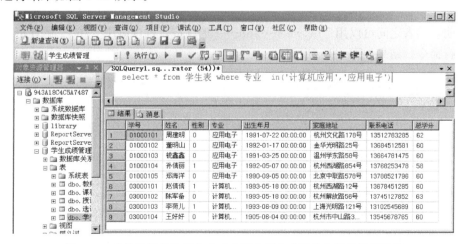

图 5-13 查询计算机应用专业或应用电子专业学生名单的运行结果

说明：几个条件满足其中之一时，可以用"or"运算符，也可以用"in"运算符。

④"not in"运算符的使用。

【例 5.13】 查询"学生表"中非计算机应用专业及非应用电子专业学生的名单。

```
select * from 学生表 where 专业 not  in('计算机应用','应用电子')
```

执行命令，结果如图 5-14 所示。

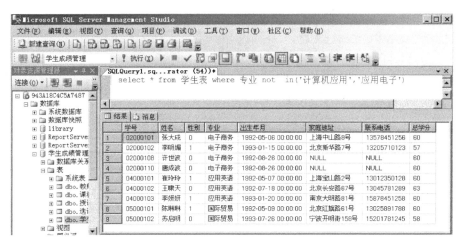

图 5-14　查询学生表中非计算机应用专业或非应用电子专业学生信息的运行结果

⑤"between…and…"运算符（二者之间）的使用。

【例 5.14】 查询"选课表"中课程号为 1001，学习成绩为 80～90 分的学生信息。

```
select * from 选课表 where 课程号 = '1001' and 成绩 between 80 and 90
```

或

```
select * from 选课表 where 课程号 = '1001' and 成绩 > = 80 and 成绩 < = 90
```

说明：二者之间可以用"between…and…"运算符，也可以用"and"运算符。

执行命令，结果如图 5-15 所示。

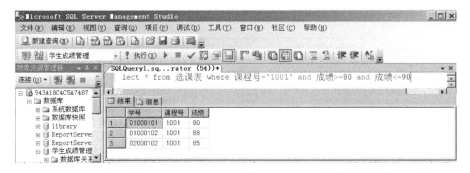

图 5-15　查询选课表中课程号为 1001 且成绩为 80～90 分的学生信息的运行结果

⑥ "not between…and…" 运算符（二者之外）的使用。

【例 5.15】 查询"选课表"中课程号为 1001，学习成绩不在 80～90 分的学生信息。

```
select * from 选课表 where 课程号 = '1001' and 成绩 not between 80 and 90
```

或

```
select * from 选课表 where 课程号 = '1001' and(成绩 <80 or 成绩>90)
```

说明：不在二者之间，可以用"not between…and"运算符，也可以用"or"运算符。

执行命令，结果如图 5-16 所示。

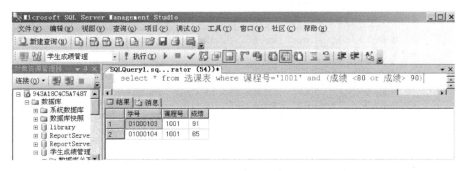

图 5-16 查询选课表中课程号为 1001，学习成绩不在 80～90 分的学生信息的运行结果

⑦ "is null" 及 "is not null" 运算符（空或非空查询）的使用。

【例 5.16】 查询"课程表"中备注为"null"的课程信息。

```
select * from 课程表  where 备注 is null
```

执行命令，结果如图 5-17 所示。

图 5-17 查询课程表中备注为"null"的课程信息的运行结果

【例 5.17】 查询"课程表"中备注为"非 null"的课程信息。

```
select * from 课程表  where 备注 is not null
```

执行命令，结果如图 5-18 所示。

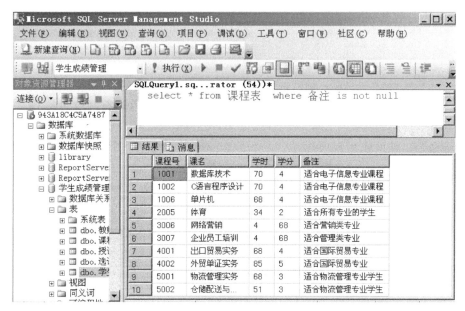

图 5-18　查询课程表中备注为"非 null"的课程信息的运行结果

注意：观察"is null"及"is not null"的用法。这里，"is"运算符不能用"＝"来代替，"is not"也不能用"＜＞"或"！＝"来代替。

⑧ "like"和"not like"运算符的使用。

查询数据时，有时不知道查询的范围，只知道查询的模式。此时，经常用到 like 和 not like，其格式为：

```
列名 [not] like 〈字符串常量〉
```

字符串常量的字符可以包含如表 5-7 所示的通配符。

表 5-7　like 匹配通配符及说明

通配符	说　　明
－	表示任意单个字符。例如，a_b 表示以 a 开头，以 b 结尾的长度为 3 的任意字符串。例如 adb、afb 等
％	表示任意长度的字符（长度可以是 0 的字符串）。例如，a％b 表示以 a 开头，以 b 结尾的任意长度的字符串。例如，ab、acb、asdfb 等
[ ]	表示方括号中列出的任意一个字符。例如 [asdfg]，表示 a、s、d、f、g 中的任意一个；也可以是字符范围，例如，[abcdef] 同 [a—f] 的含义一样
[^]	表示不在方括号中列出的任意一个字符。例如，[^asdfg] 之外的任意字符

【例 5.18】　查询"学生表"中姓"李"的学生信息。

```
select * from 学生表 where 姓名 like '李％'
```

执行命令，结果如图 5-19 所示。

图 5-19　查询学生表中姓"李"的学生信息的运行结果

说明：通配符字符串'李%'表示第一个汉字是"李"的字符串。

【例 5.19】　查询"学生表"中姓名中间一个字是"明"的学生信息。

```
select * from 学生表 where 姓名 like '_明_'
```

执行命令，结果如图 5-20 所示。

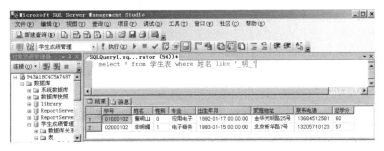

图 5-20　查询学生表中姓名中间一个字是"明"的学生信息的运行结果

说明：通配符字符串'_明_'表示中间汉字是"明"的字符串。

【例 5.20】　查询"学生表"中姓名中间一个字是"海"或"建"的学生信息。

```
select * from 学生表 where 姓名 like '_[海建]_'
```

执行命令，结果如图 5-21 所示。

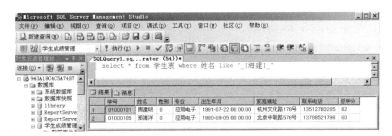

图 5-21　查询学生表中姓名中间一个字是"海"或"建"的学生信息的运行结果

说明：通配符字符串'_[海建]_'表示中间汉字是"海"或"建"的字符串。

【例 5.21】　查询"学生表"中不姓"李""张""王""陈"的学生信息。

```
select * from 学生表 where 姓名 like'[^李张王陈]%'
```

或

```
select * from 学生表 where 姓名 not like'[李张王陈]%'
```

执行命令，结果如图 5-22 所示。

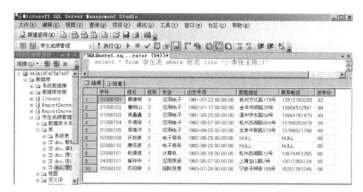

图 5-22　查询学生表中不姓"李"、"张"、"王"、"陈"的学生信息的运行结果

说明：通配符字符串'[^李张王陈]'表示第一个汉字不是"李"或"张"或"王"或"陈"的字符串。

（8）对查询的结果排序

可以使用 order by 子句对查询结果按照一个或多个属性列的升序（asc）或降序（desc）排序，默认为升序。如果不使用 order by 子句，结果集按照记录在表中的顺序排序。

order by 子句的语法格式如下所示：

```
order by 列名 [asc|desc] [,…n]
```

【例 5.22】　查询"学生表"中应用电子专业学生的信息，并按出生年月降序排列。

```
select * from 学生表 where 专业 = '应用电子' order by 出生年月 desc
```

执行命令，结果如图 5-23 所示。

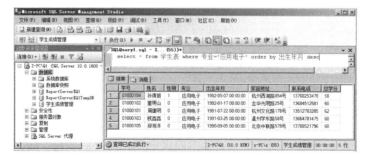

图 5-23　查询学生表中应用电子专业学生的信息，并按出生年月降序排列的运行结果

说明：order by 出生年月 desc，表示按出生年月的降序排序。

【例 5.23】 查询"学生表"应用电子专业和应用英语专业学生的信息，要求先按性别排序（升序），再按出生年月降序排列。

```
select * from 学生表 where 专业 in('应用电子','应用英语')order by 性别 asc,出生年月 desc
```

其中，order by 性别 asc，出生年月 desc，表示先按性别升序排列，再按出生年月降序排列。

执行命令，结果如图 5-24 所示。

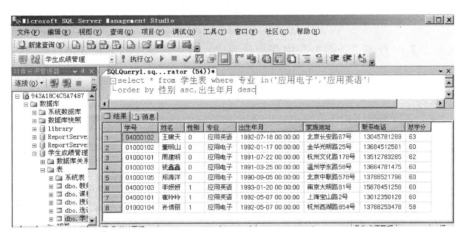

图 5-24 先按性别排序（升序），再按出生年月降序排列的运行结果

5.1.2 统计数据

1. 使用聚合函数进行查询

用户经常需要对结果集进行统计，例如求和、平均、最大值、最小值、个数等。这些统计可能通过聚合函数实现。

【例 5.24】 计算"选课表"中课程号为"1001"的课程的最低分、最高分学生信息。

```
select min(成绩),max(成绩)  from 选课表 where 课程号 = '1001'
```

执行命令，结果如图 5-25 所示。

图 5-25 运行结果   图 5-26 运行结果

这里 min() 和 max() 就是聚合函数。常用的聚合函数如表 5-8 所示。因为 min(成绩)、max(成绩) 是计算得到的列，所以显示的是"无列名"。为了看上去比较清晰，可以给定一个别名，例如，

```
select min(成绩)as 最低分,max(成绩)as 最高分  from 选课表 where 课程号 = '1001'
```

执行命令，结果如图 5-26 所示。

表 5-8　常用聚合函数

函数名称	功　　　能
min	求一列中的最小值
max	求一列中的最大值
sum	按列计算值的总和
avg	按列计算值的平均值
count	按列值计个数，即统计字段数不为 null 的总条数
count(＊)	返回表中的所有行数

【例 5.25】　查询"选课表"中课程号为"1001"的课程的平均成绩。

```
select AVG(成绩)as 平均成绩 from 选课表 where 课程号 = '1001'
```

执行命令，结果如图 5-27 所示。

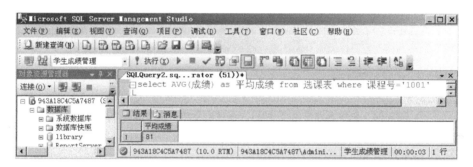

图 5-27　查询课程号为"1001"的课程的平均成绩运行结果

【例 5.26】　查询"教师表"中的教师总人数及有联系电话的教师人数。

```
select count( ＊ )as 总人数,count(联系电话)as 有联系电话人数 from 教师表
```

执行命令，结果如图 5-28 所示。

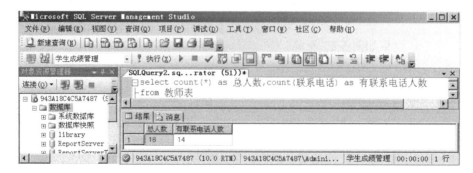

图 5-28　查询"教师表"中的教师总人数及有联系电话的教师人数运行结果

说明：count（＊）as 总人数，表示总记录数；count(联系电话) as 有联系电话人数，表示联系电话不为 null 的总记录数。

2. 对结果进行分组

有时，要统计不同类别的数据。例如，统计选课表中每门课程的最低分、最高分、平均分，或每个同学的平均分、总分等，这时要用到 group by 子句。group by 子句是将查询结果集按某一列或多列值分组，并对每一组进行统计。

（1）格式

> select 〈选择列表〉from   〈表名〉[where   〈查询条件表达式〉]
>
> group by 列名 [having〈筛选条件表达式〉]

其中，"group by 列名"是按列名指定的字段分组。将该字段值相同的记录组成一组，对每一组记录进行汇总统计并生成一列记录。

注意："select〈选择列表〉"的列名必须是"group by 列名"已有的列名或计算列。

（2）应用

【例 5.27】 查询"选课表"中每个学生的平均分。

> select 学号,AVG(成绩)as 平均分 from 选课表 group by 学号

执行命令，结果如图 5-29 所示。

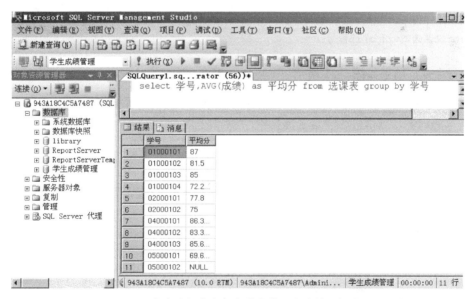

图 5-29 查询选课表中每个学生的平均分的运行结果

说明：因为这里要查询的是求每个学生的平均分，所以要按学号进行分组，即 group by 学号，因而 select 子句中出现的列名必须是 group by 中出现的学号及平均分。

【例 5.28】 查询"选课表"中每个学生的最高分、最低分及平均分。

```
select 学号,MAX(成绩)as 最高分,MIN(成绩)as 最低分,AVG(成绩)as 平均分
from 选课表 group by 学号
```

执行命令，结果如图 5-30 所示。

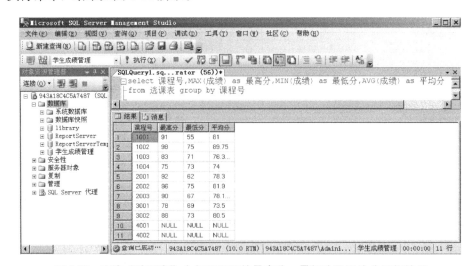

图 5-30　查询选课表中每个学生的最高分、最低分及平均分的运行结果

【例 5.29】　查询"选课表"中每门课程的最高分、最低分及平均分。

```
select 课程号,MAX(成绩)as 最高分,MIN(成绩)as 最低分,AVG(成绩)as 平均分
from 选课表 group by 课程号
```

执行命令，结果如图 5-31 所示。

图 5-31　查询"选课表"中每门课程的最高分、最低分及平均分运行结果

说明：因为这里要查询的是求每门课的平均分、最高分及最低分，所以要按课程号分组，即 group by 课程号，因而在 select 子句中出现的列名必须是 group by 中出现的课

程号及计算列。

也可以将代码写成：

select MAX(成绩)as 最高分,MIN(成绩)as 最低分,AVG(成绩)as 平均分
from 选课表 group by 课程号

但是，运行结果很难看出平均分、最高分、最低分与哪门课程相对应，如图 5-32 所示。

图 5-32　不显示课程号的查询结果

【例 5.30】　查询"选课表"中平均分高于 75 分的每个学生的最高分、最低分、总分及平均分，并按平均分的高低进行排序（升序）。

select 课程号,MAX(成绩)as 最高分,MIN(成绩)as 最低分,总分 = sum(成绩),AVG(成绩)as 平均分
from 选课表 group by 课程号 having AVG(成绩)>= 75 order by AVG(成绩)

执行命令，结果如图 5-33 所示。

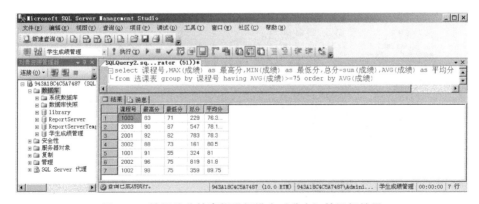

图 5-33　按平均分的高低进行排序（升序）的运行结果

说明：因为这里要对计算列的结果进行筛选，所以要用到 having AVG（成绩）〉＝75，不能用 where AVG（成绩）〉＝75；同时，要对平均分进行排序，所以要用到 order by AVG（成绩）。

【例 5.31】 查询"选课表"中每门课选课的人数及每门课已有成绩的人数。

select 课程号,COUNT(成绩)有分数的人数,COUNT(*)选课的人数 from 选课表 group by 课程号

执行命令，结果如图 5-34 所示。

图 5-34 查询每门课选课的人数及每门课已有成绩的人数的运行结果

说明：因为这里要统计每门课选课的人数及每门课已有成绩的人数，所以按课程号分组，即 group by 课程号。选课的人中可能有成绩，也可能无成绩，所以要用 count（ * ）；查询选课中已有成绩的人数，要用到 count(成绩)。

【例 5.32】 查询"选课表"中每个学生的选课门数及已有成绩的课程门数。

select 学号,count(*)选课门数,count(成绩)已有成绩选课门数 from 选课表 group by 学号

执行命令，结果如图 5-35 所示。

图 5-35 查询选课表中每个学生的选课门数及已有成绩的课程门数的运行结果

说明：因为要统计选课表中每个学生的选课门数及已有成绩的课程门数，所以要按学号进行分组，即 group by 学号。选课门数仅指学生所选的课，可能有成绩，也可能无成绩，所以要用 count(*)；对于已有成绩的选课门数，要用到 count（成绩）。

【例 5.33】 查询"选课表"中每个学生的选课门数超过 4 门（含 4 门）的学生的学号与课程数。

```
select 学号,count( * )选课门数 from 选课表 group by 学号 having count( * )>= 4
```

执行命令，结果如图 5-36 所示。

图 5-36 查询选课表中每个学生选课门数超过 4 门（含 4 门）的学生的学号与课程数的运行结果

说明：选课门数是统计值，所以已超过 4 门的条件是"having count（ * ）>＝4"。

3. 显示详细清单的查询（compute 子句）

compute 子句对查询结果的所有记录进行汇总统计，并显示所有参加汇总记录的详细信息。

（1）格式

```
compute 聚集函数［by 列名］
```

其中，聚集函数指的是 sum()、avg()、max()、min()、count() 等；"by 列名"按指定"列名"字段进行分组计算，并显示被统计记录的详细信息。by 选项必须与 order by 子句一起使用。

（2）应用

【例 5.34】 查询"选课表"中所有成绩的最高分、最低分及平均分，并显示详细清单。

```
select * from 选课表 compute max(成绩),min(成绩),avg(成绩)
```

执行命令，结果如图 5-37 所示。

图 5-37　查询选课表中所有成绩的最高分、最低分及平均分，并显示详细清单的运行结果

说明：因为查询的是所有记录中的最高分、最低分及平均分，所以不用排序，故不用加 order by 子句，后面的 by 选项自然也没有。

【例 5.35】　查询"选课表"中每门课程的最高分、最低分及平均分，并显示详细清单。

```
select * from 选课表  order by 课程号 compute  max(成绩),min(成绩),avg(成绩)by 课程号
```

执行命令，结果如图 5-38 所示。

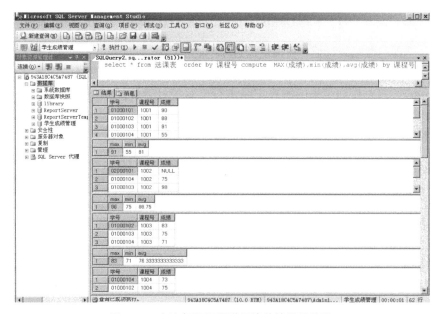

图 5-38　查询每门课程详细清单的运行结果

说明：

①compute by 与 group by 的区别在于：前者既显示统计记录，又显示详细记录；后者仅显示分组统计的汇总记录。

②compute by 之前要使用 order by 子句，原因是必须按分类字段排序之后，才能使用 compute by 子句进行分类汇总。本题是按课程号排序。

③compute by 与 group by 使用的语法格式不一样。

【例 5.36】　查询"选课表"中每个学生所选课程的成绩中的最高分、最低分及平均分，并显示详细清单。

```
select * from 选课表  order by 学号 compute  max(成绩),min(成绩),avg(成绩)by 学号
```

执行命令，结果如图 5-39 所示。

因为要查询每个学生几门课中的统计值，所以要按学号排序。

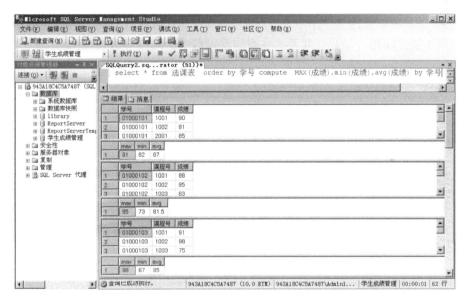

图 5-39　查询每个学生所选课程详细清单的运行结果

任务 5.2　学生成绩管理数据库多表查询

 任务描述

在实际的应用系统中，多数情况下用户需要查询的信息来自多表。例如，查询姓名为"李小明"同学的成绩单。因为选课表中只有"学号"、"课程号"及"成绩"这三个字段，而无"姓名"字段，因而查询的步骤是先从"学生表"中查到姓名为"李小明"同学的学号，然后根据所查到的学号，从"选课表"中再查相应的数据。这就涉及两个表的查询。下面介绍两个或两个以上表的查询，即高级查询。

5.2.1　连接查询

涉及两个或两个以上表的查询称作多表连接查询，简称连接查询。连接查询包括：谓词连接、内连接、外连接等。

1. 谓词连接

在 select 语句中使用比较运算符给连接条件，进行多表连接的表示形式，称作谓词连接。

（1）格式

```
select〈选择表列〉from 表 1,表 2 [,…表 n] [where 子句]
```

（2）应用

【例 5.37】　查询每个学生的选课情况。

分析：因为没有指定显示哪些列，所以认为显示所有列，即用"＊"表示；又因为有学生的信息，所以要用到"学生表"；同时，需要显示选课的情况，所以要用到"选课表"，这两个表之间用"学号"联系。在查询编辑器中输入以下语句：

```
select ＊ from 学生表,选课表 where 学生表．学号＝选课表．学号
```

执行命令，结果如图 5-40 所示。

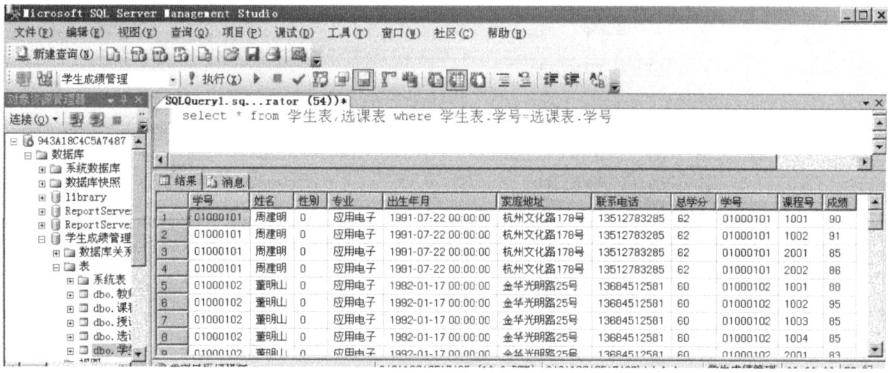

图 5-40　查询每个学生选课信息的运行结果

说明：结果表包含"学生表"和"选课表"中的所有列。这里的连接谓词就是 where 子句中的字段，即"学生表"中的学号和"选课表"中的学号。

【例 5.38】　查询每个学生的成绩情况。结果表中显示学号、姓名、课程号、成绩。

分析：要显示"学号""姓名"字段，要用到"学生表"；要显示"课程号""成绩"，要用到"选课表"；又因为结果表中要显示指定字段，所以要规定表列。

在查询编辑器中输入以下语句：

```
select 学生表．学号,学生表．姓名,选课表．课程号,选课表．成绩 from 学生表,选课表 where
学生表．学号＝选课表．学号
```

执行命令，结果如图 5-41 所示。

图 5-41　显示学号、姓名、课程号、成绩的运行结果

注意：在 select 语句中，在所要显示的字段前注明了表名，例如学生表．学号等；但对两个表中唯一出现的字段，可以省略前缀表名。例如，"学生表"和"选课表"两个表中均有"学号"，所以需要加前缀表名；而姓名、课程号、成绩是各表中唯一的，所以可以不加前缀，加上前缀也行，也能写成：

select 学生表．学号,姓名,课程号,成绩 from 学生表,选课表 where 学生表．学号 = 选课表．学号

考虑到写前缀表名比较麻烦，为了简单，可以给表起别名。例如，本题也可以写成：

select a．学号,姓名,课程号,成绩 from 学生表 a,选课表 b where a．学号 = b．学号

这里给"学生表"起了一个别名"a"，选课表起了一个别名"b"。需要注意的是，一旦指定了别名，在查询语句的其他所有用到表名的地方都要使用别名，并且输出的列一定要加上表的别名来限定是哪个逻辑表中的列，而不能再使用源表名。

【例 5.39】　查询每个学生的成绩情况。结果表中显示学号、姓名、课名、成绩。

分析：因为要显示"姓名"，所以要用到"学生表"；类似地，要显示"课名"，需要用到"课程表"；要显示"成绩"，要用到"选课表"。"学生表"和"选课表"通过"学号"联系，"选课表"与"课程表"通过"课程号"联系。

在查询编辑器中输入以下代码：

select a．学号,姓名,课名,成绩 from 学生表 a,选课表 b,课程表 c
where a．学号 = b．学号 and b．课程号 = c．课程号

执行命令，结果如图 5-42 所示。

注意："学生表"和"选课表"中根据"学号"这个谓词连接，"选课表"和"课程表"根据"课程号"这个谓词连接。要显示的列来自三个表，所以将三个表两两连接。

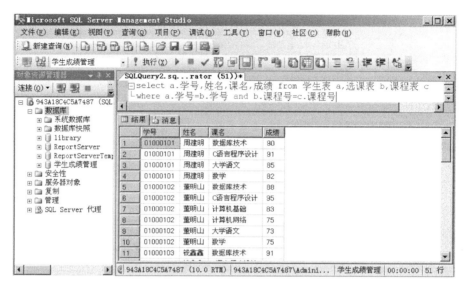

图 5-42　显示学号、姓名、课名、成绩的运行结果

【例 5.40】　查询选修"大学英语""计算机基础"课的学生成绩，要求显示学号、姓名、课程名、成绩。

分析：因为要显示"姓名"，所以要用到"学生表"；类似地，要显示"课名"，需要用到"课程表"；要显示"成绩"，要用到"选课表"。这在【例 5.39】中已经介绍。与上题不一样的是，这里还得满足所显示的课程是"大学英语"或"计算机基础"。

在查询编辑器中输入以下代码：

```
select a. 学号,姓名,课名,成绩 from 学生表 a,选课表 b,课程表 c
where a. 学号 = b. 学号 and b. 课程号 = c. 课程号 and （课名 = ' 大学英语 ' or 课名 = ' 计算机
基础 '）
```

执行命令，结果如图 5-43 所示。

【例 5.41】　查询老师的课表信息，要求显示教师号、教师姓名、课名、学时、学分。

分析：因为要显示"教师号""教师名"，所以需要用到"教师表"；同时，指定了课名，需要用到"课程表"；但是由于"教师表"与"课程表"没有直接的联系，需要通过"授课表"联系，所以需要用到 3 个表。

在查询编辑器中输入以下代码：

```
select a. 教师号,姓名,课名,学时,学分 from 教师表 a,课程表 b,授课表 c
where a. 教师号 = c. 教师号 and b. 课程号 = c. 课程号
```

执行命令，结果如图 5-44 所示。

	学号	姓名	课名	成绩
1	01000102	董明山	计算机基础	83
2	01000103	钱鑫鑫	计算机基础	75
3	01000103	钱鑫鑫	大学英语	67
4	01000104	孙倩丽	计算机基础	71
5	01000104	孙倩丽	大学英语	77
6	02000101	张大成	大学英语	83
7	03000101	赵倩倩	计算机基础	79
8	03000101	赵倩倩	大学英语	81
9	04000101	崔玲玲	大学英语	90
10	04000102	王啸天	大学英语	79
11	04000103	李妍妍	大学英语	82
12	05000101	陈琳琳	大学英语	69

图 5-43　运行结果

	教师号	姓名	课名	学时	学分
1	j1001	周元胜	数据库技术	70	4
2	j1002	李培青	C语言程序设计	70	4
3	j1003	张为民	计算机基础	51	3
4	j1004	陈静娴	计算机网络	51	3
5	j2001	赵清芳	大学语文	51	3
6	j2002	苏维因	数学	51	3
7	j3001	林建华	大学英语	70	4
8	j3002	王庆贺	大学英语	70	4
9	j3003	叶海鸥	大学英语	70	4
10	j4002	王伟明	电子商务实务	51	3
11	j4003	倪英杰	网店运营	51	3
12	j5001	郑克刚	单片机	68	4
13	j5002	陈大伟	单片机	68	4
14	j5003	刘明娟	单片机	68	4

图 5-44　运行结果

【例 5.42】　查询讲授"大学英语""计算机基础"课的老师的信息，要求显示教师号、教师姓名、课名、学时、学分。

分析：同上题相比，多了一个限制条件，即教授"大学英语""计算机基础"课的老师，所以多加一个条件，限制教师所授的课程。

在查询编辑器中输入以下代码：

```
select a. 教师号,姓名,课名,学时,学分 from 教师表 a,课程表 b,授课表 c
where a. 教师号 = c. 教师号 and b. 课程号 = c. 课程号 and(b. 课名 = ' 大学英语 ' or 课名 = ' 计算机基础 ')
```

执行命令，结果如图 5-45 所示。

图 5-45　查询教授"大学英语""计算机基础"课的老师信息的运行结果

【例 5.43】　查询学生选修课程的信息，要求显示学号、学生姓名、课程号、教师姓名。

分析：因为要显示"学号""学生姓名"，所以要用到"学生表"；类似地，要显示"课程号"，要用到"选课表"或"课程表"；考虑到"学生表"与"课程表"无直接联系，而"学生表"与"选课表"有联系，所以选择"选课表"比较合适；要显示"教师姓名"，要用到"教师表"，而"学生表"和"选课表"均与"教师表"无联系，所以得选择一个中介："授课表"，因为"授课表"与"教师表"有联系，"授课表"与"选课表"有联系。因此，要用到 4 个表："学生表"、"选课表"、"授课表"和"教师表"。

在查询编辑器中输入以下代码：

```
select a. 学号,a. 姓名,b. 课程号,c. 姓名 from 学生表 a,选课表 b,教师表 c,授课表 d
where a. 学号 = b. 学号 and b. 课程号 = d. 课程号 and c. 教师号 = d. 教师号
```

执行命令，结果如图 5-46 所示。

从图 5-46 中可以看到，显示的结果有两列"姓名"，粗看分不清哪一列是学生姓名，哪一列是教师姓名。为了区分清楚，给列起一个别名，输入以下代码：

```
select a. 学号,a. 姓名 as 学生姓名,b. 课程号,c. 姓名 as 教师名
from 学生表 a,选课表 b,教师表 c,授课表 d
where a. 学号 = b. 学号 and b. 课程号 = d. 课程号 and c. 教师号 = d. 教师号
```

执行命令，结果如图 5-47 所示。

	学号	姓名	课程号	姓名
1	02000101	张大成	3001	王伟明
2	02000102	李明媚	3001	王伟明
3	01000101	周建明	1001	周元胜
4	01000102	董明山	1001	周元胜
5	01000103	钱鑫鑫	1001	周元胜
6	01000104	孙倩丽	1001	周元胜
7	02000101	张大成	1001	周元胜
8	02000102	李明媚	1001	周元胜
9	03000101	赵倩倩	1001	周元胜
10	01000101	周建明	1002	李培育
11	01000102	董明山	1002	李培育
12	01000103	钱鑫鑫	1002	李培育
13	01000104	孙倩丽	1002	李培育
14	02000101	张大成	1002	李培育
15	03000101	赵倩倩	1002	李培育
16	01000102	董明山	1003	张为民
17	01000103	钱鑫鑫	1003	张为民
18	01000104	孙倩丽	1003	张为民
19	03000101	赵倩倩	1003	张为民
20	02000101	张大成	3002	倪英杰
21	02000102	李明媚	3002	倪英杰
22	01000102	董明山	1004	陈静娴
23	01000104	孙倩丽	1004	陈静娴

图 5-46　运行结果

	学号	学生姓名	课程号	教师名
44	04000103	李妍妍	2002	苏维因
45	05000101	陈琳琳	2002	苏维因
46	01000103	钱鑫鑫	2003	林建华
47	01000104	孙倩丽	2003	林建华
48	02000101	张大成	2003	林建华
49	03000101	赵倩倩	2003	林建华
50	04000101	崔玲玲	2003	林建华
51	04000102	王啸天	2003	林建华
52	04000103	李妍妍	2003	林建华
53	05000101	陈琳琳	2003	林建华
54	01000103	钱鑫鑫	2003	王庆贺
55	01000104	孙倩丽	2003	王庆贺
56	02000101	张大成	2003	王庆贺
57	03000101	赵倩倩	2003	王庆贺
58	04000101	崔玲玲	2003	王庆贺
59	04000102	王啸天	2003	王庆贺
60	04000103	李妍妍	2003	王庆贺
61	05000101	陈琳琳	2003	王庆贺
62	01000103	钱鑫鑫	2003	叶海鸥
63	01000104	孙倩丽	2003	叶海鸥
64	02000101	张大成	2003	叶海鸥
65	03000101	赵倩倩	2003	叶海鸥
66	04000101	崔玲玲	2003	叶海鸥

图 5-47　运行结果

思考：如果要查询学生选修课程的信息，要求显示学号、学生姓名、课名、成绩、教师姓名，如何操作？

【例 5.44】　查询每个学生的最高分、最低分及平均分情况，要求显示姓名、最高分、最低分、平均分。

分析：要显示"姓名"，要用到"学生表"；要使用成绩的统计结果，要用到"选课表"；又因为要显示每个学生的成绩的统计结果，所以要用到聚合函数，并且按姓名分组。

在查询编辑器中输入以下代码：

select 姓名,MAX(成绩)as 最高分,MIN(成绩)as 最低分,AVG(成绩)as 平均分 from 学生表,选课表 where 学生表.学号=选课表.学号 group by 姓名

执行命令,结果如图 5-48 所示。

	姓名	最高分	最低分	平均分
1	陈琳琳	78	62	69.6...
2	崔玲玲	90	83	86.3...
3	董明山	88	73	79.8...
4	李明媚	88	66	75
5	李妍妍	88	82	85.6...
6	钱鑫鑫	92	67	83.3...
7	孙倩丽	80	55	70.8...
8	王啸天	96	75	83.3...
9	张大成	83	73	77.8
10	赵倩倩	85	64	78.1...
11	周建明	90	81	84.5

图 5-48 运行结果

	姓名	学号	最高分	最低分	平均分
1	周建明	01000101	90	81	84.5
2	董明山	01000102	88	73	79.8...
3	钱鑫鑫	01000103	92	67	83.3...
4	孙倩丽	01000104	80	55	70.8...
5	张大成	02000101	83	73	77.8
6	李明媚	02000102	88	66	75
7	赵倩倩	03000101	85	64	78.1...
8	崔玲玲	04000101	90	83	86.3...
9	王啸天	04000102	96	75	83.3...
10	李妍妍	04000103	88	82	85.6...
11	陈琳琳	05000101	78	62	69.6...

图 5-49 运行结果

【例 5.45】 查询每个学生的最高分、最低分及平均分情况,显示姓名、学号、最高分、最低分和平均分。

分析:与上题不同的是:显示的列中增加了一个字段"学号",所以在分组 group by 子句中要体现。

在查询编编辑器中输入以下语句:

select 姓名,学生表.学号,max(成绩)as 最高分,min(成绩)as 最低分,avg(成绩)as 平均分 from 学生表,选课表 where 学生表.学号=选课表.学号 group by 姓名,学生表.学号

执行命令,结果如图 5-49 所示。

注意: 因为要显示每个学生的姓名、学号、最高分、最低分、平均分,所以要按姓名及学号分组进行统计,即写成

group by 姓名,学生表.学号

2.join 关键词指定的内连接

多个表合并数据及多个表之间的连接,还可以用 join 内连接来表示。

(1)格式

select 表列 from 表 1 [inner] join 表 2 ON 条件 [join 表 3 on 条件…]

说明:对"表 1"和"表 2"等按指定条件连接,显示的表列由用户自定。若将"表1""表 2"等所有的列都显示出来,用"*"表示。

(2)应用

为了大家更好地理解查询,下面用内连接来完成【例 5.37】~【例 5.45】。

【例 5.46】 查询每个学生的选课情况。

在查询编辑器中输入以下语句：

```
select * from 学生表 inner join 选课表 on 学生表.学号 = 选课表.学号
```

执行命令，完成的效果同【例 5.37】。

说明：对"学生表"和"选课表"按"学号"联系，可以省略"inner"。

【例 5.47】　查询每个学生的成绩情况，结果表中显示学号、姓名、课程号、成绩。

在查询编辑器中输入以下语句：

```
select 学生表.学号,姓名,课程号,成绩 from 学生表 inner join 选课表
on 学生表.学号 = 选课表.学号
```

或写成：

```
select a.学号,姓名,课程号,成绩 from 学生表 a join 选课表 b
on a.学号 = b.学号
```

显示的结果同【例 5.38】。

【例 5.48】　查询每个学生的成绩情况，结果表中显示学号、姓名、课程号、成绩。

分析：本例要用到三个表："学生表"、"选课表"和"课程表"。连接时，先将两个表连接，再与第三个表连接。

在查询编辑器中输入以下语句：

```
select a.学号,姓名,课名,成绩 from 学生表 a join 选课表 b
on a.学号 = b.学号 join 课程表 c  on b.课程号 = c.课程号
```

显示的结果同【例 5.39】。

注意："学生表"和"选课表"连接后，再跟"课程表"连接。

【例 5.49】　查询选修"大学英语""计算机基础"课的学生的成绩，要求显示学号、姓名、课名、成绩。

在查询编辑器中输入以下代码：

```
select a.学号,姓名,课名,成绩 from 学生表 a  join 选课表 b
on a.学号 = b.学号 join 课程表 c on b.课程号 = c.课程号 where(c.课名 = '大学英语' or 课名 = '计算机基础')
```

执行命令，显示结果同【例 5.40】。

【例 5.50】　查询老师的课表信息，要求显示教师号、教师姓名、课名、学时、学分。

分析：需要用到 3 个表："教师表"、"授课表"和"课程表"。

在查询编辑器中输入以下代码：

```
select a.教师号,姓名,课名,学时,学分 from 教师表 a  join 授课表 b
on a.教师号 = b.教师号 join 课程表 c on  b.课程号 = c.课程号
```

执行命令，显示结果同【例 5.41】。

【例 5.51】 查询教授"大学英语""计算机基础"课的老师的信息，要求显示教师号、教师姓名、课名、学时、学分。

分析：同上题相比，多了一个限制条件，即教授"大学英语""计算机基础"课的老师。所以，多加一个条件，限制教师所授的课程。

在查询编辑器中输入以下代码：

```
select a.教师号,姓名,课名,学时,学分 from 教师表 a   join 授课表 b
on a.教师号 = b.教师号 join 课程表 c on  b.课程号 = c.课程号
where(c.课名 = '大学英语' or 课名 = '计算机基础')
```

执行命令，显示结果同【例 5.42】。

【例 5.52】 查询学生选修课程的信息，要求显示学号、学生姓名、课程号、教师姓名。

分析：要用到 4 个表："学生表"、"选课表"、"授课表"和"教师表"。

在查询编辑器中输入以下代码：

```
select a.学号,a.姓名 as 学生姓名,b.课程号,d.姓名 as 教师姓名 from 学生表 a join 选课表 b on a.学号 = b.学号 join 授课表 c on b.课程号 = c.课程号
join 教师表 d  on c.教师号 = d.教师号
```

执行命令，显示结果同【例 5.43】。

【例 5.53】 查询每个学生的最高分、最低分及平均分情况，显示姓名、最高分、最低分及平均分。

分析：要显示"姓名"，要用到"学生表"；要用到成绩的统计结果，要用到"选课表"；又因为要显示每个学生的成绩的统计结果，所以要用到聚合函数，并且按姓名分组。

在查询编辑器中输入以下代码：

```
select 姓名,MAX(成绩)as 最高分,MIN(成绩)as 最低分,AVG(成绩)as 平均分 from 学生表 join 选课表 on 学生表.学号 = 选课表.学号 group by 姓名
```

显示的结果同【例 5.44】。

【例 5.54】 查询每个学生的最高分、最低分及平均分情况，显示姓名、学号、最高分、最低分及平均分。

分析：与上题不同的是，该题显示的列中增加了一个字段"学号"，所以在分组的 group by 子句中要得以体现。

在查询编编辑器中输入以下代码：

```
select 姓名,学生表.学号,MAX(成绩)as 最高分,MIN(成绩)as 最低分,AVG(成绩)as 平均分 from 学生表   join 选课表 on 学生表.学号 = 选课表.学号 group by 姓名,学生表.学号
```

执行命令，显示结果同【例 5.45】。

3. join 关键词指定的外连接

在内连接操作中，只有满足连接条件的行才可能出现在结果表中。但有时希望不满足连接条件的行也能出现在结果表中，这就需要使用外连接。外连接不仅有满足连接条件的行，还包括某个表中不满足连接条件的行。外连接有以下几种。

①左外连接（Left Outer Join）：结果表中有满足条件的行外，还包括左表的所有行。

②右外连接（Right Outer Join）：结果表中有满足条件的行外，还包括右表的所有行。

③全外连接（Full Outer Join）：结果表中有满足条件的行外，还包括两个表的所有行。

（1）格式

select 表列 from 表 1 Left [Outer] Join| Right [Outer] Join| Full [Outer] Join 表 2　ON 条件

其中的"Outer"关键字均可省略。

（2）应用

【例 5.55】　　查询所有课程都被选情况。若课程未被选修，也要包括该课程的基本情况。

分析：结果表中有所选课程行外，还有未被选上的课程。下面用左外连接来完成。

在查询编辑器中输入以下代码：

select * from 课程表 a Left join 选课表 b　on a. 课程号 = b. 课程号

执行命令，结果如图 5-50 所示。

图 5-50　查询所有课程被选情况的运行结果

说明：从图 5-50 中可以看出，没有选修课程的信息，像网页制作、单片机等课程，在结果表中的有关选课表中信息的字段值均为 NULL。也就是说，如果左表的某行在右表中没有匹配行，则在相关联的结果集行中，右表的所有选择列表列均为空值。

【例 5.56】　　查询所有学生的选课情况。若学生未选修任何课程，也要包括其基本情况。这样，我们就能了解到哪些课程有人选修，哪些课程无人选修。

分析：结果表中有已选课程的学生行外，还有未选任何课程的学生。下面用左外连接来完成。

在查询编辑器中输入以下代码：

```
select * from 学生表 a Left join 选课表 b  on a. 学号 = b. 学号
where a. 专业 in( ' 计算机应用 ',' 会计 ')
```

执行命令，结果如图 5-51 所示。

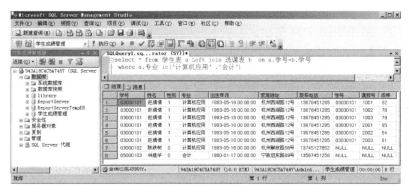

图 5-51　查询所有学生选课情况的运行结果

说明：从图 5-51 中可以看出，没有选修任何课程的学生，则结果表中有关选课表中信息的字段值为 NULL。

【例 5.57】　查询学期排课情况，还没有安排老师的课程用 NULL 表示。

分析：结果表中包含已安排授课的课程，还有尚未落实老师的课程。这里用右外连接来完成。

在查询编辑器中输入以下代码：

```
select * from 授课表 a right join 课程表 b  on a. 课程号 = b. 课程号
```

执行命令，结果如图 5-52 所示。

图 5-52　查询排课情况的运行结果

说明：从图 5-52 中可以看出，还有"职业发展规划"等几门课程没有落实教师。也就是说，如果右表的某行在左表中没有匹配行，将为左表返回空值。

【例 5.58】 查询老师排课任务，即还没有授课任务的老师的信息用 NULL 表示。

分析：结果表中有已安排授课任务的教师信息行外，还有未落实授课任务的老师信息。下面用右外连接来完成。

在查询编辑器中输入以下代码：

```
select * from 授课表 a right join 教师表 b  on a. 教师号 = b. 教师号
```

执行命令，结果如图 5-53 所示。

图 5-53　查询教师授课情况的运行结果

说明：从图 5-53 中可以看出，还有"陈大明"等 2 位老师没有授课任务。

【例 5.59】 查询老师授课与学生选课情况，即给已有学生选修了课程，但还没有落实授课老师的信息，用 NULL 表示；同时，已落实授课信息的课程却暂时还没学生选修的，也用 NULL 表示。

分析：因为要将没有落实授课教师或者无选修学生的信息都显示出来，所以用全外连接来完成。

在查询编辑器中输入以下代码：

```
select * from 选课表 a full join  授课表 b on a. 课程号 = b. 课程号
```

执行命令，结果如图 5-54 所示。

从图中可以看出，课程号 4001 和 4002 已有学生选修了，但暂时没有落实授课教师；而课程号 1006 已落实了授课教师，但暂时没有学生选修。

所以，全外连接的意思是：当某行在另一个表中没有匹配行时，另一个表的选择列表列包含空值。如果表之间有匹配行，则整个结果集行包含基表的数据值。

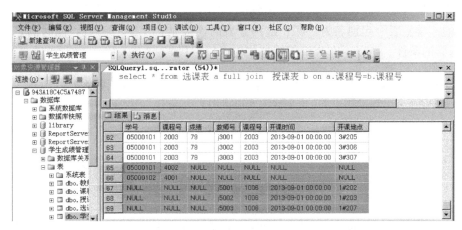

图 5-54　查询教师授课与学生选课情况的运行结果

4. join 关键词指定的自连接

连接操作不仅可以在多个表之间进行；也可以是一个表与其自身连接，这种连接称为自连接。使用自连接的格式与内连接相似，只是自连接时需要为表指定两个别名，且对所有列的引用均要用别名限定。

下面用实例来说明自连接的操作方法。

【例 5.60】　查询与"郑海洋"同一个专业的学生记录。

分析：将查询"郑海洋"的专业用到的"学生表"起别名为"a"，查询其他学生的信息用到的"学生表"起别名为"b"。这两个表的连接是"专业"一致，同时满足姓名为"郑海洋"的条件。所以，在查询编辑器中输入以下代码：

```
select b. 姓名,b. 学号,b. 性别,b. 专业,b. 出生年月,b. 家庭地址,b. 联系电话
from学生表 a join 学生表 b on a. 专业 = b. 专业   where a. 姓名 = '郑海洋'
```

执行命令，结果如图 5-55 所示。

图 5-55　查询与"郑海洋"同一个专业的学生记录的运行结果

【例 5.61】　查询与"周建明"相同年龄的学生记录信息。

分析：将查询"周建明"的专业用到的"学生表"起别名为"a"，查询其他学生信息用到的"学生表"起别名为"b"。这两个表的连接是"年龄"一致，同时满足姓名为"周建明"的条件。所以，在查询编辑器中输入以下代码：

```
select b. 姓名,b. 学号,b. 性别,b. 专业,b. 出生年月,b. 家庭地址,b. 联系电话
from 学生表 a join 学生表 b  on year(a. 出生年月) = year(b. 出生年月)
where a. 姓名 = '周建明'
```

执行命令，结果如图 5-56 所示。

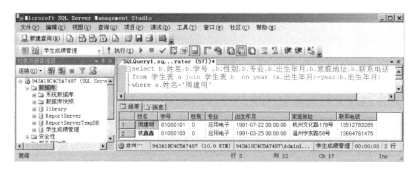

图 5-56 查询与"周建明"相同年龄的学生记录的运行结果

【例 5.62】 查询与"C 语言程序设计"课程相同学分的课名、课程号、学分、学时等相关信息。

分析：将查询"C 语言程序设计"课程的学分用到的"课程表"起别名为"a"，查询题意要求的课程信息用到的"课程表"起别名为"b"。这两个表的连接是"学分"一致，同时满足课程名为"C 语言程序设计"的条件。所以，在查询编辑器中输入以下代码：

```
select b. 课程号,b. 课名,b. 学分,b. 学时 from 课程表 a join 课程表 b
on a. 学分 = b. 学分 where a. 课名 = 'C 语言程序设计'
```

执行命令，结果如图 5-57 所示。

图 5-57 查询与"C 语言程序设计"课程相同学分的课程信息的运行结果

5.2.2 嵌套查询

在实际应用中，经常要用到多层查询。例如，若想了解与"郑海洋"同学同一个专业的学生记录，根据前面所学的知识，查询要分两步：先查询姓名为"郑海洋"的学生所学的专业，例如"应用电子专业"；然后查询"应用电子专业"的其他学生名单。这样的查询用嵌套查询完成，即当一个查询是另一个查询的条件时，称之为嵌套查询。

在 SQL Server 中，一个 select…from…where 语句称为一个查询块。将一个查询块嵌套在另一个查询块的 where 子句或 having 短语的条件中的查询称为嵌套查询。在嵌套查询中，上层查询块称为外层查询或父查询，下层查询块称为内层查询或子查询。SQL Server 允许多层嵌套查询，即一个子查询中可以嵌套其他子查询。需要特别注意的是，子查询的 select 语句中不能使用 order by 子句，order by 子句只能对最终查询结果排序。

所以，也可以将【例 5.60】写成如下形式：

```
select * from 学生表 where 专业=                ——父查询
            (select 专业 from 学生表 where 姓名='郑海洋')——子查询
```

可以看出，子查询"select 专业 from 学生表 where 姓名='郑海洋'"是嵌套在父查询"select * from 学生表 where 专业＝"的 where 条件中的。

执行命令，结果如图 5-58 所示，与图 5-55 是一致的。

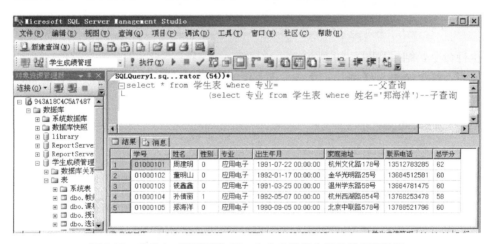

图 5-58 查询与"郑海洋"同一个专业的学生记录的运行结果

注意： 子查询的 select 查询要用圆括号括起来。

子查询有＞、＞=、＜、＜=、=、＜＞、！=等比较运算符，也有 in、not in、any、some、all、exit 等操作符。

嵌套查询的语法格式如下所示：

（1）

```
select…from…where  查询表达式  比较运算符(子查询)
```

（2）

```
select…from…where  查询表达式  [NOT]  IN(子查询)
```

（3）

```
select…from…where  查询表达式  比较运算符  [ANY | ALL](子查询)
```

（4）

```
select…from…where  [NOT]  EXISTS(子查询)
```

1. 使用比较符的嵌套查询

当用户确切知道内层查询返回的是单值时，可以用>、>=、<、<=、=、
<>、!=等比较运算符。

【例 5.63】 查询与"周建明"相同年龄的学生记录。

分析：子查询是姓名"周建明"的学生年龄，即返回的是单值；父查询根据查到的
年龄去查询其他学生名单。

在查询编辑器中输入以下代码：

```
select * from 学生表 where year(出生年月) =   --父查询
    (select year(出生年月)from 学生表 where 姓名 = '周建明')--子查询
```

执行命令，结果如图 5-59 所示。

说明：这个结果与【例 5.61】是一样的，但是要注意的是，有些嵌套查询可以用连
接运算替代，有些是不可替代的。

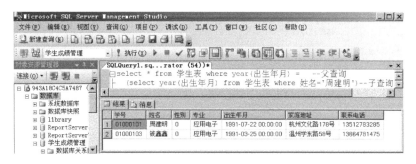

图 5-59 查询与"周建明"相同年龄的学生记录的运行结果

注意：子查询一定跟在比较符之后，下列写法是错误的：

```
select * from 学生表 where
    (select year(出生年月)from 学生表 where 姓名 = '周建明') = year(出生年月)
```

【例 5.64】 查询与"C 语言程序设计"相同学分的课名、课程号、学分、学时等相
关信息。

分析：子查询是课名为"C 语言程序设计"的学分，是一个单值；父查询根据查到

的学分，去查询有相同学分的课程信息。

在查询编辑器中输入以下代码：

```
select 课程号,课名,学分,学时 from 课程表 where  学分 =       --父查询
(select 学分 from 课程表 where 课名 = 'C语言程序设计')      --子查询
```

执行命令，结果如图 5-60 所示。

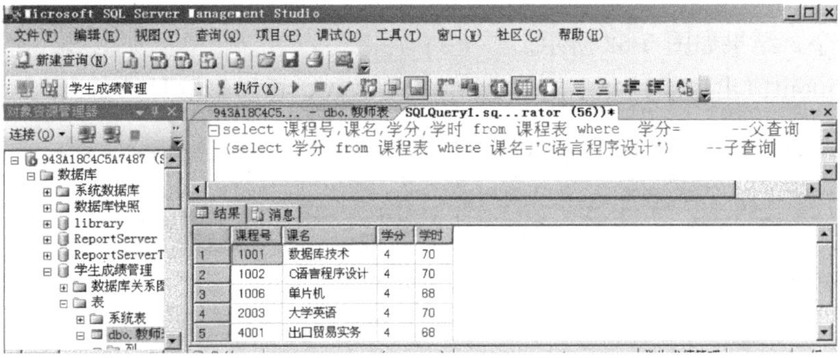

图 5-60　查询与"C 语言程序设计"相同学分的相关记录的运行结果

思考：这个结果与哪个实例是一样的？

【**例 5.65**】　查询与"周建明"同一个地方的学生记录。

分析：子查询为姓名"周建明"的家庭所在地城市，因为返回的是一个单值，父查询根据查到的城市去查询其他学生信息。

在查询编辑器中输入如下代码：

```
select * from 学生表 where substring(家庭地址,1,2) =    --父查询
    (select substring(家庭地址,1,2)  from              --子查询
    学生表 where 姓名 = '周建明')
```

执行命令，结果如图 5-61 所示。因为"周建明"来自杭州，所以显示的结果是家住杭州的学生记录。

图 5-61　查询与"周建明"同一个地方的学生信息的运行结果

说明：substring（家庭地址，1，2）是 SQL Server 字符串函数，意思是从具体的家庭地址字符串中抽取子字符串，即从第 1 位开始取，取 2 位。所以从"周建明"的家庭

地址函数 substring（家庭地址，1，2）取出来的子字符串是"杭州"。

【例 5.66】 查询与"周建明"同月出生的学生记录。

分析：子查询为查找姓名为"周建明"的学生的出生月份；父查询根据查到的月份去查询其他学生信息。

```
select * from 学生表 where month(出生年月) =    --父查询
    (select month(出生年月)from 学生表 where 姓名 = '周建明')--子查询
```

执行命令，结果如图 5-62 所示。

说明：month(出生年月) 中的 month() 是函数，意思是取月份。

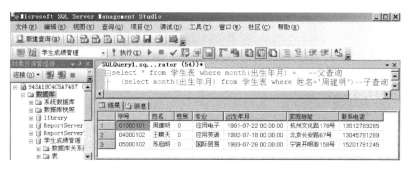

图 5-62 查询与"周建明"同月出生的学生记录的运行结果

【例 5.67】 查询"周元胜"老师的授课信息。

分析：子查询的结果是姓名为"周元胜"的教师号，因为查到的"周元胜"的教师号是单值，所以可根据查到的教师号去查询相应的授课信息。

在查询编辑器中输入以下代码：

```
select * from 授课表 where  教师号 =     --父查询
(select 教师号 from 教师表 where 姓名 = '周元胜')  --子查询
```

执行命令，结果如图 5-63 所示。

图 5-63 查询"周元胜"老师的授课信息的运行结果

【例 5.68】 查询"张大成"同学的成绩信息。

分析：因为"选课表"中只能根据学号查成绩，所以必须先在"学生表"中查到"张大成"的学号（子查询），再根据查到的学号查询相应的分数信息。

在查询编辑器中输入以下代码：

```
select * from 选课表 where 学号 =          --父查询
(select 学号 from 学生表 where 姓名 = ' 张大成 ')   --子查询
```

执行命令，结果如图 5-64 所示。

图 5-64　查询"张大成"的成绩信息的运行结果

2. 使用 in 操作符的嵌套查询

在嵌套查询中，子查询的结果往往是一个集合，所以谓词 in 是嵌套查询中最经常使用的。

【例 5.69】　查询选修课程号为"1001"的学生信息，即结果集中显示姓名、学号等信息。

分析：在选课表中选修课程号为"1001"的学生可能有若干个，所以使用谓词 in。

在查询编辑器中输入以下代码：

```
select * from 学生表 where 学号 in
(select 学号 from 选课表 where 课程号 = '1001')
```

执行命令，结果如图 5-65 所示。

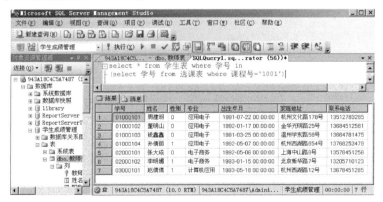

图 5-65　查询选修课程号为"1001"的学生信息的运行结果

【例 5.70】 查询选修课程号为"1001"，分数大于等于 80 的学生信息，要求在结果集中显示姓名、学号等信息。

分析：该题比上一题多了一个条件，即分数＞＝80。

在查询编辑器中输入以下代码：

```
select * from 学生表 where 学号 in
(select 学号 from 选课表 where 课程号 = '1001' and 成绩>=80)
```

执行命令，结果如图 5-66 所示。

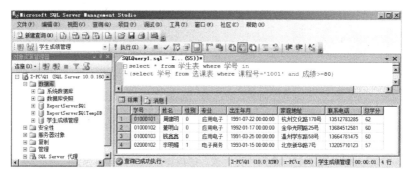

图 5-66　查询选修课程号为"1001"且分数≥80 的学生信息的运行结果

【例 5.71】 查询选修"C 语言程序设计"的学生姓名、学号等信息。

分析：从上题的例子中可以得出，必须知道"C 语言程序设计"的课程号，这需要从课程表中获得。所以，先从课程表中查找"C 语言程序设计"的课程号，再在选课表中查询选修了这门课程的学生学号，最后在学生表中查找相应的信息。

在查询编辑器中输入以下代码：

```
select * from 学生表 where 学号 in
(select 学号 from 选课表 where 课程号 =
(select 课程号 from 课程表 where 课名 = 'C语言程序设计'))
```

执行命令，结果如图 5-67 所示。

图 5-67　查询选修了"C 语言程序设计"的学生姓名、学号等信息的运行结果

in 操作符用于一个值与多个值的比较，而比较符用于一个值与另一个值之间的比较。

从上面几个例子可以看到，查询涉及多个关系时，用嵌套查询逐步求解，具有层次清晰、结构化程序设计的优点。

3. 使用 any 或 all 操作符的嵌套查询

any 或 all 操作符必须与比较运算符配合使用。

（1）格式

〈字段〉〈比较符〉[any|all]〈子查询〉

any 和 all 与比较运算符结合，其语义如表 5-9 所示。

表 5-9　子查询运算操作符

操作符	含　义	操作符	含　义
＞any	大于子查询结果中的任意一个值	＜＝any	小于等于子查询结果中的任意一个值
＞all	大于子查询结果中的所有值	＜＝all	小于等于子查询结果中的所有值
＜any	小于子查询结果中的任意一个值	＝any	等于子查询结果中的任意一个值
＜all	小于子查询结果中的所有值	＝all	等于子查询结果中的所有值（通常没有实际意义）
＞＝any	大于等于子查询结果中的任意一个值	！＝（或＜＞）any	不等于子查询结果中的任意一个值
＞＝all	大于等于子查询结果中的所有值	！＝（或＜＞）all	不等于子查询结果中的任何一个值

（2）应用

【例 5.72】　查询其他专业中比"电子商务"专业学生年龄都小（出生年月都大）的学生信息。

在查询编辑器中输入以下代码：

```
select * from 学生表 where 出生年月 >all
(select 出生年月 from 学生表 where 专业 = '电子商务')
```

说明：因为电子商务专业的学生的出生年月是多样的，所以用"＞all"格式。

执行命令，结果如图 5-68 所示。

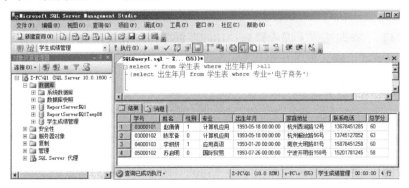

图 5-68　查询其他专业中比"电子商务"专业学生年龄都小（出生年月都大）的学生信息的运行结果

173

本查询也可以用聚合函数实现，如下所示：

```
select * from 学生表 where 出生年月〉
(select max(出生年月)from 学生表 where 专业 = '电子商务')
```

【例 5.73】 查询成绩比课程号为"1001"的最低分高的学生信息。

在查询编辑器中输入以下代码：

```
select * from 选课表 where 成绩 〉any
(select 成绩 from 选课表 where 课程号 = '1001')
```

执行命令，结果如图 5-69 所示。

图 5-69 查询比课程号为"1001"的最低分高的学生信息的运行结果

本查询也可以用聚合函数实现，如下所示：

```
select * from 选课表 where 成绩 〉
(select min(成绩)from 选课表 where 课程号 = '1001')
```

4. 使用 exists 操作符的嵌套查询

带有 exists 谓词的子查询不返回任何数据，只产生逻辑真值 True 或逻辑假值 False。

【例 5.74】 查询选修了课程号为"1002"的学生的相关信息。

在查询编辑器中输入如下代码：

```
select * from 学生表 where  exists
(select * from 选课表 where 学生表 . 学号 = 选课表 . 学号 and  课程号 = '1002')
```

执行命令，结果如图 5-70 所示。

【例 5.75】 查询没有选修课程号为"1002"的学生的相关信息。

在查询编辑器中输入如下代码：

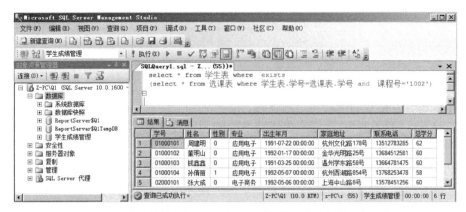

图 5-70　查询选修了课程号为"1002"的学生信息的运行结果

> select * from 学生表 where not exists
> (select * from 选课表 where 学生表.学号 = 选课表.学号 and 课程号 = '1002')

执行命令，结果如图 5-71 所示。

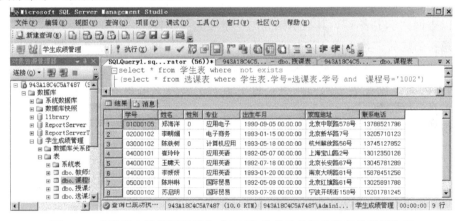

图 5-71　查询没有选修课程号为"1002"的学生的相关信息的运行结果

任务 5.3　用学生成绩管理数据库数据查询结果更新表数据

 任务描述

在实际的应用系统中，有时用户需要将查询结果保存成一个表，有时要将查询所得到的信息追加到某个表中，或者要利用查询得到的信息修改某数据表。本学习任务就是通过查询学生成绩管理数据库中数据表的信息来修改相应表中的数据，介绍利用查询结果更新表数据的方法。

5.3.1　用查询结果生成新表

用 Select…Into 新表名…语句实现利用一个或多个表中的数据生成新表。

1. 格式

select〈列名列表〉 into 新表名 from 〈表名〉 [where 〈查询条件表达式〉] [order by 〈排序的列名〉[ASC 或 DESC]]

其中，带有方括号的子句是可选择的。

① "select〈列名列表〉"用来描述结果集的列，几个列名之间用逗号分隔。若列名用"*"代替，则表示返回源表中所有的列。

② "where〈查询条件表达式〉"是一个筛选。

③ "order by〈排序的列名〉"是对指定的列排序，ASC 表示升序，DESC 表示降序。

2. 应用

【例 5.76】 创建学生表的副本：学生表 1。

在查询编辑器中输入以下代码：

select * into 学生表 1 from 学生表

执行命令，显示"15 行受影响"。

可以查询"学生表 1"，其显示结果与"学生表"一样。

注意：创建的"学生表 1"中的结构与"学生表"相同，记录数类似于"学生表"，但是没有"学生表"中的主键约束。

【例 5.77】 创建学生表的副本，将学生表中的男生记录放到"学生副表"中，并按出生年月升序排列。

分析：因为创建的"学生副表"中只有男生，所以加一个 where 子句；同时，由于按出生年月升序排列，所以要 order by 出生年月。

在查询编辑器中输入以下代码：

select * into 学生副表 from 学生表 where 性别 = 0 order by 出生年月

执行代码，显示"11 行受影响"，如图 5-72 所示。

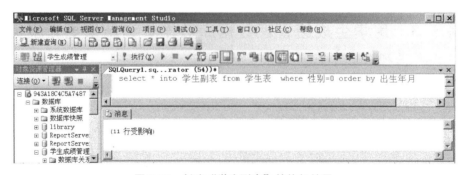

图 5-72 创建"学生副表"的执行结果

查询"学生副表"中的记录，执行以下代码：

```
select * from 学生副表
```

结果如图 5-73 所示。

图 5-73　查询"学生副表"中的记录的运行结果

可以看到，生成的新表"学生副表"中的性别全是"0"，并且按出生年月升序排列。

【例 5.78】　创建课程表中的副本：课程副表。它只有一个表结构，无记录。

分析：因为只有一个表结构，无记录，则只要 where 子句的值为"假"即可。

```
select * into 课程副表 from 课程表　where 1 = 2
```

执行代码，显示"0 行受影响"，如图 5-74 所示。

图 5-74　创建课程表的副本的运行结果

执行代码：

```
select * from 课程副表
```

查询"课程副表"中的记录，结果显示无记录，如图 5-75 所示。

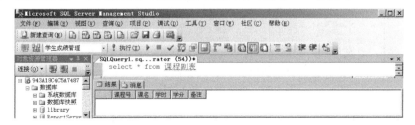

图 5-75　查询"课程副表"中的记录的运行结果

说明：因为"1＝2"的结果肯定是假的，所以在新生成的"课程副表"中没有记录。

【例 5.79】 创建学生表的副本学生表 2，其字段为学号、姓名、性别、专业、出生年月。

分析：因为新表中规定了字段，所以要指定表列。

在查询编辑器中输入以下代码：

```
select 学号,姓名,性别,专业,出生年月 into 学生表2 from 学生表
```

执行代码，显示"15 行受影响"，如图 5-76 所示。

图 5-76　创建学生表的副本的运行结果

执行代码：

```
select * from 学生表2
```

结果如图 5-77 所示。

图 5-77　查询学生表 2 的运行结果

【例 5.80】 创建学生表 3，其字段为学号、姓名、性别、专业、课程号、成绩。

分析：因为创建的新表的字段有学号、姓名、性别、专业，所以要用到"学生表"；而又有课程号、成绩字段，所以要用到"选课表"，故在查询编辑器中输入以下代码：

> select a. 学号,姓名,性别,专业,课程号,成绩 into 学生表 3 from 学生表 a,选课表 b where a. 学号 = b. 学号

执行命令，结果如图 5-78 所示。

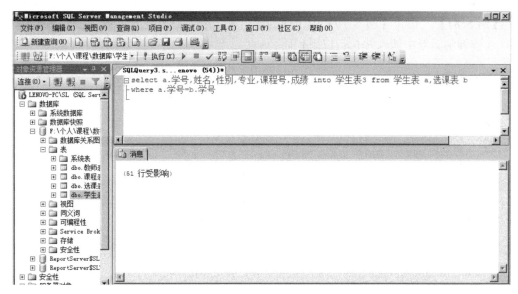

图 5-78　运行结果

执行代码：

> select * from 　学生表 3

结果如图 5-79 所示。

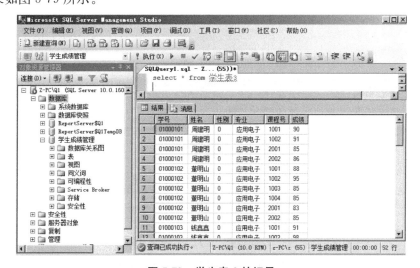

图 5-79　学生表 3 的记录

5.3.2 用查询结果给指定表追加数据

用 Insert…Select 语句实现将一个或多个表中的数据添加到某个表中。

1. 格式

Insert [Top(n)[Percent]] 表名 子查询

2. 应用

【例 5.81】 请将【例 5.79】中生成的学生表 2 中的记录全部删除。

在查询编辑器中输入并执行以下代码：

Delete 学生表 2

结果如图 5-80 所示。

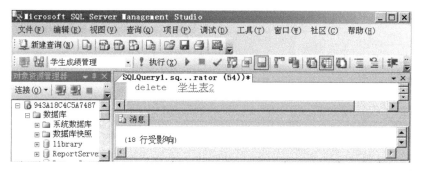

图 5-80 删除学生表 2 记录的运行结果

【例 5.82】 将"学生表"中专业为"应用电子"的前三条记录追加到"学生表 2"中。

在查询编辑器中输入以下代码：

insert top(3)into 学生表 2 select 学号,姓名,性别,专业,出生年月 from 学生表 where 专业 = '应用电子'

执行命令，显示"3 行受影响"，如图 5-81 所示。

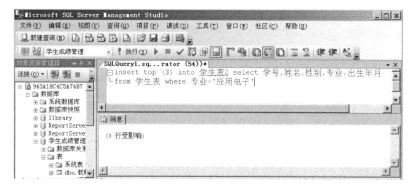

图 5-81 追加记录到学生表 2 的运行结果

查询学生表 2 的记录，发现有三条专业为"应用电子"的记录，如图 5-82 所示。

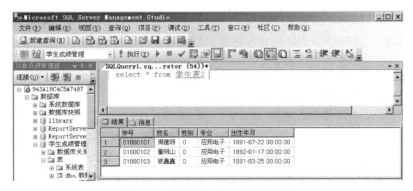

图 5-82　查询学生表 2 的运行结果

【例 5.83】　将"学生表"中专业为"应用英语"的记录追加到"学生表 2"中。
在查询编辑器中输入以下代码：

```
insert top(3)into 学生表 2 select ＊ from 学生表 where 专业 = '应用英语'
```

执行命令，显示"3 行受影响"。

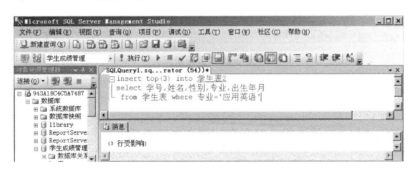

图 5-83　追加记录到学生表 2 的运行结果

查询"学生表 2"的记录，发现新增添了三条专业为"应用英语"的记录，如图 5-84 所示。

图 5-84　查询学生表 2 的运行结果

5.3.3 用查询语句修改指定表记录

前面学过用 Update 语句修改数据，也可以利用查询语句修改指定表记录。

【例 5.84】 将选修了"C 语言程序设计"课程的学生成绩加 10 分。

在查询编辑器中输入以下代码：

```
update 选课表 set 成绩 = 成绩 + 10 where 课程号 =
(select 课程号 from 课程表 where 课名 = 'C 语言程序设计')
```

执行命令，显示"6 行受影响"，如图 5-85 所示。

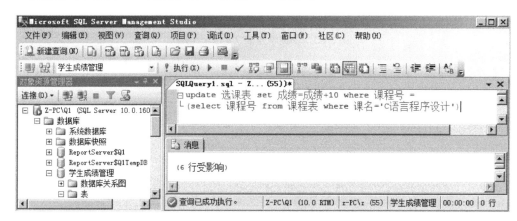

图 5-85　运行结果

【例 5.85】 将还没落实授课老师的课程表中的"备注"项修改为"目前，本课程还没有安排老师授课"。

分析：要将课程表中的课程号没有在授课表中出现的备注修改，所以在查询编辑器中输入以下代码：

```
update 课程表 set 备注 = '目前,本课程还没有安排老师授课'
where 课程号 not in(select 课程号 from 授课表)
```

执行命令，则显示"11 行受影响"，即有 11 门课程还没落实授课老师。

5.3.4 用查询语句给指定表删除记录

【例 5.86】 将"计算机应用"专业成绩不及格的学生选修记录删除。

在查询编辑器中输入以下代码：

```
delete 选课表 where 学号 in
(select 学号 from 学生表 where 专业 = '计算机应用')and 成绩<60
```

执行命令，显示"1 行受影响"，如图 5-86 所示。

图 5-86 运行结果

 项目小结

本项目主要介绍使用 T-SQL 语句对数据表的数据进行各种查询，以及利用查询结果更新表数据。

1. 单表查询

①查询指定表中的字段。

②distinct 去除重复行。

③指定范围 top n、top n percent。

④求 avg（）平均值、sum（）求和、count（）求行数、min（）求最小值、max（）求最大值。

⑤带条件查询。

⑥对查询排序 order by。

2. 多表查询

①谓词连接。

②内连接。

③外连接。

④左连接。

⑤右连接。

⑥全外连接。

3. 嵌套查询（子查询）

4. 更新数据

①把查询到的结果插入到现有表中。

②把现有表的数据插入到一个新表。

③利用查询结果更新，删除表数据。

 课堂实训

【实训目的】

1. 熟悉并掌握用 T-SQL 语句对数据表进行单表查询及多表查询。

2. 掌握利用查询结果对表数据进行修改。

【实训内容】

（一）插入记录

1. 在 SSMS 环境中，为书籍表插入 10 条记录（数据任意）。

2. 用 T-SQL 语句为读者表、借阅表各插入 10 条记录。

（二）单表查询

1. 查询每本图书的所有信息。

```
select * from 书籍表
```

2. 查看所有读者的全部信息。

```
select * from _____
```

3. 查询每本图书的图书编号、书名、作者、价格及出版社。

```
select 图书编号,书名,作者,价格,出版社 from _____
```

4. 查询每个读者的借书证号、姓名和单位。

```
select _____ from 读者表
```

5. 列出图书馆中所有藏书的书名及出版单位。

```
select distinct 书名,出版社  from 书籍表   --过滤重复项
```

6. 查询书名为"英语"的图书信息。

```
select * from 书籍表 where 书名 = _____
```

7. 查询图书编号为"10006"的书名和作者。

```
select _____  from  书籍表   where 图书编号_____
```

8. 查询每本图书总数量为 5～10 本的图书编号和书名。

```
select _____  from 书籍表 where 总数量>=5 and 总数量<=10
```

9. 查找价格为 10～20 元的图书种类（去掉重复），结果按出版单位和单价升序排列。

select _____ 书名,作者,价格,出版社 from 书籍表 where 价格 between 10 and 20 order by 出版社,价格 asc ——between…and…(相当于>=)

10. 查找藏书中,高等教育出版社和科学出版社的图书种类及作者。

select distinct 书名,作者,出版社　from 书籍表 where 出版社 in('高等教育出版社', _____)　——In(相当于 = …or = …)

11. 查询计算机系或电子系的读者信息。

select ＊ from 读者表 where 单位 in （'计算机系',_____)

12. 查询姓张的读者信息。

select ＊ from 读者表 where 姓名 like '张%'　——　like 及通配符 %　_　＊

13. 找出姓李的读者姓名及其所在单位。

select 姓名,单位 from 读者表 _____

14. 查找书名中有"基础"两字的图书和作者。

select dist 书名,作者　from 书籍表　where 书名 like '%基础%'

15. 查找书名以"计算机"打头的所有图书和作者。

select distinct 书名,作者　From 书籍表 _____

16. 查询计算机系或电子系姓张的读者信息。

select ＊ from 读者表 where _____ and _____

17. 查询尚未归还图书的借阅信息。

select ＊ from 借阅表　where _____

18. 查询已归还图书的借阅信息。

select ＊ from 借阅表　where _____

19. 用英文字段名列出图书馆中科学出版社所有藏书的书名及出版单位。

select 书名 as Book,作者 as Author,出版社 as Publisher from 书籍表 where 出版社 = '科学出版社'　——As:查询结果可以自定义列名

20. 查找高等教育出版社的所有图书及单价,按单价降序排列。

select 书名,出版社,价格　　from 书籍表　　where 出版计 = '高等教育出版社'
order by 价格 desc　　　　——Order by desc(降序)|asc(升序,默认)

21. 统计每本书籍借阅的人数，要求输出图书编号和所借人数，查询结果按人数降序排列。

select 图书编号,Count(*)　from 借阅表 group by _____ order by Count(*)desc

22. 查询在 2013 年以后出版的图书信息，并按时间排序。

select * from 书籍表 where year(出版日期)_____

（三）使用库函数查询

1. 求图书馆所有藏书的册数。

select count(*)as 藏书总册数 From　书籍表

2. 求读者总数。

select COUNT(*) from _____

3. 求科学出版社图书的最高价、最低价、平均价。

select 出版社,max(价格)as 最高价,_____ from 书籍表 where 出版社 = '科学出版社'

4. 统计男读者、女读者的人数。

select 性别,Count(*)　from 读者表 group by _____

5. 统计各类图书的平均定价及总数量。

select 种类,avg(价格)　as 平均定价,sum(库存量)as _____ from 书籍表 group by _____

6. 求各个出版社图书的最高价、最低价、平均价。

select 出版单位,max(价格)as 最高价,min(价格)as 最低价,avg(价格)as 平均价格
from _____

7. 统计各个单位读者的数量，显示单位名和数量。

select _____,count(*)as 数量　from _____ group by _____

8. 统计借书证号为"00701026"的读者借书的数量。

select _____ from 借阅表 where _____ = '00701026'

9. 列出已借出去的每本书的书号及借阅人数。

select _____,count(*) from 阅借表 group by _____

（四）多表查询

1. 连接查询

（1）查找所有借阅了图书的读者姓名及所在单位。

select distinct 姓名,单位 from 读者表 x,借阅表 y where x. 借书证号 = y. 借书证号

（2）查找所有借阅了图书的读者姓名及所在单位。

select distinct 姓名,单位 from 读者表 inner join 借阅表 on _____

（3）找出李某所借的所有图书的书名及借书日期。

Select 姓名,书名,借书日期 From 书籍表,借阅表,读者表 Where 读者表. 借书证号 = 借阅表. 借书证号 and _____ and 姓名 _____

（4）查找价格在 22 元以上已借出的图书，按单价升序排列。

Select * From 借阅表 r,书籍表 b Where b. 图书编号 = r. 图书编号 and 价格 〉= 22 Order by _____

（5）查询同时借阅了图书编号为 112266 和 449901 两本书的借书证号。

select x. 借书证号,x. 图书编号 as first,y. 图书编号 as second from 借阅表 x,借阅表 y where x. 借书证号 = y. 借书证号 and x. 图书编号 = '112266' and y. 图书编号 = '449901'

（6）找出各个单位当前借阅图书的读者人次。

select 单位,count(读者表. 借书证号)as 借书人次 from 借阅表,读者表 where 读者表. 借书证号 = 借阅表. 借书证号 group by _____

（7）分别找出借书人次超过 1 人的单位及人次数。

select 单位,count(*)as 超过 1 人次 from 借阅表,读者表 where _____ group by 单位 having count(*)〉= 2

（8）查询每个读者的姓名和所借图书名。

select 姓名,书名 from 读者表,借阅表,书籍表 where 读者表. 借书证号 = 借阅表,借书证号 and _____

（9）查询借阅了"数据结构"的读者数量。

select COUNT(＊) from 借阅表 inner join 书籍表 on _____ where _____

（10）查询每个读者姓名，所借图书的图书编号，没有借书的读者也列出来。

Select 读者表.姓名,借阅表.图书编号 from 读者表 left join 借阅表 on _____

2．嵌套查询
（1）查询 2013 年 10 月以后借书的读者借书证号、姓名和单位。

select 姓名,借书证号,单位 from 读者表 where 借书证号 in
(select 借书证号 from 借阅表 where 借书日期〉= _____

（2）找出与赵正义在同一天借书的读者姓名、所在单位及借书日期。

select 姓名,单位,借书日期 from 读者表,借阅表 where 借阅表.借书证号 = 读者表.借书证号
and 借书日期 in （select 借书日期 from 借阅表,读者表 where 借阅表.借书证号 = 读者表.借书
证号 and _____ ）

（3）查询 2013 年 7 月以后没有借书的读者借书证号、姓名和单位。

select 借书证号,姓名,单位 from 读者表 where 借书证号 not in
(select 借书证号 from 借阅表 where 借书日期〉= _____)

（4）找出当前至少借阅了 2 本图书的读者及所在单位。

Select 姓名,单位 From 读者表
Where 借书证号 in （select 借书证号 from 借阅表 group by 借书证号 _____ ）

（5）查询借阅图书数量达到 2 本的读者信息。

select ＊ from 读者表 where 借书证号 in(_____)

（6）查没有借书的读者的借书证号和姓名。

select 借书证号,姓名 from 读者表 where 借书证号 not in(_____)

（7）找出藏书中比高等教育出版社的所有图书单价更高的图书。

Select ＊ From 书籍表 Where 价格〉all(select 单价 from 书籍表 where 出版社 = _____)

（8）找出藏书中所有与"数据库导论"或"数据库基础"在同一出版单位出版的书。

Select dist 书名,价格,作者 From 书籍表
Where 出版社 = any （select 出版社 from 书籍表
where 书名 in(_____))

（9）查"李丽"和"张朝阳"都借阅了的图书的书号。

select a. 图书编号 from 借阅表 as a,借阅表 as b where a. 借书证号 = (select 借书证号 from 读者表 where 姓名 = ' 李丽 ') and b. 借书证号 = (select 借书证号 from 读者表 where _____)and a. 图书编号 = b. 图书编号

（10）检索所有姓李的读者所借图书的书号。

select _____ from 借阅表 where _____ in(select _____ from 读者表 where _____)

（11）查没有被借阅的图书信息。

select * from 书籍表 where 图书编号 not in(select _____ from 借阅表)

（12）查询借阅了图书的读者信息。

select * from 读者表 where _____ in(select _____ from 借阅表)

（五）利用查询结果更新表数据

1. 创建读者表的副本：读者表 1。

select * into 读者表 from 读者表 1

2. 创建读者表的副本，将读者表中的男生记录放到读者表 1 中，并按出生年月升序排列。

select * into 读者表 1 from 读者表 where 性别_____ order by 出生年月

3. 创建书籍表的副本，只有一个表结构，无记录。

select * into 书籍副表 from 书籍表 _____

4. 创建书籍表的副本书籍表 2，其字段为图书编号、书名、价格、作者、出版社。

select _____ into 书籍表 2 from 书籍表

5. 将书籍表中人民出版社出版的图书记录追加到书籍副表中。

insert into 书籍副表 select * from 书籍表 where 出版社 = '_____ '

6. 将书籍表中电子工业出版社和机械工业出版社出版的图书记录追加到书籍副表中。

insert into 书籍副表 _____

7. 将书籍副表中人民出版社出版的图书价格修改为与书号为"0011058"的图书价格相同。

update 书籍副表 set 价格 = (select 格价 from 书籍副表 where 书号 = '＿＿＿＿＿＿＿＿＿') where 出版社 = ＿＿＿＿＿＿＿＿＿

8. 将读者表中单位为"计算机应用"专业，借阅了书名为"高等数学"的记录删除。

delete 读者表 where 图书编号 in
(select 图书编号 from ＿＿＿＿＿ where 书名 = '＿＿＿＿＿')and ＿＿＿＿＿

 课外实训

一、查询

1. 查询宿舍楼中所有学生的信息。

2. 查询宿舍楼中姓李的学生的信息。

3. 查询宿舍楼中家住杭州的学生信息。

4. 查询宿舍楼中年龄在 18～20 岁的学生信息。

5. 统计宿舍楼中男、女生的人数。

6. 查询计算机专业男、女生人数。

7. 查询计算机专业及应用电子专业的男生信息。

8. 查询计算机专业 2 班同学的信息。

9. 查询 2013 年 9 月入住的学生住宿情况。

10. 查询 3 号楼 401 宿舍的信息。

11. 查询学号为"001012"的学生住宿情况。

12. 统计各房间的住宿人数。

13. 查询班主任王佳音老师所管理班级的学生住宿信息，要求显示楼号、房号、学生姓名。

14. 查询 3 号楼 401 宿舍住的是哪些学生，要求显示姓名、性别、专业、班级。

15. 查询 2 班同学的住宿情况，要求显示楼号、房号、学生姓名。

16. 查询 3 班女生的住宿情况，要求显示楼号、房号、学生姓名。

17. 查询与王芳同房间的舍友情况，要求显示姓名、性别、专业。

18. 查询与学号为"201101"的同学同一房间的舍友信息，要求显示姓名、性别、专业。

19. 查询与李小明同一专业的学生信息。

20. 查询与李小明同时入学的学生信息。

二、删除、修改表数据

1. 创建学生表的副本学生表 1，要求只有表结构。

2. 将学生表中的男生记录放到学生表 1 中，并按出生年月升序排列。

3. 创建学生表的副本学生表 2，其字段为姓名、学号、性别、专业、班级。

4. 将学生表中"计算机应用"专业的学生记录追加到学生表 2 中。

5. 将学生表中"电子商务"专业和"应用电子"专业的记录追加到学生表 2 中。

6. 将学生表 2 中与张三同一个专业的记录删除。

项目 6　学生成绩管理数据库视图及索引的应用

1. 了解视图、索引的概念、特点，理解视图、索引的作用。
2. 掌握视图的创建和管理的方法。
3. 掌握索引创建和管理的方法。
4. 掌握通过视图修改基表中数据的方法。

能力目标

1. 能利用 SSMS 进行视图的创建、管理。
2. 能利用 T-SQL 语句进行视图的创建、管理。
3. 能利用 SSMS 进行索引的创建、管理。
4. 能利用 T-SQL 语句进行索引的创建、管理。
5. 能结合实际需求灵活地运用视图、索引，提高数据的存取性能和操作速度。

项目描述

　　数据表的设计要满足范式的要求，会造成一个实体的所有信息保存在多个表中。当用户检索数据时，往往在一个表中不能够得到想要的所有信息，使查询工作显得较为烦琐；或者，出于安全的考虑，用户只允许访问一个表中的部分数据。因而，如何让用户安全、方便、快捷地浏览感兴趣的数据，成为一个问题。要较好地解决这个问题，需要引入视图。本项目首先介绍视图的概念，然后通过学生成绩管理数据库视图的创建和管理，学会在 SSMS 环境及使用 T-SQL 命令创建、管理视图的方法。

　　为了提高查询速度，充分发挥数据库的优越性，需要引入索引。所以，接下来介绍索引的概念、创建及管理方法。

　　最后，通过课堂实训、课外实训加强学生对数据库视图及索引创建和维护的能力。

　　本项目共有 4 个任务：

任务 6.1　认识视图

任务 6.2　学生成绩管理数据库视图的创建

任务 6.3　学生成绩管理数据库视图的管理

任务 6.4　学生成绩管理数据库索引的创建和管理

任务 6.1   认识视图

 任务描述

视图是关系数据库系统提供给用户以多角度观察数据库中数据的非常重要的机制。引入视图，使得查询更为简捷、方便，同时更加安全。本学习任务主要介绍视图的概念、作用及使用视图应注意的事项。

6.1.1 视图的内涵

视图是一种数据库对象，可以看作定义在 SQL Server 上的虚拟表。视图正如其名字的含义一样，是一个移动的窗口，通过它，用户可以方便地看到感兴趣的数据，而不需要知道底层表结构及其相互关系。

视图是一个虚拟表，是从数据库中一个或多个表中导出来的表，也可以来自另外的视图，其内容由查询定义。同真实的表一样，视图包含一系列带有名称的行和列数据。行和列数据来自由定义视图的查询所引用的表，并且在引用视图时动态生成。对其中所引用的基本表来说，视图的作用类似于筛选。

视图由视图名和视图定义两部分组成。但是，数据库中只存储视图的定义，并不存储视图对应的数据，这些数据仍放在原来的基本表中。所以，基本表中的数据发生变化，从视图中查询的数据将随之变化。

视图常见的示例有：

①基本表的行和列的子集。

②两个或多个基本表的连接。

③基本表和另一个视图或视图子集的结合。

④基本表的统计概要。

下面通过一个实例来了解什么是视图。例如，在学生成绩管理数据库中常常要查询某个学生（姓名查询）的各门课成绩，如果不用视图，则每查询一个学生的各门课成绩，就要写一条相对比较复杂的查询语句，工作量比较大。利用视图可以较好地解决该问题。

【例 6.1】   创建一个学生姓名查询视图 VIEW_name，包含学号、姓名、课名、成绩等信息。

```
CREATE VIEW VIEW_name
AS
SELECT 学生表 . 学号,姓名,课名,成绩 from 学生表 a,选课表 b,课程表 c
Where a. 学号 = b. 学号 and b. 课程号 = c. 课程号
```

执行上述命令，创建视图 VIEW_name。若以后要查询"王小芳"的各门课成绩，输入以下代码：

```
SELECT * FROM  VIEW_name where 姓名 = '王小芳'
```

查找"李铁成"的各门成绩，在查询编辑器中输入以下代码：

```
SELECT * FROM  VIEW_name where 姓名 = '李铁成'
```

若没有创建该视图，则要查找"王小芳"的各门课成绩，要编写以下代码：

```
SELECT 学生表 . 学号, 姓名, 课名, 成绩 from 学生表 a, 选课表 b, 课程表 c
Where a. 学号 = b. 学号 and b. 课程号 = c. 课程号 and 姓名 = '王小芳'
```

查找"李铁成"的各门成绩，要编写如下代码：

```
SELECT 学生表 . 学号, 姓名, 课名, 成绩 from 学生表 a, 选课表 b, 课程表 c
Where a. 学号 = b. 学号 and b. 课程号 = c. 课程号 and 姓名 = '李铁成'
```

两相比较，显然，利用所创建的视图进行查询，操作就变得较为简单了。

6.1.2   视图的作用

为什么要引入视图呢？这是因为视图具有以下几个优点：

①能分割数据，简化结构。通过 select 和 where 定义视图，从而分割数据基表中某些用户不关心的数据，使其把注意力集中到所关心的数据列，进一步简化浏览数据的工作。

②简化查询。将一些经常用到的查询语句定义为视图，这样，不需要重复编写复杂的查询语句，直接调用视图就能实现。

③为数据提供一定的逻辑独立性。如果为某一个基表定义一个视图，即使以后基本表的内容发生改变，也不会影响"视图定义"得到的数据。

④提供自动的安全保护功能。视图能像基本表一样，授予或撤销访问许可权。

⑤适当地利用视图，可以更清晰地表达查询。

6.1.3   使用视图要注意的事项

要使用视图，首先必须创建视图。视图在数据库中作为一个独立的对象存储。创建视图时，要注意以下几点：

①视图的名称必须是唯一的，而且视图的名称不能与当前数据库中的表的名称重复。

②只能在当前数据库中创建视图。

③一个视图最多只能引入 1024 列。

④如果视图中某一列是函数、数学表达式、常量，或者来自多个表的列名相同，必须为视图中的列定义名称。

⑤如果视图所基于的数据库表被删除了，该视图不能再使用。

任务 6.2　学生成绩管理数据库视图的创建

 任务描述

视图在数据库中应用很广，用户可以根据需要在 SQL Server Management Studio（SSMS）中或使用 T-SQL 命令创建视图。本学习任务主要介绍如何使用 SSMS 和 T-SQL 命令创建视图。

6.2.1　在 SSMS 中创建视图

在 SQL Server Management Studio 中创建视图，其重点是利用视图设计器。下面通过实例来介绍。

【例 6.2】　在 SSMS 中创建一个学生选课信息视图，包含学号、姓名、性别、专业、课名、成绩等信息，并按成绩的高低排序。

分析：因为视图中包含学号、姓名、性别、专业，所以要用到"学生表"；包含了成绩，要用到"选课表"；包含了"课名"，要用到"课程表"。所以，共需要用到三个表。

操作步骤如下：

①在 SSMS 环境中，展开"学生成绩管理"数据库，展开视图节点。

②右击视图，在弹出的快捷菜单中选择"新建视图"命令，如图 6-1 所示。在出现的"添加表"对话框中选择"学生表""选课表""课程表"，然后单击"添加"按钮，如图 6-2 所示。

图 6-1　快捷菜单

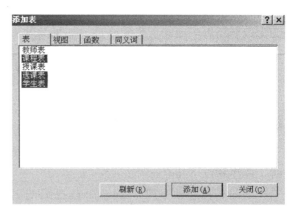

图 6-2　"添加表"窗口

③添加完表后，单击"关闭"按钮，进入视图设计窗口。该窗口分为 4 个子窗口。第一个是关系图窗口，即添加的表结构（包括关联）图形窗口，用于选择列。根据题意，要在学生表复选框中选择学号、姓名、性别、专业，在选课表中选择成绩，在课程表中选择课名。第二个窗口是条件窗口，显示用户选择列的列名、别名、表名、是否输出等属性，在此设置视图的属性。由于题意要求按成绩的高低排序，所以在成绩一行的类型中选择"降序"。第三个窗口是 SQL 窗口，显示用户设置的 T-SQL 语句代码，这是一句

查询语句。单击 ! 按钮后，试运行 Select 子句是否正确。若正确，则在第 4 个窗口"结果窗口"中显示视图的查询结果，如图 6-3 所示。

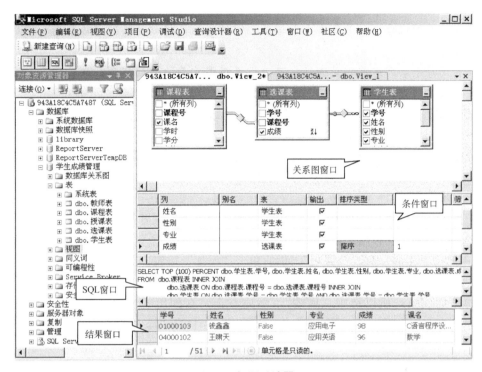

图 6-3　视图设计器

④单击 🖫 按钮，在出现的"选择名称"对话框中输入"学生选课信息视图"，然后单击"确定"按钮，即创建完毕。

查看资源管理器中的视图，能看到"学生选课信息视图"，如图 6-4 所示。

图 6-4　学生选课信息视图查询结果

注意：

①在第一个窗口"关系图窗口"中，若还需要添加表，在关系图窗口的空白处右击，然后在弹出的快捷菜单中选择"添加表"命令。

②在关系图窗口中，若要建立表与表之间的联系，将相关联的字段拖动到要连接的字段上即可。

③利用每个表列名前的复选框，可以设置视图需要输出的字段；在条件窗口中还可以设置要过滤的查询条件。

【例 6.3】 在 SSMS 中创建一个学生平均成绩视图，包含学号、姓名、性别、专业、各门课的平均成绩等信息。

分析：因为视图中包含学号、姓名、性别、专业，所以要用到"学生表"；包含平均成绩，要用到"选课表"；同时需要用到聚合函数。

操作步骤如下：

①在 SSMS 环境中，展开"学生成绩管理"数据库，展开视图节点。

②右击视图，在弹出的快捷菜单中选择"新建视图"命令，在弹出的对话框中选择"表"中的"学生表"和"选课表"，最后单击"添加"按钮。

③添加完表，单击"关闭"按钮，进入视图设计窗口。由于题意要求显示每个学生的平均成绩，所以选中"成绩"，然后右击，在弹出的快捷菜单中选择"添加分组依据"命令，如图 6-5 所示；或者单击工具栏中的"添加分组依据"命令，如图 6-6 所示。

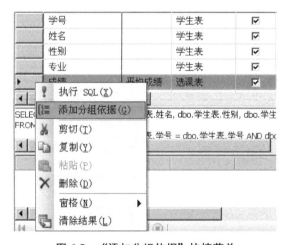

图 6-5　"添加分组依据"快捷菜单

图 6-6　"添加分组依据"工具栏

④选择"添加分组依据"命令后，出现"分组依据"一栏。选择 avg，然后在"别名"栏中输入"平均成绩"。注意，对于字段学号、姓名、性别、专业，都要选择"分组依据"。单击 ! 按钮后，在第 4 个子窗口显示视图的查询结果，如图 6-7 所示。

⑤单击 🔲 按钮，在出现的"选择名称"对话框中给出视图名，输入"学生平均成绩视图"。最后单击"确定"按钮，创建完毕。

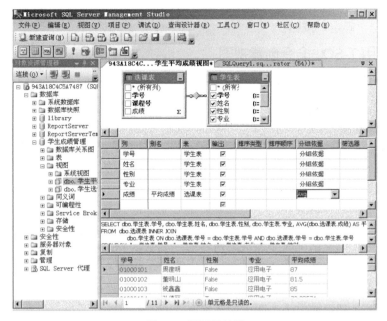

图 6-7　视图设计器

【**例 6.4**】　在 SSMS 中创建一个"计算机应用"专业的视图，名为"学生专业视图"。

分析：与前几个实例的不同之处是，该题有一个筛选条件——计算机应用专业。

①启动 SSMS，展开"学生成绩管理"数据库，展开视图节点。

②右击视图，在弹出的快捷菜单中选择"新建视图"命令，在弹出的对话框中选择"表"中的"学生表"，然后单击"添加"按钮。

③添加完表，单击"关闭"按钮，进入视图设计窗口，然后选中学生表中所有的列。

④在条件窗口中选择"专业"，在"筛选器"中输入"计算机应用"，单击 ! 按钮后，在第 4 个子窗口显示视图的查询结果，如图 6-8 所示。

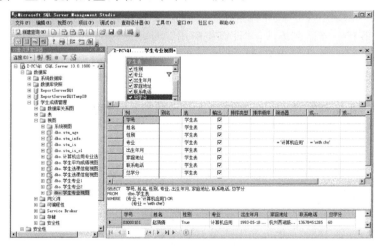

图 6-8　视图设计器

⑤单击🔲按钮，在出现的"选择名称"对话框中给出视图名。输入"学生专业视图"，然后单击"确定"按钮。

6.2.2 用 T-SQL 命令创建视图

1. 用 T-SQL 命令创建视图的语法格式

```
CREATE  VIEW  〈视图名〉[〈列名 1〉[,〈列名 2〉[,…]]]
[WITH ENCRYPTION]
AS  查询语句
[WITH CHECK OPTION]
```

说明：

（1）列名：视图中使用的列名。当视图中使用与源表（或视图）相同的列名时，不必给出列名。但在以下情况时必须指定列名：

①当列是从算术表达式、函数或常量派生的时。

②两个或更多的列可能具有相同的名称（通常是因为连接）。

③视图中的某列被赋予了不同于派生来源列的名称时。列名也可以在 SELECT 语句中通过别名指派。

（2）WITH ENCRYPTION：对包含 CREATE VIEW 语句文本的条目进行加密。

（3）WITH CHECK OPTION：指在视图上的修改都要符合查询语句指定的限制条件，以确保数据修改后仍可通过视图看到修改的数据。

（4）查询语句：用来创建视图的 SELECT 语句。但对 SELECT 语句有以下限制：

①定义视图的用户必须对所参照的表或视图有查询权限，即可执行 SELECT 语句。

②不能使用 COMPUTE 或 COMPUTE BY 子句。

③不能使用 ORDER BY 子句。

④不能使用 INTO 子句。

⑤不能在临时表或表变量上创建视图。

2. 应用

【例 6.5】 创建一个"计算机应用"专业的视图：学生专业 1。

分析：这里有一个筛选条件："计算机应用"专业。

一般在创建创视图时，首先测试查询语句是否能正确执行；测试成功后，再执行整个创建视图的语句。所以，先执行以下查询语句：

```
SELECT 学号,姓名,性别,专业,出生年月,家庭地址,联系电话,总学分 FROM 学生表
WHERE 专业 = '计算机应用'
```

测试正确后，输入并执行如下语句：

```
CREATE  VIEW 学生专业 1
AS
SELECT 学号,姓名,性别,专业,出生年月,家庭地址,联系电话,总学分 FROM 学生表
WHERE 专业 = '计算机应用'
```

【例 6.6】　创建一个"计算机应用"专业的视图：学生专业 2，要求进行修改和插入操作时仍需保证该视图只有"计算机应用"专业的学生。

分析：由于要求进行修改和插入操作时仍需保证该视图只有"计算机应用"专业的学生，所以在创建视图时要加上 WITH CHECK OPTION。

在查询编辑器中输入并执行如下语句：

```
CREATE   VIEW学生专业 2
AS
SELECT学号,姓名,性别,专业,出生年月,家庭地址,联系电话,总学分 FROM 学生表
WHERE专业 = '计算机应用'
WITH CHECK OPTION
```

说明：在创建时出现了 WITH CHECK OPTION。

①对"学生专业 2"视图执行插入操作时，自动检查专业是不是"计算机应用"。若不是，拒绝插入该记录。

在查询编辑器中输入以下语句：

```
insert 学生专业 2 values('03000103','李荷儿',1,'计算机应用',1993-03-05,'上海光明路
号','13102545689',58)
```

执行结果如图 6-9 所示。

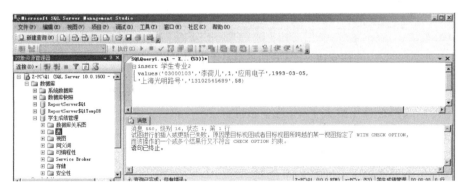

图 6-9　指定了 WITH CHECK OPTION 但不符合条件时的插入结果

若将"应用电子"改为"计算机应用"后执行，显示"1 行受影响"。

②对"学生专业 2"视图的记录执行删除、更改操作时，自动加上"专业 ='计算机应用'"。

【例 6.7】　创建所有学生学号、姓名及年龄的信息视图 stu_info。

分析：由于年龄要通过 year（GETDATE()-YEAR（出生年月））计算得到，所以此计算列要指定列名。

先执行以下查询语句：

```
SELECT 姓名,学号,year(GETDATE()-YEAR(出生年月))as 年龄　From　学生表
```

测试通过后，再在查询编辑器中输入并执行如下语句：

```
CREATE   VIEW   stu_info
AS
SELECT 姓名,学号,year(GETDATE()-YEAR(出生年月))as 年龄  From  学生表
```

若对计算列不指定列名，即

```
CREATE   VIEW   stu_info
AS
SELECT 姓名,学号,year(GETDATE()-YEAR(出生年月))     From  学生表
```

执行该语句，会出现如图 6-10 所示的运行结果。

图 6-10　创建视图不指定计算列时的错误提示

【例 6.8】　创建年龄大于 20 的学生的学号、姓名及年龄的视图 stu_age，并保证对视图文本的修改都符合年龄大于 20 这个条件。

分析：该题增加了一个条件：年龄大于 20，且要求对视图文本的修改都符合年龄大于 20 这个条件，所以需加入 WITH CHECK OPTION。

在查询编辑器中输入并执行如下语句：

```
CREATE   VIEW   stu_age
AS
SELECT 姓名,学号,year(GETDATE())-YEAR(出生年月)as 年龄  From  学生表
Where YEAR(GETDATE()-YEAR(出生年月)))>20
WITH CHECK OPTION
```

执行该语句，会出现如图 6-11 所示的结果。

【例 6.9】　创建学生选课信息视图 1，包含学号、姓名、性别、专业、课名、成绩等信息，并对创建的文本条目进行加密。

分析：因为视图中包含学号、姓名、性别、专业、课名、成绩信息，所以要用到"学生表""选课表""课程表"；同时，要对创建的文本加密，还需要加上 WITH

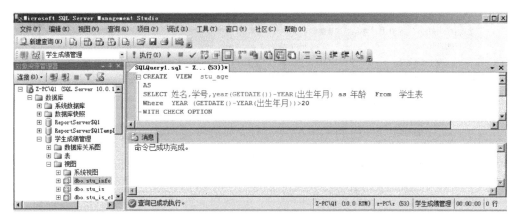

图 6-11 创建 stu_age 视图的运行结果

ENCRYPTION。

先执行以下查询语句：

```
SELECT    a. 学号,姓名,性别,专业,课名,成绩 FROM 学生表 a,选课表 b,课程表 c
WHERE    a. 学号 = b. 学号 and    b. 课程号 = c. 课程号
```

或者

```
SELECT    a. 学号,姓名,性别,专业,课名,成绩 FROM 学生表 a    JOIN    选课表 b
ON    a. 学号 = b. 学号 JOIN 课程表 c ON    b. 课程号 = c. 课程号
```

在保证查询语句正确后，在查询编辑器中执行如下语句：

```
CREATE    VIEW 学生选课信息视图 1
WITH ENCRYPTION
AS
select    a. 学号,姓名,性别,专业,课名,成绩 from 学生表 a,选课表 b,课程表 c
where    a. 学号 = b. 学号 and    b. 课程号 = c. 课程号
```

或者

```
CREATE    VIEW 学生选课信息视图 1
WITH ENCRYPTION
AS
SELECT    a. 学号,姓名,性别,专业,课名,成绩 FROM 学生表 a JOIN    选课表 b
ON    a. 学号 = b. 学号 JOIN 课程表 c ON    b. 课程号 = c. 课程号
```

这样创建的视图，是对文本加密的，即若执行

```
sp_helptext 学生选课信息视图 1
```

会显示"对象' 学生选课信息视图 1' 的文本已加密"，如图 6-12 所示。

图 6-12　查询"学生选课信息视图 1"文本的结果

【例 6.10】　创建学生平均成绩视图 1，包含学号、姓名、性别、专业、各门课的平均成绩等信息。

分析：因为视图中包含学号、姓名、性别、专业，所以要用到"学生表"；而要显示平均成绩，则要用到"选课表"。由于平均成绩需要计算得到，所以计算列要指定列名。

先执行以下查询语句：

```
SELECT  a. 学号,姓名,性别,专业,AVG(成绩)平均成绩 FROM 学生表 a  JOIN 选课表 b ON  a. 学号 = b. 学号  GROUP BY  a. 学号,姓名,性别,专业
```

因为平均成绩前的列有学号、姓名、性别、专业，要在分组中体现出来，于是写成

```
GROUP BY  a. 学号,姓名,性别,专业
```

当然，也可以用谓词连接的方法实现。

在保证查询语句正确后，在查询编辑器中执行如下语句：

```
CREATE   VIEW 学生平均成绩视图 1
AS
SELECT   a. 学号,姓名,性别,专业,AVG(成绩)平均成绩 FROM 学生表 a  JOIN 选课表 b ON  a. 学号 = b. 学号  GROUP BY  a. 学号,姓名,性别,专业
```

视图不仅建立在一个或多个基本表上，也建立在一个或多个已定义好的视图上，或建立在基本表和视图上。

【例 6.11】　利用【例 6.5】建立的视图"学生专业 1"及学生成绩管理数据库中的数据表，创建一个"计算机应用"专业并选修了"C 语言程序设计"课程的学生视图。

分析：【例 6.5】建立的视图学生专业 1 是有关"计算机应用"专业的学生的，所以可选学生专业 1、选课表、课程表。

在查询编辑器中执行如下语句：

```
CREATE　VIEW计算机应用专业_C语言视图
AS
select a. 学号,姓名,性别,专业,课名,出生年月,家庭地址,联系电话 from 学生专业 1 a,
选课表 b,课程表 c where a. 学号 = b. 学号 and b. 课程号 = c. 课程号 and 课名 = 'C语言程序设计'
```

任务 6.3　学生成绩管理数据库视图的管理

任务描述

在视图使用过程中,可能经常会发生基本表的改变,而使视图无法正常工作,此时需要重新修改视图的定义;或者,一个视图可能不再具有使用价值,需要将其删除。因而,作为数据库管理员,必须学会视图的管理。本学习任务主要介绍如何利用 SQL Server Management Studio 及 T-SQL 语句对视图进行管理。

6.3.1　查看视图定义

1. 利用 SQL Server Management Studio 查看视图定义

在 SQL Server Management Studio 中展开"数据库"→"视图",右击要查看的视图,然后在弹出的快捷菜单中选择"设计"命令,如图 6-13 所示,出现视图设计器后就可以查看了。

【例 6.12】　查看【例 6.7】创建的视图 stu_info。

在 SQL Server Management Studio 中,展开"数据库"→"学生成绩管理"→"视图",然后右击 stu_info,在弹出的快捷菜单中选择"设计"命令,出现视图设计器,如图 6-14 所示。

图 6-13　查看视图的快捷菜单

图 6-14　视图设计器

说明：不能查看加密的视图设计。在【例 6.8】中创建的"学生选课信息视图 1"是加密的，若对它右击，在弹出的快捷菜单中发现"设计"命令的颜色是灰色的，不能使用。

2. 利用系统存储过程查看视图信息

（1）sp_help 用于返回视图的详细信息

格式：

[EXEC] sp_help 视图名

【例 6.13】 用 sp_help 查看【例 6.7】创建的视图 stu_info。

在查询编辑器中执行如下命令：

sp_help stu_info

执行结果如图 6-15 所示。

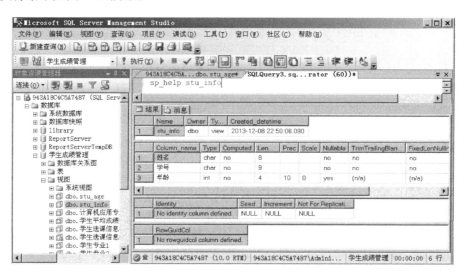

图 6-15 查看 stu_info 视图的详细信息

（2）sp_helptext 查看视图的定义文本

格式：

[EXEC] sp_helptext 视图名

【例 6.14】 查看【例 6.7】创建的视图：stu_info 的定义文本。

在查询编辑器中执行如下命令：

sp_helptext stu_info

执行结果如图 6-16 所示。

对于已加密文本的视图，看不到其定义的文本。

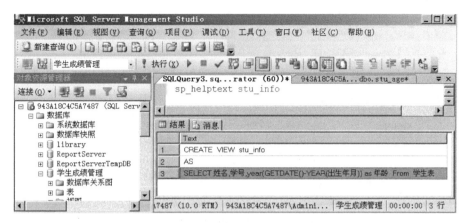

图 6-16 查看 stu_info 视图的定义文本

【例 6.15】 查看在【例 6.9】中创建的已对文本的条目进行加密的学生选课信息视图 1。

在查询编辑器中执行如下命令：

```
sp_helptext 学生选课信息视图1
```

执行结果如图 6-17 所示。

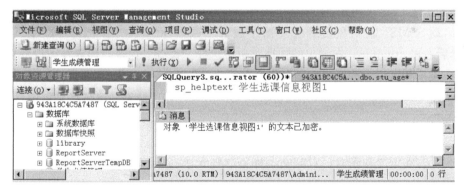

图 6-17 查看学生选课信息视图 1 的定义文本

（3）sp_depends 查看视图对表的依赖关系和引用的字段

格式：

```
[EXEC]  sp_depends  视图名
```

【例 6.16】 用 sp_depends 查看【例 6.7】创建的视图：stu_info。

在查询编辑器中执行如下命令：

```
sp_depends stu_info
```

执行结果如图 6-18 所示。

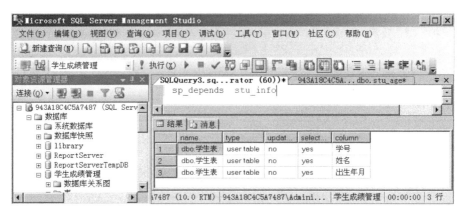

图 6-18　查看 stu_info 所依赖的对象

6.3.2　修改视图定义

1. 在"视图设计器"中直接修改

在对象资源管理器中右击要查看的视图，在弹出的快捷菜单中选择"设计"命令，如图 6-17 所示，然后在出现的视图设计器中修改。如果要添加表、视图，在关系图窗口中右击，在弹出的快捷菜单中选择"添加表"命令，也可以通过菜单"查询设计器"→"添加表"选择项。

【例 6.17】　将【例 6.7】创建的视图 stu_info 改为学号、姓名、性别及出生年月。

①启动 SSMS，在对象资源管理器中展开"数据库"→"学生成绩管理"→"视图"，然后右击 stu_info，在弹出的快捷菜单中选择"设计"命令，出现视图设计器。

②在关系图窗口中选择"性别"复选框。

③单击工具栏中的 ▮ 按钮，然后执行 SQL 语句，在"结果"窗口将显示包含在视图中的数据行。

④单击"保存"按钮，保存视图。

说明：若在定义视图时，对其文本加密，则无法在 SQL Server Management Studio 中修改。

2. 利用 T-SQL 语句修改视图定义

利用 ALTER VIEW 语句可以修改视图定义。该命令的基本语法如下所示：

```
ALTER  VIEW  〈视图名〉[〈列名1〉[,〈列名2〉[, … ] ]
[WITH ENCRYPTION]
AS 查询语句
[WITH CHECK OPTION]
```

其中，参数的含义与创建视图 CREATE VIEW 命令中的参数含义相同。

【例 6.18】　将【例 6.17】更改的视图 stu_info 改为学号、姓名、性别、专业及年龄。

在查询编辑器中输入并执行如下命令：

```
ALTER  VIEW  stu_info
AS
SELECT 姓名,学号,性别,专业,year(GETDATE()-YEAR(出生年月))as 年龄
From 学生表
```

6.3.3　更改视图名

1. 使用 SSMS 更改视图名

在 SQL Server Management Studio 中，选择要更名的视图，然后单击鼠标右键，从弹出的快捷菜单中选择"重命名"命令。

2. 利用系统存储过程更名视图

利用系统提供的存储过程 sp_rename，可以对视图重命名，其语法格式如下所示：

```
sp_rename '原视图名','新视图名'
```

【例 6.19】　将视图 stu_info 改名为 stu_information。

在查询编辑器中输入并执行如下命令：

```
sp_rename 'stu_info', 'stu_information'
```

在执行结果中提示：更改对象名的任一部分都可能会破坏脚本和存储过程。

刷新对象资源管理器，可以看到，视图名更改了。

【例 6.20】　将视图 stu_information 再次改名为 stu_info。

在查询编辑器中输入并执行如下命令：

```
sp_rename 'stu_information', 'stu_info'
```

6.3.4　删除视图

当一个视图不再需要时，可对其执行删除操作，以释放存储空间。

1. 使用 SSMS 删除视图

在 SQL Server Management Studio 中，选择要删除的视图，再右击，然后从弹出的快捷菜单中选择"删除"命令。

2. 使用 DROP VIEW 语句

删除视图的语法格式如下所示：

```
DROP VIEW 视图名
```

【例 6.21】　删除视图：学生专业 2。

在查询编辑器中输入并执行如下命令：

```
DROP VIEW 学生专业 2
```

6.3.5 利用视图管理数据

在创建视图之后，可以通过视图来对基表的数据进行管理。更新视图是指通过视图来插入（insert）、修改（update）和删除（delete）数据。由于视图是虚表，所以无论在什么时候对视图的数据进行管理，实际上都是在对视图对应的数据表中的数据进行管理。

为了防止用户对不属于视图范围内的基本表数据进行操作，可在定义视图时加上 WITH CHECK OPTION 子句。

在关系数据库中，并不是所有的视图都是可更新的，因为有些视图的更新并不能有意义地转换成相应表的查询。所以要通过视图更新表数据，必须保证视图是可更新的。

对视图进行更新操作时，要注意基本表对数据的各种约束和规则要求。

①创建视图的 select 语句中没有聚合函数，且没有 top、group by、having 及 distinct 关键字。

②创建视图的 select 语句的各列必须来自于基表（视图）的列，不能是表达式。

③视图定义必须是一个简单的 select 语句，不能带连接、集合操作。即 select 语句的 from 子句中不能出现多个表，也不能有 join 等。

1. 在视图中插入数据

使用 insert 语句通过视图向基本表插入数据时，如果视图不包括表中的所有字段，则对视图中那些没有出现的字段无法显式地插入数据。假如这些字段不接受系统指派的 null 值，插入操作将失败。

【例 6.22】 对【例 6.5】创建的视图"学生专业 1"插入一条新的记录：学号为"03000104"，姓名为"王无"，性别为"男"，专业为"计算机应用"，出生年月为"1992—05—07"，家庭地址为"杭州市中山路 35 号"，联系电话为"13545678765"，总学分为"60"。

在查询编辑器中输入以下代码：

```
Insert into 学生专业 1 Values('03000104','王无',0,'计算机应用',1992—05—07,'杭州市中山路 35 号','13545678765',60)
```

等价于

```
Insert into 学生表 Values('03000104','王无',0,'计算机应用',1992—05—07,'杭州市中山路 35 号','13545678765',60)
```

执行命令，则显示插入一条记录信息。

【例 6.23】 将【例 6.8】创建的视图 stu_age 插入一条记录，学号为"03000105"，姓名为"赵铁路"，性别为"男"，出生年月为"1990—9—8"。

在查询编辑器中输入以下代码：

```
Insert into stu_age  Values('03000105','赵铁路',0,1990—9—8)
```

执行命令，显示如图 6-19 所示的结果。因为视图 stu_age 中的年龄是计算得到的列，所以无法插入。

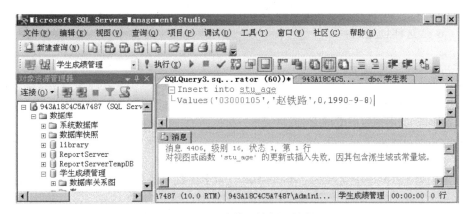

图 6-19 无法插入的提示信息

【例 6.24】 对【例 6.9】中创建的视图"学生选课信息视图 1"插入一条记录,学号"03000104",姓名"赵铁路",性别为"男",专业为"计算机应用",课名为"大学英语",成绩"85"。

在查询编辑器中输入以下代码:

```
Insert into 学生选课信息视图 1 Values('03000104','赵铁路',0,'计算机应用','大学英语',
85)
```

执行命令,显示如图 6-20 所示的结果。因为视图"学生选课信息视图 1"是从多个表中导出的,所以无法插入。

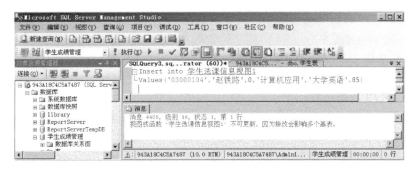

图 6-20 无法插入的提示信息

2. 通过视图更新数据

使用 update 语句,可以通过视图修改基本表的数据。

【例 6.25】 将【例 6.5】创建的视图 stu_info 中学号为"03000104"的学生姓名改为"王好好"。

```
update stu_info set 姓名 = '王好好' where 学号 = '03000104'
```

等价于:

```
update 学生表 set 姓名 = '王好好' where 学号 = '03000104'
```

【例 6. 26】 将视图 stu_is 中学号为"03000102"的学生姓名改为"陈军备"。其中，视图 stu_is 是这样创建的：

```
CREATE  VIEW  stu_is
AS
SELECT 学号,姓名,出生年月 from 学生表
Where 专业 = '计算机应用' and 性别 = '男'
WITH CHECK OPTION
```

解：将视图 stu_is 中学号为"03000102"的学生姓名改为"陈军备"的语句修改为：

```
update stu_is set 姓名 = '陈军备'  where 学号 = '03000102'
```

等价于：

```
update 学生表 set 姓名 = '陈军备'
where 学号 = '03000102'  and      专业 = '计算机应用' and 性别 = 0
```

说明：若更新视图时只影响其中一个表，同时新数据值中含有主关键字，系统将接受这个修改操作。

【例 6. 27】 将视图 stu_is_c1 中学号为"02000102"的学生成绩改为"75"。其中，视图 stu_is_c1 是这样创建的：

```
CREATE VIEW  stu_is_c1 AS
SELECT  a. 学号,姓名,专业,成绩
FROM 学生表 a,选课表 b
WHERE  a. 学号 = b. 学号 and 课程号 = '1001'
```

解：进行更改的命令为：

```
Update stu_is_c1 Set 成绩 = 75 Where 学号 = '02000102'
```

等价于：

```
Update 选课表 Set 成绩 = 75 Where 学号 = '02000102' and 课程号 = '1001'
```

3. 通过视图删除数据

使用 DELETE 语句，可以通过视图删除基本表的数据。但对于依赖于多个基本表的视图，不能使用 DELETE 语句。

【例 6. 28】 删除视图 stu_is 中学号为"03000102"的学生记录。

```
DELETE  FROM  stu_is  WHERE 学号 = '03000102'
```

等价于

```
DELETE  FROM 学生表
WHERE 学号 = '03000102'  AND  专业 = '计算机应用' AND 性别 = 0
```

【例 6.29】 删除视图 stu_is_c1 中学号为 "03000102" 的学生记录。

```
DELETE  FROM  stu_is_c1  WHERE 学号 = '03000102'
```

执行此命令，显示 "视图或函数 'stu_is_c1' 不可更新"。因为 stu_is_c1 的创建用到了多表，修改会影响多个基表。

说明：视图 stu_is_c1 是基于两个表生成的，所以不能用 DELETE 语句删除。

4. 视图更新数据的限制条件

通过前面的学习，可以了解，通过视图来访问数据，其优点是非常明显的。例如，数据保密、保证数据的逻辑独立性、简化查询操作等。

但是，SQL Server 数据库中的视图不是万能的，它与表这个基本对象有重大的区别。在使用视图时，需要遵守以下四大限制。

限制条件一：视图数据的更改。

当用户更新视图中的数据时，其实更改的是其对应的数据表的数据。无论是更改视图中的数据，还是在视图中插入或者删除数据，都是类似的道理。但是，不是所有视图都可以更改。如下面的这些视图，在 SQL Server 数据库中就不能够直接更新其内容，否则，系统会拒绝这种非法操作。

①在一个视图中，若采用 Group By 子句，对视图中的内容汇总，用户就不能够对这张视图更新。这主要是因为采用 Group By 子句对查询结果汇总之后，视图中会丢失这条记录的物理存储位置。因此，系统无法找到需要更新的记录。若用户想要在视图中更改数据，数据库管理员就不能够在视图中添加这个 Group By 分组语句。

②不能够使用 Distinct 关键字。这个关键字的用途是去除重复的记录。若没有添加这个关键字，视图查询出来的记录有 250 条；添加这个关键字后，数据库会剔除重复的记录，只显示不重复的 50 条记录。此时，若用户要改变其中一个数据，数据库不知道到底需要更改哪条记录。因为视图中看起来只有一条记录，而在基础表中可能对应的记录有几十条。为此，若在视图中采用 Distinct 关键字，将无法更改视图中的内容。

③如果在视图中有 AVG、MAX 等函数，也不能够对其更新。例如，在一张视图中采用了 SUM 函数来汇总员工工资，此时，不能够对这张表更新。这是数据库为了保障数据一致性所添加的限制条件。

可见，视图虽然方便、安全，但是不能代替表的地位。

限制条件二：定义视图的查询语句中不能够使用某些关键字。

视图其实是由一组查询语句组成的。在查询语句中，可以通过一些关键字来格式化显示的结果。例如在平时的工作中，经常需要把某张表中的数据跟另外一张表合并。此时，利用 Select Into 语句来完成。先把数据从某个表中查询出来，再添加到某个表中。

当经常需要类似的操作时，是否可以把它制作成一张视图？每次有需要时，运行该视图即可，而不用每次都重新书写 SQL 代码。不过可惜的是，答案是否定的。在 SQL

Server 数据库的视图中，不能够带有 Into 关键字。如果要实现类似的功能，只有通过函数或者过程来实现。

在 SQL Server 数据库中创建视图时，有一个额外的限制，就是不能在创建视图的查询语句中使用 order by 排序语句。

限制条件三：要对某些列取别名，并保证列名唯一。

在表关联查询时，当不同表的列名相同时，只需要加上表的前缀即可，不需要对列名另外命名。但是，在创建视图时会出现问题，数据库提示"duplicate column name"的错误信息，警告用户有重复的列名。

查询语句跟创建视图的查询语句有很多类似的差异。例如，有时在查询语句中，比较频繁地采用一些算术表达式；或者在查询语句中使用函数等。在查询时，可以不给这个列"取名"。数据库在查询时，自动给其命名。但是，在创建视图时，数据库系统会提醒为列取别名。

所以，虽然视图是对 SQL 语句的封装，但是两者有差异。创建视图的查询语句必须遵守一定的限制。例如，要保证视图各个列名的唯一性；如果视图中的某一列是一个算术表达式、函数或者常数，要给其取名字等。

限制条件四：权限上的双重限制。

为了保障基本表数据的安全性，在创建视图时，其权限控制比较严格。

第一，若用户需要创建视图，必须要有数据库视图创建的权限。这是视图建立时必须遵循的一个基本条件。例如，有些数据库管理员虽然具有表的创建、修改权限，但并不表示该数据库管理员有建立视图的权限。恰恰相反，在大型数据库设计中，会对数据库管理员分工，建立基本表的只管建立基本表；负责创建视图的，只有创建视图的权限。

第二，在具有创建视图权限的同时，用户必须具有访问对应表的权限。例如，某个数据库管理员已经有了创建视图的权限，此时若他需要创建一张员工工资信息的视图，不一定会成功，需要该数据库管理员有与工资信息相关的基本表的访问权限。若建立员工工资信息这张视图一共涉及五张表，则数据库管理员需要拥有每张表的查询权限；否则，建立这张视图会以失败告终。

第三，是视图权限的继承问题。如上面的例子中，数据库管理员不是基本表的所有者，但是经过所有者授权，他可以对基本表进行访问，以此为基础建立视图。但是，数据库管理员有没有把对基本表的访问权限再授权给其他人呢？如他能否授权给 A 用户访问员工考勤信息表呢？答案是不一定。默认情况下，数据库管理员不能够再对其他用户授权。但是，若基本表的所有者把这个权利给了数据库管理员，则他就可以对用户重新授权，即数据库管理员可以给 A 用户授权，让其执行相关的操作。

可见，视图虽然灵活、安全、方便，但是有比较多的限制条件。一般在报表、表单等工作上，采用视图更加合理，因为其 SQL 语句可以重复使用。而在基本表更新方面，包括记录的更改、删除或者插入，往往是直接对基本表更新。对于一些表的约束，可以通过触发器、规则等实现；甚至通过前台 SQL 语句直接实现约束。作为数据库管理员，要有能力判断何时使用视图，何时直接调用基本表。

任务 6.4 学生成绩管理数据库索引的创建和管理

任务描述

用户对数据库最频繁的操作之一是查询数据。一般情况下，数据库在执行查询操作时需要对整个表进行数据搜索。当表中数据很多时，搜索数据需要花费很长的时间，造成服务器资源浪费。为了提高检索数据的能力，数据库引入了索引机制。本学习任务主要介绍索引的概念、作用及创建和管理索引的方法。

6.4.1 索引概述

索引就是加快检索表中数据的方法。数据库的索引类似于书籍的目录。在书籍中，用户查找内容可以从第一页出发，一页一页地查；也可以根据目录找到相关内容的页码，然后按照页码迅速找到内容。显然，使用目录查找内容要比一页一页地查找，速度快很多。在数据库中查找数据，可以从表的第一行开始逐行扫描，直到找到所需信息；也可以使用索引查找数据，即从索引对象中获得索引列信息的存储位置，然后直接去其存储位置查找所需信息，不必对表逐行扫描，以便快速找到所需数据。例如这样一个查询：select * from 表 1 where ID＝44。如果没有索引，必须遍历整个表，直到 ID 等于 44 的这一行被找到为止；有了索引之后（当然，必须是在 ID 这一列上建立的索引），直接在索引里面找 44（也就是在 ID 这一列找），就可以得知这一行的位置，再根据其地址，很快地找到这一行。也就是说，索引是用来定位的。

1. 索引的优点

为什么要创建索引呢？这是因为，创建索引可以大大提高系统的性能。

①通过创建唯一性索引，保证数据库表中每一行数据的唯一性。

②大大加快数据的检索速度。这是创建索引的最主要原因。

③加速表和表之间的连接，特别是在实现数据的参考完整性方面很有意义。

④在使用分组（Group By）和排序（Order By）子句进行数据检索时，显著减少查询中分组和排序的时间。

⑤通过使用索引，在查询的过程中使用优化隐藏器，提高系统性能。

2. 索引的不足之处

也许有人要问：既然索引有如此多的优点，为什么不对表中的每一个列创建一个索引呢？这是因为，索引有许多优点，但增加索引有许多不利的方面。

①创建索引和维护索引要耗费时间。这种时间随着数据量的增加而增加。

②索引需要占用物理空间。除了数据表占用数据空间，每一个索引还要占用一定的物理空间。如果要建立聚集索引，需要的空间更大。

③当对表中的数据进行增加、删除和修改时，索引也要动态地维护，降低了数据的维护速度。

3. 应建立索引的列

索引建立在数据库表中的某些列上。因此，在创建索引时，应仔细考虑在哪些列上

可以创建索引，在哪些列上不能创建索引。一般来说，应该在下述列上创建索引：

①在经常需要搜索的列上，可以加快搜索的速度。

②在作为主键的列上，强制该列的唯一性和组织表中数据的排列结构。

③在经常用在连接的列上。这些列主要是一些外键，可以加快连接的速度。

④在经常需要根据范围进行搜索的列上创建索引。因为索引已经排序，其指定的范围是连续的。

⑤在经常需要排序的列上创建索引。因为索引已经排序，查询可以利用索引的排序，缩短排序查询时间。

⑥在经常使用在 WHERE 子句中的列上创建索引，加快条件的判断速度。

4. 不应建立索引的列

同样，对于有些列，不应该创建索引。一般来说，不应该创建索引的列具有下列特点：

①对于在查询中很少使用的列，不应该创建索引。这是因为，既然这些列很少用到，因此有索引或者无索引并不能提高查询速度。相反，由于增加了索引，反而降低了系统的维护速度，增大了空间需求。

②对于那些只有很少数据值的列，也不应该增加索引。这是因为，这些列的取值很少，例如"学生表"的"性别"列，在查询的结果中，结果集的数据行占了表中数据行的很大比例，即需要在表中搜索的数据行的比例很大，增加索引，并不能明显加快检索速度。

③对于那些定义为 Text、Image 和 Bit 数据类型的列，不应该增加索引。这是因为，这些列的数据量要么相当大，要么取值很少。

④当修改性能远远大于检索性能时，不应该创建索引。这是因为，修改性能和检索性能是互相矛盾的。增加索引时，可提高检索性能，但是会降低修改性能；减少索引时，会提高修改性能，降低检索性能。

5. 索引的分类

索引从以下两个方面分类：

①从列的使用角度，分为单列索引、唯一索引、复合索引三类。

②从是否改变基本表记录的物理位置角度，分为聚集索引和非聚集索引两类。

各类索引说明如下。

①单列索引：是对基本表的某一单独的列进行索引。通常应对每个基本表的主关键字建立单列索引。

②复合索引：是针对基本表中两个或两个以上列建立的索引。

③唯一索引：一旦在一个或多个列上建立了唯一索引，则不允许在表中相应的列上插入任何相同的取值，即唯一索引中不能出现重复的值，索引列中的数据必须是唯一的。

唯一索引可以确保所有数据行中任意两行的被索引列不包括 Null 在内的重复值。如果是复合唯一索引，此索引可以确保索引列中的每个组合都是唯一的。

④聚集索引是指数据行的物理存储顺序与索引顺序完全相同。每个表只能有一个聚集索引，但是聚集索引可以包含多个列，此时称为复合索引。虽然聚集索引可以包含多个列，但是最多不能超过 16 个。当表中有主键约束时，系统自动生成一个聚集索引。

只有当表包含聚集索引时，表内的数据行才按一定的排列顺序存储。如果表没有聚集索引，则其数据行按堆集方式存储。

⑤非聚集索引具有完全独立于数据行的结构，它不改变表中数据行的物理存储顺序。

6.4.2　索引的创建和管理

在 SQL Server 中，通常使用两种方法创建管理索引。一种是在 SSMS 中创建管理索引，另一种是使用 T-SQL 语句创建管理索引。下面分别介绍。

1. 在 SSMS 中创建索引

【例 6.30】　在学生成绩管理数据库中，为"课程表"创建一个基于"课名"列的、升序的唯一非聚集索引 Index_km。

①启动 SQL Server Enterprise Manage，在"对象资源管理器"窗口中依次展开"数据库"→"学生成绩管理"数据库→"表"。

图 6-21　"学生成绩管理"数据库节点

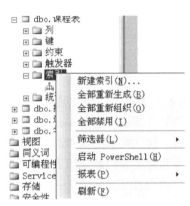

图 6-22　索引快捷菜单

②在展开的内容中单击"课程表"。由于课程表设置了一个课程号的主键，所以存在一个聚集索引，如图 6-21 所示。

③右击，在弹出的快捷菜单中选择"新建索引"命令，系统将弹出"新建索引"对话框，如图 6-22 所示。在"索引名称"文本框中输入索引名 index_km，并选中"唯一性"复选框，如图 6-23 所示。然后，单击"添加"按钮，在弹出的"从'dbo.课程表'中选择列"对话框中，在"课名"前的复选框中打"√"，如图 6-24 所示。最后，单击"确定"按钮，回到"新建索引"对话框。

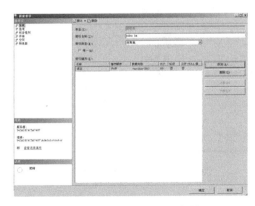

图 6-23　"新建索引"对话框

图 6-24　"从'dbo.课程表'中选择列"对话框

④选择"课名"的排序检索为"升序"，确定建立索引的字段及索引的属性，然后单击"确定"按钮，索引 Index_km 就建好了。它的作用是加快检索课名的速度，同时限制课程表中的课名只能是唯一的，不能有重复现象。

⑤在对象资源管理器中查看。可以看到，索引 Index_km 已经存在，如图 6-25 所示。

图 6-25　"学生成绩管理"数据库节点

【例 6.31】　在"学生成绩管理"数据库中，为"教师表"创建一个基于"职称、部门"列的复合非聚集索引 Index_zcbm。其中，职称按升序排列，部门按降序排列。

分析：建立索引的步骤与【例 6.30】是一样的，不同的是复合索引及每个字段的升降序。本题侧重介绍此知识点。

①启动 SQL Server Enterprise Manage，在"对象资源管理器"窗口中依次展开"数据库"→"学生成绩管理"数据库→"表"。在展开的内容中单击"教师表"。同样，由于教师表设置了一个教师号的主键，所以存在一个聚集索引。

②右击，在弹出的快捷菜单中单击"新建索引"命令。在弹出的"新建索引"对话框中，在"索引名称"文本框输入索引名 Index_zcbm；然后单击"添加"按钮。在弹出的"从'dbo. 教师表'中选择列"对话框中，在"职称"和"部门"前的复选框打"√"，如图 6-26 所示，再单击"确定"按钮，回到"新建索引"对话框。

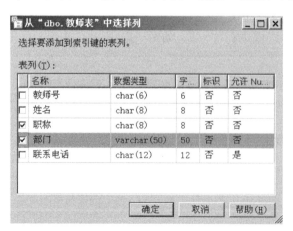

图 6-26　"从'dbo. 教师表'中选择列"对话框

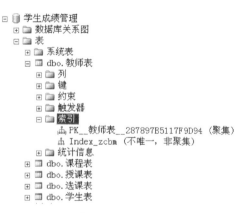

图 6-27　"学生成绩管理"数据库节点

③选择"职称"的排序检索为"升序",选择"部门"的排序检索为"降序"。这样,就选择好建立索引的字段及索引的属性。然后,单击"确定"按钮,索引 Index_zcbm 就建好了。

④在对象资源管理器中查看。可以看到,索引 Index_zcbm 已经存在,如图 6-27所示。

2. 在 SSMS 中更改索引属性

启动 SSMS,在对象资源管理器中右击要管理的索引名(或者双击),在弹出的快捷菜单中选择"属性"命令,打开"索引属性"对话框。选择要更改的属性后,单击"确定"按钮。

【例 6.32】 在【例 6.30】中为"课程表"创建一个基于"课名"列的、升序的唯一非聚集索引 Index_km,将其属性修改为基于"课名"列的、降序的、非唯一的。

①启动 SQL Server Enterprise Manage,在"对象资源管理器"窗口中依次展开"学生成绩管理"数据库→"表"→"课程表"→"索引"。选中"索引"中的 Index_km 索引名并右击,在弹出的快捷菜单中选择"属性"命令,打开"索引属性"对话框。

②将"唯一性"前的复选框中的"√"去除,再在"课号"的排序顺序中选择"降序",然后单击"确定"按钮,修改好索引。

3. 在 SSMS 中更改索引名

启动 SSMS,在对象资源管理器中右击想要更改的索引名,然后在弹出的快捷菜单中选择"重命名"命令,即可更改索引名。

【例 6.33】 将在【例 6.32】中为"课程表"创建的索引 Index_km 改名为 km_Index。

①启动 SQL Server Enterprise Manage,在"对象资源管理器"窗口中依次展开"学生成绩管理"数据库→"表"→"课程表"→"索引"。选中"索引"中的 Index_km 索引名并右击,然后在弹出的快捷菜单中选择"重命名"命令。

②输入 Index_km,完成改名。

4. 在 SSMS 中删除索引

启动 SSMS,在对象资源管理器中选中并右击想要删除的索引名,然后在弹出的快捷菜单中选择"删除"命令即可。

【例 6.34】 将在【例 6.33】中创建的索引 km_Index 删除。

启动 SQL Server Enterprise Manage,在"对象资源管理器"窗口中依次展开"学生成绩管理"数据库→"表"→"课程表"→"索引"。选中"索引"中的索引名 km_Index 并右击,然后在弹出的快捷菜单中选择"删除"命令即可。

【例 6.35】 将在【例 6.31】中为"教师表"创建的索引 Index_zcbm 删除。

启动 SQL Server Enterprise Manage,在"对象资源管理器"窗口中依次展开"学生成绩管理"数据库→"表"→"课程表"→"索引"。选中"索引"中的索引名 Index_zcbm 并右击,然后在弹出的快捷菜单中选择"删除"命令即可。

5. 使用 T-SQL 命令创建索引

（1）创建索引的语法

```
CREATE  [ UNIQUE ]  [ CLUSTERED | NONCLUSTERED ] INDEX 索引名
    ON {表名 | 视图名 }(列名 [ ASC | DESC ] [, …n ])
```

参数说明如下。

①UNIQUE：为表或视图创建唯一索引。

②CLUSTERED：创建一个聚集索引。

③NONCLUSTERED：创建一个非聚集索引。默认为非聚集索引。

④[ASC | DESC]：确定具体某个索引列的升列或降序排列方向。默认设置为 ASC。

（2）应用

【例 6.36】 在学生成绩管理数据库中，为"课程表"创建一个基于"课名"列的、升序的唯一非聚集索引 Index_km。

```
CREATE  UNIQUE NONCLUSTERED Index_km ON 课程表(课名 ASC)
```

或

```
CREATE  UNIQUE Index_km ON 课程表(课名)
```

说明：可以省略 NONCLUSTERED。

【例 6.37】 在学生成绩管理数据库中，为"教师表"创建一个基于"职称、部门"列的复合非聚集索引 Index_zcbm。其中，"职称"按升序排列，"部门"按降序排列。

```
CREATE  NONCLUSTERED Index_zcbm  ON 教师表(职称 ASC,部门 DESC)
```

或

```
CREATE Index_zcbm  ON 教师表(职称,部门 DESC)
```

6. 使用 T-SQL 命令查看索引

查看某个表中索引情况的格式为：

```
[EXECUTE]  SP_helpindex 表名
```

【例 6.38】 在学生成绩管理数据库中，查看课程表中索引的信息。

```
execute sp_helpindex 课程表
```

或

```
sp_helpindex 课程表
```

执行结果如图 6-28 所示。

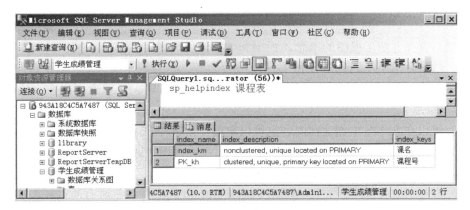

图 6-28 查看"课程表"索引信息

7. 使用 T-SQL 命令更改索引名

更改某个表中的索引名的格式为：

```
Sp_rename '表名. 老索引名','新索引名'
```

【例 6.39】 在学生成绩管理数据库中，将"课程表"中的索引 Index_km 改名为 km_index。

在查询编辑器中输入并执行以下代码：

```
sp_rename  '课程表. index_km',  'km_index'
```

【例 6.40】 在学生成绩管理数据库中，将"教师表"中的索引 Index_zcbm 改名为 zcbm_index

在查询编辑器中输入并执行以下代码：

```
sp_rename  '教师表. Index_zcbm',  'zcbm_index'
```

8. 使用 T-SQL 命令删除索引

删除某个表中的索引的格式为：

```
DROP INDEX  表名. 索引名
```

【例 6.41】 在学生成绩管理数据库中，删除课程表中的索引 km_index。

在查询编辑器中输入并执行以下代码：

```
Drop index 课程表. km_index
```

【例 6.42】 在学生成绩管理数据库中，删除教师表中的索引 zcbm_index。

在查询编辑器中输入并执行以下代码：

```
Drop index 教师表. zcbm_index
```

 项目小结

本项目首先介绍了视图的概念，视图和数据表之间的主要区别，视图的优点及视图的限制；然后介绍了使用 SSMS 和 T-SQL 命令创建、管理视图的方法，以及如何通过视图修改基本表；最后介绍了索引的概念、优点及如何创建、管理索引。主要内容如下所述：

（1）可以在 SSMS 中创建视图，也可以使用 T-SQL 的 Create View 语句创建视图。

（2）可以通过 Select 语句查询视图信息，可以在视图中通过 Insert、Update、Delete 语句更新基本表中的数据。前提是视图允许更新。

（3）在 Create View 命令中，With Check Option 选项将强制所有通过视图更新的数据必须满足 Select 子句中指定的条件；With Encryption 选项将加密视图创建文本。

（4）系统存储过程 sp_helptext 可查看视图的定义信息。

（5）系统存储过程 sp_rename 可重命名视图。

（6）可利用 Drop 语句删除视图，其语法为：Drop View 视图名称。

（7）可以在 SSMS 中创建索引，也可以使用 T-SQL 的 Create Index 语句创建视图。

 课堂实训

【实训目的】

1. 理解视图的概念、作用及优点。

2. 掌握在 SSMS 中创建视图的基本步骤。

3. 掌握用 T-SQL 命令创建管理视图的语法格式。

4. 掌握应用视图进行数据查询和数据更新的方法。

5. 理解索引的概念及作用。

6. 掌握使用 SSMS 和 T-SQL 命令创建和管理索引的方法。

【实训内容】

一、视图练习

（一）视图概述

1. 什么叫视图？

2. 视图的作用是什么？

3. 视图的优点有哪些？

（二）在 SSMS 环境中创建视图

1. 创建机械工业出版社图书的视图，要求标注图书编号、书名及价格。

（1）启动 SSMS，展开 library 数据库节点，然后右击"视图"，在弹出的快捷菜单中选择"新建视图"命令。

（2）在弹出的"添加表"对话框中选择"添加表"，再选择"书籍表"，然后单击"添加"按钮。单击"关闭"按钮，进入视图设计窗口。

（3）在关系图窗口中，选择图书编号、书名、价格列。

（4）单击"保存"按钮，在弹出的"选择名称"对话框中输入"机械工业出版社View"，再单击"确定"按钮，所要求的视图创建完毕。

2. 创建一个借阅统计视图，名为 CountView，包含读者的借书证号和总借阅本数。

（1）启动 SSMS，_____，在弹出的快捷菜单中选择"新建视图"命令。

（2）在弹出的"添加表"对话框中选择"添加表"，再选择"_____"，然后单击"添加"按钮。单击"关闭"按钮，进入视图设计窗口。

（3）在关系图窗口中，选择借书证号。

（4）在条件窗口中右击，然后选择"添加分组依据"命令。在"分组依据"中选择count，在"列"中选择 count(＊)，在别名中输入"总借阅本数"，如图 6-29 所示。

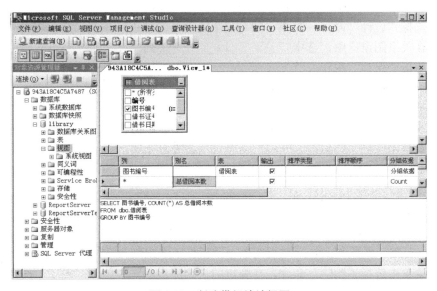

图 6-29　创建借阅统计视图

（5）单击"保存"按钮，在"选择名称"窗口中输入 CountView，然后单击"确定"按钮即可。

3. 创建一个借阅统计视图，名为 CountView10，包含借阅总本数大于 2 的读者号和总借阅本数。

（1）启动 SSMS，_____，在弹出的快捷菜单中选择"新建视图"命令。

（2）在弹出的"添加表"对话框中选择"添加表"，选择"_____"，然后单击"添加"按钮。单击"关闭"按钮，进入视图设计窗口。

（3）在关系图窗口中，选择_____。

（4）在条件窗口中右击，然后选择"_____"命令，在"分组依据"中选择"_____"，在"列"中选择"_____"，在别名中输入"总借阅本数"，在"筛选器"中输入"＞＝2"。

（5）单击"保存"按钮，在"选择名称"窗口中输入"_____"。最后单击"确定"按钮。

221

（三）在 SSMS 环境中管理视图

1. 修改建立的"机械工业出版社 View"视图，要求标注图书编号、书名、价格、作者。

（1）启动 SSMS，展开 library→"视图"→"机械工业出版社 View"节点并右击，在弹出的快捷菜单中选择"设计"命令，在弹出的"视图管理器"中进行修改。

（2）在关系图窗口中，除了选中"图书编号、书名、价格"列，还要选中"作者"列。

（3）单击"保存"按钮。

2. 修改视图 CountView10，要求包含借阅总本数大于 2 的读者号、姓名和总借阅本数。

（1）启动 SSMS，展开 library→"视图"→CountView10 节点并右击，在弹出的快捷菜单中选择"设计"命令，在弹出的"视图管理器"中进行修改。

（2）在关系图窗口中，选中_____列。

（3）单击"保存"按钮。

（四）在 SSMS 环境中使用视图

1. 查询"机械工业出版社 View"视图结果。

启动 SSMS，展开 library→"视图"→"机械工业出版社 View"节点并右击，在弹出的快捷菜单中选择"编辑前 200 行"命令（与查看基本表的方式一样）。

2. 查询"CountView"视图结果。

_____。

（五）在 SSMS 环境中删除视图（将前面建立的视图全都删除）

1. 删除 library 数据库中的视图：机械工业出版社 View。

启动 SSMS，展开 library→"视图"→"机械工业出版社 View"节点并右击，在弹出的快捷菜单中选择"删除"命令，在弹出的"删除对象"中单击"确定"按钮。

2. 删除 library 数据库中的视图：CountView。

启动 SSMS，展开 library→"视图"→CountView，_____。

3. 删除 library 数据库中的视图：CountView10。

启动 SSMS，展开 library→"视图"→CountView10，_____。

（六）用 T-SQL 命令创建视图

1. 创建机械工业出版社图书的视图，要求标注图书编号、书名及价格。

```
CREATE VIEW 机械工业出版社 View
AS
SELECT 图书编号,书名,价格 FROM 书籍表   WHERE 出版社 = '机械工业出版社'
```

2. 创建一个借阅统计视图，名为 CountView，包含读者的借书证号和总借阅本数。

```
_____ CountView
AS
SELECT 借书证号,count( * ) as 总借阅本数   FROM 借阅表
GROUP BY 借书证号
```

3. 创建一个借阅统计视图,名为 CountView10,包含借阅总本数大于 2 的读者号和总借阅本数。

```
_____借阅统计视图 View
AS
SELECT 借书证号,count( * ) as 总借阅本数
FROM 借阅表
GROUP BY _____ HAVING COUNT( * )>2
```

4. 在图书管理数据库中创建一个名为"V_读者借书信息 VIEW"的视图。该视图中包含借书证号、姓名、图书名称、借书日期、工作单位等数据内容。

```
_____ V_读者借书信息 VIEW
AS
SELECT 读者表 . 借书证号,姓名,书名,借书日期,单位
FROM 书籍表,借阅表,读者表 where 书籍表 . 图书编号 = 借阅表 . 图书编号 and 借阅表 . 借书证
号 = 读者表 . 借书证号
```

5. 在图书管理数据库中创建一个反映图书借出量的视图 V_NUM。该视图中包含类别号、图书编号和借出量等数据内容(提示:这是一个带表达式的视图,借出量是通过计算机得到的,借出量=复本数-库存数)。

```
_____ V_NUM
AS
SELECT _____
```

(七)用 T-SQL 命令使用视图

1. 查询"机械工业出版社 View"视图记录信息。

```
Select * from _____
```

2. 查询"V_读者借书信息 VIEW"视图记录信息。

```
Select _____
```

(八)用 T-SQL 命令管理视图

1. 修改"机械工业出版社 View",要求标注图书编号、书名、价格、作者。
操作:在新建查询的基础上,完成填空。

```
ALTER   VIEW 机械工业出版社 View
AS
SELECT 图书编号,书名,价格,_____ FROM 书籍表   WHERE 出版社 = ' 机械工业出版社 '
```

2. 修改"V_读者借书信息 VIEW"，要求标注借书证号、姓名、性别、书名、出版社、借书日期、工作单位等数据内容。

操作：在新建查询的基础上，完成填空。

```
_____ V_读者借书信息 VIEW
AS
SELECT  读者表.借书证号,姓名,书名,_____ from _____
where _____
```

（九）用 T-SQL 命令删除视图

1. 删除"V_读者借书信息 VIEW"视图。

```
Drop VIEW _____
```

2. 删除"机械工业出版社 View"视图。

```
Drop _____
```

二、索引

（一）索引概述

1. 索引的作用是什么？

2. 简述建立索引的原则。

（二）在 SSMS 中建立索引

1. 在 library 数据库的借阅表上按借书证号和图书编号创建一个名为 jszh_tsbh_index 的唯一索引。

（1）启动 SSMS，展开 library→ "表"→ "借阅表"节点并右击，在弹出的快捷菜单中选择"设计"命令。

（2）在弹出的表设计器中，右击"借书证号"，然后在弹出的快捷菜单中选择"索引/键"命令。

（3）在"索引/键"对话框中单击"添加"，将"标识"→ "名称"改为题目中要求的索引文件名 jszh_tsbh_index，再单击"常规"→ "是唯一的"，并选择"是"，然后单击"列"边上的 ...，如图 6-30 所示，在弹出的"索引列"对话框中按图 6-31 所示选择，最后单击"确定"按钮。

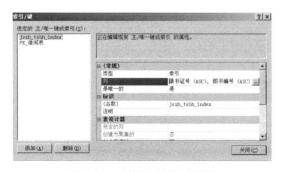

图 6-30 "索引/键"对话框

图 6-31 "索引列"对话框

（4）在"索引/键"对话框中单击"关闭"按钮。

（5）单击"保存"按钮。

2. 在 library 数据库的"读者表"中按借书证号建立聚集索引 dz_jszh_index。

（1）启动 SSMS，展开 library→"表"→"＿＿＿＿表"，然后右击，在弹出的快捷菜单中选择"设计"命令。

（2）在弹出的表设计器中右击"＿＿＿＿＿＿"，在弹出的快捷菜单中选择"索引/键"命令。

（3）在"索引/键"对话框中单击"添加"按钮，将"标识"→"名称"改为题目中要求的索引文件名"＿＿＿＿＿＿＿"，再单击"表设计器"→"创建为聚集的"并选择"是"，然后单击"列"边上的 ⋯ 。在弹出的"索引列"对话框中进行＿＿＿＿＿＿，然后单击"确定"按钮。

（4）在"索引/键"对话框中单击"关闭"按钮。

（5）单击"保存"按钮。

3. 在 library 数据库的"管理员表"上按工号创建唯一聚集索引 gry_gh_index。

（1）启动 SSMS，展开 library→"表"→"＿＿＿＿表"，然后右击，在弹出的快捷菜单中选择"设计"命令。

（2）在弹出的表设计器中右击"＿＿＿＿＿＿"，在弹出的快捷菜单中选择"索引/键"命令。

（3）在"索引/键"对话框中单击"添加"按钮，将"标识"→"名称"改为题目中要求的索引文件名"＿＿＿＿＿＿＿"。单击"常规"→"是唯一性"并选择"是"，单击"表设计器"→"创建为聚集的"并选择"是"，然后单击"列"边上的 ⋯ 。在弹出的"索引列"对话框中进行＿＿＿＿＿＿＿＿＿，然后单击"确定"按钮。

（4）在"索引/键"对话框中单击"关闭"按钮。

（5）单击"保存"按钮。

（三）在 SSMS 中管理索引

1. 将 library 数据库"借阅表"上的索引 jszh_tsbh_index 改为按借书证号升序和图书编号降序排列。

（1）启动 SSMS，展开 library→"表"→"借阅表"，然后右击，在弹出的快捷菜单中选择"设计"命令。

（2）在弹出的表设计器中右击"借书证号"，然后在弹出的快捷菜单中选择"索引/键"命令。

（3）在"索引/键"对话框中，选择 jszh_tsbh_index，并将"常规"→"列"改为工作证号 ASC，图书编号 DESC。最后，单击"关闭"按钮。

（4）单击"保存"按钮。

2. 将 library 数据库"读者表"上的 dz_jszh_index 改为非聚集索引。

（1）启动 SSMS，展开 library→"表"→"＿＿＿＿＿"，然后右击，在弹出的快捷菜单中选择"设计"命令。

（2）在弹出的表设计器中右击"＿＿＿＿＿＿"，在弹出的快捷菜单中选择"索引/

225

键"命令。

（3）在"索引/键"对话框中，选择"dz_jszh_index"，将"常规"→"是唯一性"的"是"改为_____，然后单击"关闭"按钮。

（4）单击"保存"按钮。

（四）在 SSMS 中删除索引

1. 将 library 数据库"借阅表"上的索引 jszh_tsbh_index 删除。

启动 SSMS，展开 library→"表"→"借阅表"→"索引"→"jszh_tsbh_index"，然后右击，在弹出的快捷菜单中选择"删除"命令，然后在弹出的"删除对象"对话框中单击"确定"按钮。

2. 将 library 数据库"读者表"上的 dz_jszh_index 删除。

启动 SSMS，展开 library →"表"→"_____"→"索引"→"_____"，然后右击，在弹出的快捷菜单中选择"_____"命令，在弹出的"_____"对话框中单击"确定"按钮。

3. 将 library 数据库"管理员表"上的索引 gry_gh_index 删除。

启动 SSMS，_____。

（五）使用 T-SQL 语句创建索引

1. 在 library 数据库的借阅表上，按借书证号和图书编号创建一个名为 jszh_tsbh_index 的唯一索引。

操作：在查询编辑器中输入以下命令，检查语法并执行：

```
CREATE UNIQUE INDEX jszh_tsbh_index ON 借阅表(借书证号,图书编号)
```

2. 在 library 数据库的读者表上，按借书证号建立聚集索引 dz_jszh_index。

操作：在新建查询的基础上输入以下命令，检查语法并执行：

```
CREATE CLUSTERED INDEX dz_jszh_index ON 读者表(_____)
```

3. 在 library 数据库的管理员表上，按工号创建唯一聚集索引 gzry_gh_index。

操作：在新建查询的基础上输入以下命令，检查语法并执行：

```
CREATE _____ CLUSTERED INDEX gzry_gh_index ON 管理员表(_____)
```

4. 在 library 数据库的图书借阅表上，在图书编号（升序）、借书证号（降序）两列建立一个普通索引 tsmx_pt_index。

操作：在新建查询的基础上输入以下命令，检查语法并执行：

```
CREATE INDEX tsmx_pt_index ON _____
```

（六）使用 T-SQL 语句重命名索引

1. 将 library 数据库"借阅表"上的索引 jszh_tsbh_index 改为 jszh_tsbh_index_1。

操作：在查询编辑器中输入以下命令，检查语法并执行：

```
EXEC sp_rename '借阅表.jszh_tsbh_index', 'jszh_tsbh_index_1'
```

2. 将 library 数据库"读者表"上的索引 dz_jszh_index 改名为 dz_jszh_index_1。

```
EXEC sp_rename _____
```

（七）使用 T-SQL 语句查看索引

1. 使用 sp_help、sp_helpindex 查看"借阅表"上的索引信息。

操作：在新建查询的基础上输入以下命令，检查语法并执行：

```
EXEC sp_help _____
EXEC sp_helpindex _____
```

2. 使用 sp_help、sp_helpindex 查看"读者表"上的索引信息。

```
EXEC _____
EXEC _____
```

（八）使用 T-SQL 语句删除索引

1. 使用 DROP 命令删除建立在"借阅表"上的索引 jszh_tsbh_index_1。

操作：在新建查询的基础上输入以下命令，检查语法并执行：

```
DROP INDEX 借阅表.jszh_tsbh_index_1
```

2. 使用 DROP 命令删除建立在"读者表"上的索引 dz_jszh_index_1。

操作：在新建查询的基础上输入以下命令，检查语法并执行：

```
DROP INDEX _____
```

 课外实训

一、视图操作练习

（一）在 SSMS 环境中创建视图（在 bedroom 数据库进行）

1. 在"学生表"中创建视图 st1.view，要求标注学号、姓名、性别、专业、班级。

2. 在"住宿表"中创建一个视图，名为 zs1_View，包含宿舍编号及每个宿舍所住的人数。

3. 在"住宿表"中创建一个视图，名为 zs2_View，包含住宿人数大于 4 的宿舍号和宿舍所住的人数。

（二）在 SSMS 环境中管理视图

1. 修改建立的 st1.view 视图，要求标注学号、姓名、性别、专业、班级、家庭地址。

2. 修改建立的 zs2_View 视图，要求包含住宿人数大于 3 的宿舍号和宿舍所住的人数。

（三）在 SSMS 环境中使用已建视图

1. 查询 st1.view 视图结果。

2. 查询 zs2_View 视图结果。

（四）在 SSMS 环境中删除视图（将前面建立的视图全都删除）

1. 删除视图 st1.view。

2. 删除视图 zs1_View。

3. 删除视图 zs2_View。

（五）用 T-SQL 命令创建视图

1. 在"学生表"中创建视图 st1.view，要求标注学号、姓名、性别、专业、班级。

2. 在"住宿表"中创建一个视图，名为 zs1_View，包含宿舍编号及每个宿舍所住的人数。

3. 在"住宿表"中创建一个视图，名为 zs2_View，包含住宿人数大于 4 的宿舍号和宿舍所住的人数。

（六）用 T-SQL 命令使用视图

1. 查询视图 st1.view 的信息。

2. 查询 zs1_View 视图的信息。

（七）用 T-SQL 命令管理视图

1. 修改建立的 st1.view 视图，要求标注学号、姓名、性别、专业、班级、家庭地址。

2. 修改建立的 zs2_View 视图，要求包含住宿人数大于 3 的宿舍号和宿舍所住的人数。

（八）用 T-SQL 命令删除视图

1. 删除视图 st1.view。

2. 删除视图 zs1_View。

3. 删除视图 zs2_View。

二、索引操作练习

（一）在 SSMS 中建立索引

1. 在 bedroom 数据库的"学生表"上，按姓名的升序创建一个名为 stu_name_index 的唯一索引。

2. 在 bedroom 数据库的"住宿表"上，按宿舍编号建立非聚集索引 zs_ssbh_index。

3. 在 bedroom 数据库的"宿舍表"上，按房号创建非聚集索引 ss_fh_index。

（二）在 SSMS 中管理索引

1. 将 bedroom 数据库"学生表"上的索引 stu_name_index 改为按姓名降序排列。

2. 将 bedroom 数据库"宿舍表"上的索引 ss_fh_index 改为先按楼号升序，再按房号升序排列。

（三）在 SSMS 中删除索引

1. 将 bedroom 数据库"学生表"上的索引 stu_name_index 删除。

2. 将 bedroom 数据库"住宿表"上的索引 zs_ssbh_index 删除。

3. 将 bedroom 数据库"宿舍表"的索引 ss_fh_index 删除。

（四）使用 T-SQL 语句创建索引

1. 在 bedroom 数据库"学生表"中，按姓名升序创建一个名为 stu_name_index 的唯一索引。

2. 在 bedroom 数据库的"住宿表"中，按宿舍编号建立非聚集索引 zs_ssbh_index。

3. 在 bedroom 数据库的"宿舍表"中，按房号创建非聚集索引 ss_fh_index。

（五）使用 T-SQL 语句重命名索引

1. 将 bedroom 数据库"学生表"中的索引 stu_name_index 重命名为 stu_name_index_1。

2. 将 bedroom 数据库"住宿表"中的索引 zs_ssbh_index 重命名为 zs_ssbh_index_1。

3. 将 bedroom 数据库"宿舍表"中的索引 ss_fh_index 重命名为 ss_fh_index_1。

（六）使用 T-SQL 语句查看索引

1. 使用 sp_help、sp_helpindex 查看"学生表"中的索引信息。

2. 使用 sp_help、sp_helpindex 查看"住宿表"中的索引信息。

（七）使用 T-SQL 语句删除索引

1. 将 bedroom 数据库"学生表"中的索引 stu_name_index_1 删除。

2. 将 bedroom 数据库"住宿表"中的索引 zs_ssbh_index_1 删除。

3. 将 bedroom 数据库"宿舍表"中的索引 ss_fh_index_1 删除。

项目 7 学生成绩管理数据库存储过程及触发器的应用

1. 掌握 T-SQL 编程基础知识。
2. 理解存储过程的概念及作用。
3. 掌握存储过程创建、执行和管理的方法。
4. 掌握触发器的概念及用途。
5. 掌握触发器的创建和管理方法。

1. 能利用 SSMS 进行存储过程的创建、管理。
2. 能利用 T-SQL 语句进行存储过程的创建、管理。
3. 能利用 SSMS 进行触发器的创建、管理。
4. 能利用 T-SQL 语句进行触发器的创建、管理。
5. 培养结合实际需求灵活运用存储过程和触发器的能力。

在学生成绩管理系统中，用户经常要进行各种操作。为了方便操作，同时确保数据的完整性和唯一性，要求数据库管理员能将一个复杂的操作过程打包，由数据库服务器处理；同时，建立数据表之间的一种强制业务规则。为了达到上述目的，需要在数据库中建立存储过程和触发器。本项目首先介绍 SQL 语言，包括 SQL 的概念、优点及 SQL 语言的基础知识、常见的程序控制语句等；然后介绍存储过程的概念，学习如何使用 SSMS 环境及 T-SQL 命令创建、管理学生成绩管理数据库中的存储过程；接下来介绍触发器的概念及作用，学习如何使用 SSMS 环境及 T-SQL 命令创建、管理学生成绩管理数据库中的触发器；最后通过课堂实训、课外实训，加强学生对数据库存储过程和触发器的灵活应用能力。

本项目共有 3 个学习任务：

任务 7.1 认识 SQL 语言

任务 7.2 学生成绩管理数据库存储过程的创建及管理

任务 7.3 学生成绩管理数据库触发器的创建及管理

任务 7.1 认识 SQL 语言

 任务描述

前面介绍了用 T-SQL 命令创建数据库、数据表、视图、索引等，还用 T-SQL 语言查询数据表的数据。显然，T-SQL 语言非常重要。本学习任务主要介绍 T-SQL 语言的基本知识。

7.1.1 T-SQL 语言概述

SQL 全称"结构化查询语言（Structured Query Language）"，最早是由 IBM 公司圣约瑟研究实验室为其关系数据库管理系统 SYSTEM R 开发的一种查询语言，其前身是 SQUARE 语言。SQL 语言结构简洁，功能强大，简单易学，所以自从 IBM 公司 1981 年推出以来，SQL 语言得到了广泛应用。如今，无论是像 Oracle、Sybase、Informix、SQL Server 这些大型的数据库管理系统，还是像 Visual FoxPro、PowerBuilder 这些微机上常用的数据库开发系统，都支持 SQL 语言作为查询语言。

SQL 语言利用一些简单的句子构成基本的语法来存取数据库内容。由于 SQL 简单易学，它已经成为目前关系数据库系统中使用最广泛的语言。T-SQL 是 Microsoft SQL Server 提供的一种结构化查询语言。下面主要介绍 T-SQL 语言的基础知识。

1. SQL 的优点

①SQL 是非过程化的语言。SQL 语言是应用于数据库的语言，是非过程化的语言，与一般的高级语言（例如 C、Java）大不相同。一般的高级语言在存取数据库时，需要依照每一行程序的顺序处理许多动作，但是使用 SQL 时，只需要告诉数据库需要什么数据，怎么显示就可以了，具体的内部操作由数据库系统来完成。例如，要在"学生表"中查找姓名为"李小民"的学生记录，使用简单的一行命令即可：

```
Select * From 学生表 Where 姓名 = '李小民'
```

②SQL 是统一的语言。SQL 可用于所有用户的 DB 活动模型，包括系统管理员、数据库管理员、应用程序员、决策支持系统人员及许多其他类型的终端用户。基本的 SQL 命令只需很少时间就能学会，最高级的命令在几天内便可掌握。

③SQL 是所有关系数据库的公共语言。由于所有主要的关系数据库管理系统都支持 SQL 语言，用户可将使用 SQL 的技能从一个关系型数据库管理系统转到另一个。所有用 SQL 编写的程序都是可移植的。

2. SQL 语言的分类

SQL 语言按照用途分为如下 4 类。

①数据查询语言 DQL（Data Query Language）：用于查询数据库的基本功能。查询操作通过 SQL 数据查询语言来实现，例如，用 SELECT 查询表中的数据。

②数据定义语言 DDL（Data Definition Language）：可以用 SQL 语言建立一个对象。

例如，用 SQL 语言创建及管理数据库、数据表、视图、索引等，主要通过对每个对象的 CREATE、ALTER、DROP 语句来实现。

③数据操纵语言 DML（Data Manipulation Language）：用来操纵数据库中数据的命令。例如，使用插入（Insert）、修改（Update）、删除（Delete）记录的操作属于数据操纵语言。

④数据控制语言 DCL（Data Control Language）：是一种对数据访问权进行控制的指令。SQL 通过对数据库用户的授权和收权命令，实现数据的存取控制，以保证数据库的完整性。

7.1.2　T-SQL 语言基础知识

1. 常量

在 SQL Server 2008 中，根据常量值的不同类型，分为字符串常量、整型常量、实型常量、日期时间常量、货币常量等。

①字符串常量：用单引号括起来，例如：'China'、'How　are　you'、'O'、'Bear'。

说明：如果单引号中的字符串包含引号，可以使用两个单引号来表示嵌入的单引号。

②Bit 常量：使用数字 0 或 1 表示。如果使用一个大于 1 的数字，则该数字转换为 1。

③整型常量：必须全部为数字，没有小数，例如：123、5、−56。

④实型常量：有定点表示和浮点表示两种方式。

● 定点表示：123.45、2.0、+12.45、−89.7。

● 浮点表示：101.3e2、0.5e−2、+12e3、−12e2。

⑤日期时间常量：由用单引号将表示日期时间的字符串括起来构成。例如，

● 字母日期格式：'April 15 2013'。

● 数字日期格式：'04/15/2013'、'2013-04-15'。

● 未分隔的字符串格式：'20130415'。

● 时间格式：'15：30：20'、'04：15 PM'。

● 日期时间格式：'2013-04-15 15：30：20'。

⑥money 常量：以 "＄" 作为前缀的整型或实型常量数据，例如：＄123、＄89.5、−＄23.5。

2. 变量

标识符就是用来定义服务器、数据库、数据表对象和变量等的名称。一般以字母或下画线开头，后面跟字母、数字或下画线。

变量用于临时存放数据，分为用户自定义的局部变量和系统提供的全局变量。

（1）全局变量

全局变量由系统提供，通过在名称前加 "@@" 符号区别于局部变量。

用户可以使用全局变量，但不能建立全局变量。例如，

① @@ERROR

● 返回执行的上一个 T-SQL 语句的错误号。

● 返回类型 Integer，如果前一个 T-SQL 语句执行没有错误，则返回 0。

② @@IDENTITY

● 返回最后插入的标识值的系统函数。

● 返回类型 numeric（38，0）。

在一条 INSERT、SELECT INTO 或大容量复制语句完成后，@@IDENTITY 中包含语句生成的最后一个标识值。如果语句未影响任何包含标识列的表，则 @@IDENTITY 返回 NULL。如果插入了多个行，生成了多个标识值，@@IDENTITY 将返回最后生成的标识值。表 7-1 所示是常见的全局变量。

表 7-1　常见的全局变量表

变　　量	含　　　义
@@ERROR	最后一个 T-SQL 错误的错误号
@@IDENTITY	最后一次插入的标识值
@@LANGUAGE	当前使用的语言的名称
@@MAX_CONNECTIONS	可以创建的同时连接的最大数目
@@ROWCOUNT	受上一个 SQL 语句影响的行数
@@SERVERNAME	本地服务器的名称
@@TRANSCOUNT	当前连接打开的事务数
@@VERSION	SQL Server 的版本信息

【例 7.1】　输出当前 SQL Server 的版本号，插入一条记录到课程表中，并显示是否出错。

在查询编辑器中输入以下代码：

```
print    'SQL Server 的版本 ' + @@VERSION
print    '服务器的名称: ' + @@SERVERNAME
INSERT INTO 课程表(课程号,课名,学分,学时)
VALUES('3005','网络信息检索',2,34)
--如果大于 0,表示上一条语句执行有错误
print '当前错误号 ' + convert(varchar(5),@@ERROR)
GO
```

执行命令，结果如图 7-1 所示。

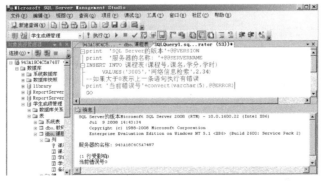

图 7-1　输出当前 SQL Server 的版本号等信息

说明：

①@@VERSION 用于显示当前数据库系统的版本号。

②@@SERVERNAME 用于显示服务器的名称。

③convert（varchar(5)，@@ERROR）表示将当前出错号转换成字符型。

（2）局部变量

用户自己定义的变量，称为局部变量。

局部变量用来保存特定类型的单个数据值的对象。局部变量在引用时必须以@开头，变量名要符合 SQL Server 的命名规则。在 T-SQL 中，局部变量必须先定义，才能使用。

①定义：

```
DECLARE 局部变量名 数据类型 [,…n]
```

【例 7.2】 定义一个整型变量。

```
DECLARE@x Int
```

【例 7.3】 定义两个整型变量，一个 char(10) 类型变量。

```
DECLARE@x Int,@y Int
DECLARE@c1 char(10)
```

②局部变量赋值：

用 SET 或 SELECT 语句为局部变量赋值，格式如下：

```
SET @局部变量名 = 表达式 [,…n]
SELECT @局部变量名 = 表达式 [,…n]  [From 子句] [Where 子句]
```

【例 7.4】 输出局部变量 c1 的值"张大成"。

```
DECLARE @c1 char(10)
SET @c1 = '张大成'
PRINT @c1
```

执行结果如图 7-2 所示。

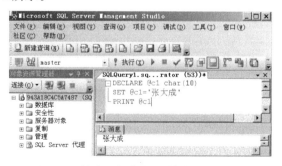

图 7-2 输出局部变量 c1 的值"张大成"

【例 7.5】　输出局部变量 $X+Y$ 的值。

```
DECLARE @X INT,@Y INT
SELECT @X = 1, @y = 2
PRINT @X + @Y
```

执行结果如图 7-3 所示。

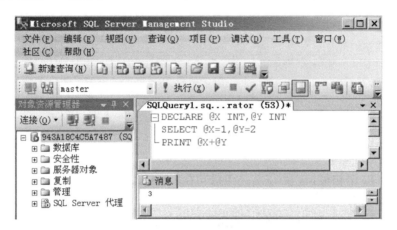

图 7-3　输出局部变量 $X+Y$ 的值

【例 7.6】　以消息的形式输出"学生表"的总人数。

```
DECLARE @X INT
SELECT @X = COUNT( * )from 学生表
PRINT @X
```

执行结果如图 7-4 所示。

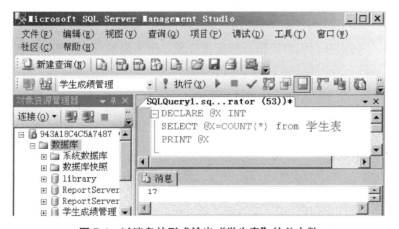

图 7-4　以消息的形式输出"学生表"的总人数

3. 注释语句

在 T-SQL 中，注释语句有行注释"－－"及块注释"/＊ ＊/"两种。

【例 7.7】 使用行注释的语句。

```
DECLARE @X INT    -- 定义一个整型变量 X
-- 下面是给变量 X 赋值.
SELECT @X = 1
```

【例 7.8】 使用块注释的语句。

```
/* 先定义一个整型变量 X
再给变量 X 赋值为 1
最后输出变量 X 的值. */
DECLARE @X INT
SELECT @X = 1
PRINT @X
```

4. 续行

如果 T-SQL 语句很长，可以将一条语句在多行中编写，不需要使用特殊的符号。

5. 批处理语句

批处理语句实际上是若干语句行或命令的集合。执行批处理，就是要求 SQL Server 对多条语句命令进行分析并执行。使用批处理，可以节省系统开销，但是如果在一个批处理中包含任何语法错误，整个批处理就不能被成功地编译和执行。

建立批处理时，使用 GO 语句作为批处理的结束标记。GO 语句本身不是 T-SQL 语句的组成部分，当编译器读取到 GO 语句时，它会把 GO 语句前面所有的语句当作一个批处理，并将这些语句打包发送给服务器。

GO 是批处理的标志，表示 SQL Server 将这些 T-SQL 语句编译为一个执行单元，提高了执行效率。

一般是将一些逻辑相关的业务操作语句放置在同一批中，这完全由业务需求和代码编写者决定。

【例 7.9】 利用查询编辑器执行两个批处理，用来显示"学生表"的信息及人数。

```
USE 学生成绩管理
go
print '显示学生表的信息'
select * from 学生表
print '学生表的人数'
select COUNT(*) from 学生表
go
```

上面这个例子包含两个批处理，前者仅包含一条语句，后者包含 4 条语句。

6. 输出语句

(1) PRINT

PRINT 语句的作用是向客户端返回用户定义的消息，其语法格式为：

```
PRINT '字符串'|'局部变量'|'全局变量'
```

【例 7.10】 用 PRINT 语句输出变量 x 的值。

```
DECLARE @x int
SET @x = 1
PRINT @x
```

（2）SELECT

格式如下所示：

```
SELECT'字符串'|'局部变量'|'全局变量'
```

【例 7.11】 用 SELECT 语句输出变量 x 的值。

```
DECLARE @x int
SET @x = 1
SELECT @x
```

7. 数据库对象的引用规则

一般情况下，数据库对象的引用由以下 4 部分组成：

```
[server_name.][database_name.][owner_name.]object_name
```

说明：

①server_name：用于指定所连接的本地服务器或远程服务器的名称。

②database_name：用于确定在服务器中当前状态下所操作的数据库名称。

③owner_name：表示数据库对象的所有者。

④object_name：在数据库中被引用的数据库对象名称。

其中，服务器名称、数据库名称及所有者都可以省略，所以下列对象的表示方法都是合法的：

```
server_name. database_name. owner_name. object_name
server_name. database_name. . object_name
server_name. . owner_name. object_name
server_name. . . object_name
database_name. owner_name. object_name
database_name. . object_name
owner_name. object_name
object_name
```

例如：

```
学生成绩管理 . dbo. 学生表
dbo. 课程表
```

7.1.3 程序中的流程控制

流程控制语句是用来控制程序执行和流程分支的命令。在 SQL Server 2008 中可以使用的流程控制语句有 BEGIN…END、IF…ELSE、WAITFOR、WHILE、RETURN 等。

1. BEGIN…END

在条件和循环等流程语句中，如果要执行两条或两条以上的 T-SQL 语句，需要使用 BEGIN…END 语句将这些语句组合在一起，形成一个整体。

```
BEGIN
语句 1
语句 2
…
语句 n
END
```

BEGIN…END 语句相当于其他语言中的复合语句，如 Java 语言中的｛｝。它用于将多条 T-SQL 语句封装为一个整体的语句块，即将 BEGIN…END 内的所有 T-SQL 语句视为一个单元执行。在 BEGIN…END 中的语句，既可以是单独的 T-SQL 语句，也可以是使用 BEGIN 和 END 的语句块，即 BEGIN…END 语句块可以嵌套。

注意：BEGIN 和 END 语句必须成对使用，不能单独使用。

2. IF…ELSE

在程序设计中，为了控制程序的执行方向，引入了 IF…ELSE 语句。该语句使程序有不同的条件分支，从而完成不同条件环境下的操作，其语法格式为：

```
IF(条件)
    语句 1
  [ELSE
    语句 2
 ]
```

其中，ELSE 是可选部分。

该语句的执行过程是：如果条件成立，执行语句 1，否则执行语句 2；若无 ELSE，如果条件成立，执行语句 1，否则执行 IF 后面的其他语句。

语句 1 或语句 2 可以是单独的 T-SQL 语句，也可以是用 BEGIN…END 定义的语句块。

【例 7.12】 统计并显示选课表中课程号为"1001"的课程的平均分。如果平均分在 70 分以上，显示"成绩优秀"，并显示前三个最高的成绩；如果在 70 分以下，显示"成绩较差"，并显示后三个最低的成绩。

分析：

（1）统计平均成绩并存入临时变量。

（2）用 IF…ELSE 判断。

```
DECLARE @myavg  float
SELECT @myavg = AVG(成绩)FROM  选课表  WHERE  课程号 = '1001'
select  '本课程的平均成绩' + convert(varchar,@myavg)
IF(@myavg>70)
    BEGIN
       select'本课程成绩优秀,前三个最高的成绩为:'
       SELECT  TOP 3 *  FROM 选课表 WHERE  课程号 = '1001' ORDER BY  成绩  DESC
    END
ELSE
    BEGIN
        select  '本课程成绩较差,后三个最低的成绩为:'
        SELECT  TOP 3 *  FROM  选课表 WHERE  课程号 = '1001' ORDER BY  成绩
       END
GO
```

执行命令,结果如图 7-5 所示。

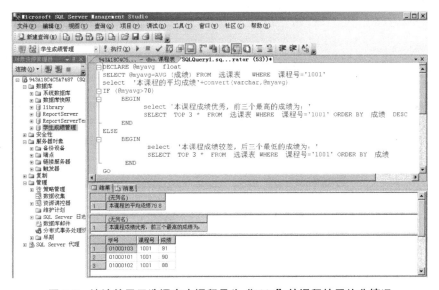

图 7-5 统计并显示选课表中课程号为"1001"的课程的平均分情况

【例 7.13】 在"学生表"中查找姓名为"张大成"的学生信息。若查找到,显示相应信息;若没有查到,显示"对不起,查无此人"。

```
IF exists(select * from 学生表 where 姓名 = '张大成')
    select * from 学生表 where 姓名 = '张大成'
    ELSE
            PRINT '对不起,查无此人'
```

3. WHILE 循环语句

在程序设计中,使用 WHILE 语句重复执行一组 SQL 语句,完成重复处理的某项工作。其语法格式为：

```
WHILE(条件)
  BEGIN
      语句块 1
  [BREAK]
  END
```

其中，BREAK 表示退出循环。

【例 7.14】　假定要给考试成绩提分。提分规则很简单，给没达到 65 分的学生每人都加 2 分，看是否都达到 65 分以上；如果没有全部达到 65 分以上，每人再加 2 分，再看是否都达到 65 分以上；如此反复提分，直到所有人都达到 65 分以上为止。

分析：

（1）统计没达到 65 分的人数。

（2）如果有人没达到，加分。

（3）循环判断。

在查询编辑器中输入并执行以下代码：

```
DECLARE @n int
WHILE(1 = 1)                    --条件永远成立
  BEGIN
    SELECT @n = COUNT( * )FROM 选课表   WHERE 成绩<65      --统计没达到 65 分的人数
    IF(@n>0)
    UPDATE 选课表 SET 成绩 = 成绩 + 2 WHERE 成绩<65   --若成绩低于 65 分,每人加 2 分
  ELSE
      BREAK      --退出循环
  END
print '加分后的成绩如下: '
SELECT * FROM 选课表
```

4. CASE…END 语句

CASE 语句是针对多个条件设计的多分支语句结构，它适用于多重选择的情况。在 SQL Server 2008 中，CASE…END 语句分为简单和搜索两种类型。

（1）简单 CASE…END 语句

格式为：

```
CASE 测试表达式
  WHEN 测试值 1 THEN   结果 1
  WHEN 测试值 2 THEN   结果 2
… …
  ELSE 其他结果
END
```

【例 7.15】　在学生表中，显示"应用电子"专业学生的信息。若性别值为 0，显示"男"；若值为"1"，显示"女"。

在查询编辑器中输入并执行以下代码：

```
select 学号,姓名,性别 =
case 性别
when 0 then '男'
when 1 then '女'
end
from 学生表 where 专业 = '应用电子'
```

执行命令，结果如图 7-6 所示。

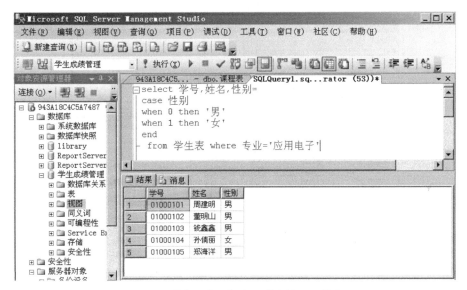

图 7-6　"应用电子"专业学生情况一览表

（2）搜索 CASE…END 语句

格式为：

```
CASE
    WHEN 条件 1 THEN 　结果 1
    WHEN 条件 2 THEN 　结果 2
……
    ELSE 其他结果
END
```

【例 7.16】　根据前面创建的学生平均成绩视图，如果平均分在 85 分以上，显示学习态度"优秀"；平均分在 75～85 分之间，显示学习态度"良好"；否则，显示学习态度"一般"。

在查询编辑器中输入以下代码：

```
select *,学习态度 =
case
when 平均成绩>85 then ' 优秀 '
when 平均成绩>75 then ' 良好 '
ELSE
' 一般 '
end
from 学生平均成绩视图
```

执行命令，结果如图 7-7 所示。

图 7-7 学习态度情况一览表

5. RETURN 语句

RETURN 语句用于从过程、批处理或语句块中无条件退出，不执行 RETURN 之后的语句。其语法格式为：

```
RETURN  ［整型表达式］
```

【例 7.17】 输出 x 的值。

```
DECLARE @x float
set @x = 1
begin
print @x
return
print @x + 1
end
```

说明：执行到 RETURN 语句时，程序退出，不再执行 print @x+1 语句。

6.WAITFOR 语句

该语句格式为：

```
WAITFOR DELAT'time'|TIME'time'
```

说明：DELAY 指示 SQL Server 一直等到指定的时间过去，最长可达 24 小时；TIME 指示 SQL Server 等到指定时间。

```
WAITFOR DELAY'0:0:10'  ――等待 10 秒
WAITFOR TIME'12:30:00'  ――等到 12 点 30 分
```

说明：WAITFOR 语句通常用在存储过程或触发器中，用来设定时间开关。

任务 7.2 学生成绩管理数据库存储过程的创建及管理

 任务描述

在学生成绩管理系统中，用户经常查询学生考试信息，包括学生姓名、所属专业、授课老师、课程名、考试分数等。由于该查询在程序中很多地方都要用到，而且使用频率非常高，因此，开发人员想用一种可以重复使用而又高性能的方式来实现。这种方法就是下面将要介绍的存储过程。本学习任务主要介绍存储过程的概念及其创建与管理方法。

7.2.1 存储过程概述

在任务描述中提到的查询信息分布在学生表、选课表、课程表、教师表、授课表 5 张表中，需要用连接查询，查询代码如下所示：

```
SELECT 学生姓名 = a. 姓名,专业,授课老师 = e. 姓名,课名,成绩
from 学生表   a join 选课表 b on a. 学号 = b. 学号
join 课程表   c  on b. 课程号 = c. 课程号
join 授课表 d on d. 课程号 = c. 课程号
join 教师表 e on e. 教师号 = d. 教师号
```

这个查询功能在学生成绩管理系统中有很多地方需要使用，因此这段代码要重复写多遍。如果查询信息有所改变，还要改变很多，给用户带来一定的麻烦。同时，用户每次提交查询，数据库服务器都要对查询语句进行编译、解析和执行，而且是反复做同样的事情，浪费服务器资源。

SQL Server 给出了一种可重用、易维护和高效的解决方案——存储过程（Stored Procedure）

1. 存储过程的概念

SQL Server 的存储过程类似于编程语言中的过程。在使用 T-SQL 语言编程的过程

中，可以将某些需要多次调用的实现某个特定任务的代码段编写成一个过程，将其保存在数据库中，并由 SQL Server 服务器通过过程名来调用它们，叫作存储过程。这是一组被编译在一起的 T-SQL 语句的集合，它们被集合在一起完成一个特定的任务。

存储过程是一个 SQL 语句组合。在创建时进行预编译，首次被调用时进行解析，以后再被调用时，可直接执行。

SQL Server 的存储过程与其他程序设计语言的过程类似，能按下列方式运行：

①能够包含执行各项数据库操作的语句，并且可以调用其他存储过程。

②能够接收输入参数，并以输出参数的形式将多个数据值返回给调用程序（Calling Procedure）或批处理（Batch）。

③向调用程序或批处理返回一个状态值，表明成功或失败（以及失败的原因）。

2. 存储过程的优点

（1）存储过程实现了模块化编程

存储过程一旦创建完成并存储于数据库中，即可在应用程序中反复调用，因此利用存储过程完成某些例行操作是最恰当不过了。一般来说，将存储过程的创建和维护操作交由专人负责，由于各个用于完成特定操作的存储过程均独立放置，因此根本不需担心修改存储过程时会影响到应用程序的代码。

此外，通过在存储过程中编写业务逻辑和策略，不仅可让不同的应用程序共享，还可要求所有客户端使用相同的存储过程，达到数据访问和更新的一致性。

（2）允许更快执行

当执行批处理和 T-SQL 程序代码时，SQL Server 必须先检查语法是否正确，然后进行编译、优化，再执行它。因此，如果要执行的 T-SQL 程序代码非常庞大，执行前的处理过程将耗费一些时间。

对存储过程而言，当它们创建时就已经检查过语法的正确性、编译并优化，因此当执行存储过程时，可以立即直接执行，自然执行速度较快。

（3）使用存储过程可以减少网络流量

假设某一项操作需要数百行 T-SQL 程序代码完成，如果从客户端将其传送到后端 SQL Server 执行，在网络上传输的将是程序代码的数千或数万个字符；但是如果事先将这数百行 T-SQL 程序代码编写成一个存储在 SQL Server 数据库中的存储过程，则只需从客户端调用该存储过程的名称即可执行它，此时在网络上传输的仅仅是存储过程名称的几个字符。

显而易见，使用存储过程，网络流量比较小。

（4）使用存储过程可以提高数据库的安全性

对于存储过程，可以设置哪些用户有权执行它，达到较完善的安全控制和管理。例如，不希望某一位用户有权直接访问某个表，但是必须要求他针对该表执行特定的操作。这时可以将该位用户所能针对表执行的操作编写成一个存储过程，并赋予他执行该存储过程的权限。如此一来，虽然这位用户没有权直接访问表，仍然能通过执行存储过程来完成所需的操作。

3. 存储过程的分类

（1）系统存储过程

系统存储过程就是系统创建的存储过程，目的在于能够方便地从系统表中查询信息，或者完成与更新数据库表相关的管理任务或其他系统管理任务，以"sp_"前缀标识，在 master 数据库中创建并保存在该数据库中，为数据库管理员或用户服务。前面已介绍过的，用来查看数据库对象信息的系统存储过程 sp_help、将数据库更名的 sp_rename 等都属于系统存储过程。下面举几个例子进一步说明。

①将数据库改名。

sp_renamedb '原数据库名','新数据库名'

②将表改名。

sp_rename '原表名','新表名'

③查看数据库的信息。

sp_helpdb 数据库名

④查看数据库中的对象表的信息。

sp_help 表名

⑤查看存储过程的信息。

sp_help 存储过程名

⑥查看存储过程的文本。

sp_helptext 存储过程名

（2）用户自定义存储过程

用户自定义存储过程是由用户根据需要，在自己的用户数据库中创建的完成某一特定功能的存储过程。

（3）临时存储过程

临时存储过程（Temporary Stored Procedures）分为下列两种。

①本地临时存储过程：不论哪一个数据库是当前数据库，如果在创建存储过程时，以"井"字号（#）作为其名称的第一个字符，该存储过程将成为一个存放在 tempdb 中的本地临时存储过程。对于本地临时存储过程，只有创建它并连接的用户能够执行它。一旦这位用户断开与 SQL Server 的连接（也就是注销 SQL Server），本地临时存储过程会自动删除。

②全局临时存储过程：不论哪一个数据库是当前数据库，只要所创建的存储过程名称是以两个"井"字号（##）开头的，该存储过程将成为一个存放在 tempdb 中的全局临时存储过程。全局临时存储过程一旦创建，以后连接到 SQL Server 的任何用户都能够执行它，不需要特定的权限。

当创建全局临时存储过程的用户断开与 SQL Server 的连接时，SQL Server 将检查是否有其他用户正在执行该全局临时存储过程。如果没有，立即将全局临时存储过程删除；

如果有，SQL Server 会让这些正在执行的操作继续，但是不允许任何用户再执行全局临时存储过程，等到所有未完成的操作执行完毕，全局临时存储过程会自动删除。

（4）远程存储过程

在 SQL Server 中，远程存储过程（Remote Stored Procedures）是位于远程服务器上的存储过程。通常，使用分布式查询和 EXECUTE 命令执行一个远程存储过程。

（5）扩展存储过程

扩展存储过程（Extended Stored Procedures）是用户可以使用外部程序语言编写的存储过程。扩展存储过程在使用和执行上与一般的存储过程完全相同。可以将参数传递给扩展存储过程，扩展存储过程也能够返回结果和状态值。

为了区别，扩展存储过程的名称通常以 xp_开头。扩展存储过程一定要存放在系统数据库 master 中。

下面介绍由用户自定义的存储过程的创建及管理。

7.2.2　存储过程的创建和执行

在 SQL Server 中，通常使用两种方法创建存储过程：一种是在 SSMS 中创建存储过程，另一种是使用查询编辑器执行 SQL 语句创建存储过程。创建存储过程时，需要注意下列事项。

①只能在当前数据库中创建存储过程。

②数据库的所有者可以创建存储过程，也可以授权其他用户创建存储过程。

③存储过程是数据库对象，其名称必须遵守标识符命名规则。

④不能将 CREATE PROCEDURE 语句与其他 SQL 语句组合到单个批处理中。

1．用 T-SQL 命令创建及执行无参数的存储过程

（1）创建格式

```
CREATE PROCEDURE 过程名
       [WITH ENCRYPTION]   --加密
       [WITH RECOMPILE ]   --重新编译
AS
T-SQL 语句
```

说明：

①WITH ENCRYPTION：不能查看和修改原脚本。

②WITH RECOMPILE：创建存储过程时，在其定义中指定 WITH RECOMPILE 选项，表明 SQL Server 将不对该存储过程计划进行高速缓存。该存储过程将在每次执行时都重新编译。当存储过程的参数值在各次执行间都有较大差异，导致每次均需创建不同的执行计划时，可使用 WITH RECOMPILE 选项。此选项并不常用，因为每次执行存储过程时都必须对其重新编译，使存储过程的执行变慢。

（2）调用格式

```
[EXECUTE|EXEC] 过程名
```

注意：在执行存储过程时，如果是一个批处理中的第一条语句，可以省略 EXECUTE 或 EXEC 关键字。

【例 7.18】　创建一个名为 p_Student 的存储过程，返回"学生表"中学号为"02000101"的学生信息。

分析：根据题意，由于只需返回"学生表"中学号为"02000101"的学生信息，所以只要一条查询语句即可。

在查询编辑器中输入以下代码：

```
CREATE  PROCEDURE  p_Student
AS
SELECT * from学生表 where 学号 = '02000101'
```

执行命令，显示"命令成功完成"，表示存储过程已经创建，可以在对象资源管理器中展开存储过程，找到名为 p_Student 的存储过程。

执行刚刚创建的存储过程 p_Student，在查询编辑器中输入以下代码：

```
EXEC p_Student
```

或

```
EXECUTE p_Student
```

单击工具栏中的"执行"按钮，显示如图 7-8 所示的运行结果。

图 7-8　执行存储过程 p_Student 的运行结果

若本题在创建存储过程中插入 WITH ENCRYPTION，代码写成如下形式：

```
CREATE PROCEDURE p_Student_1
WITH ENCRYPTION
AS
SELECT * from学生表 where 学号 = '02000101'
```

即存储过程的文本加密。

存储过程 p_Student 在创建时没有被加密，所以要查看到文本可以执行［exec］sp_helptext p_Student 就可看到 p_Student 建立的文本，如图 7-9 所示。

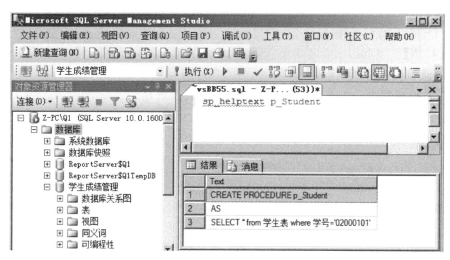

图 7-9   p_Student 存储过程建立的文本

因为存储过程 p_Student_1 在创建时被加密，所以看不到文本。即执行

```
exec_helptext p_Student_1
```

则显示"对象 ' p_Student_1 ' 的文本已加密"的信息。

 【例 7.19】 创建一个名为 p_StuBymajor 的存储过程，返回"电子商务"专业的所有学生的选课信息。

 分析：首先查找"电子商务"专业的学生学号；然后根据查到的学号，查找相应的选课表中的信息，用一个子查询实现。当然，用多表查询也可以实现。

 在查询编辑器中输入以下代码：

```
CREATE PROCEDURE p_StuBymajor
AS
SELECT * from 选课表 where 学号 in
(select 学号 from 学生表 where 专业 = '电子商务')
```

 单击工具栏中的"执行"按钮，显示"命令成功完成"，表示存储过程已经创建，可以在 SSMS 的对象资源管理器中展开存储过程，找到名为 p_StuBymajor 的存储过程。

 调用存储过程 p_StuBymajor 的命令如下所示：

```
EXEC p_StuBymajor
```

 显示如图 7-10 所示的结果。

 2. 用 T-SQL 命令创建及执行带输入参数的存储过程

 前面几个实例中创建的简单存储过程缺乏灵活性，只能查找特定条件的记录。例如，查找学号为"02000101"的学生信息，或是查找"电子商务"专业的学生信息。为了满足用户多方面的需求，系统应该能够让用户查询指定条件的相关信息。例如，根据输入

图 7-10　执行存储过程 p_StuBymajor 的结果

的学号查找相关学生的信息，或根据输入的专业名称查找相关专业的学生信息。这要用到输入参数。

参数是存储过程与外界交互的一种途径。存储过程通过输入参数和输出参数与外界交互。这里先介绍输入参数的存储过程。

创建带输入参数的存储过程的语句格式如下所述。

（1）创建格式

```
CREATE PROCEDURE 过程名
@输入参数名 参数类型 [ = 默认值], …
        [WITH ENCRYPTION]   ——加密
        [WITH RECOMPILE ]   ——重新编译
AS
T-SQL 语句
```

（2）执行格式

①

```
[EXECUTE|EXEC] 过程名 [@参数名 = ]值
```

注意：在调用语句中，以"@参数名＝值"的格式指定参数。当通过参数名传递值时，可以以任何顺序指定参数值，并且可以省略允许空值或具有默认值的参数。

②

```
[EXECUTE|EXEC] 过程名 参数值
```

注意：通过位置传递参数，要按顺序提供值，参数值必须以参数的定义顺序列出，可以忽略有默认值的参数，但不能中断次序。

（3）应用

【例 7. 20】 创建一个名为 p_StudentPara 的存储过程，该存储过程根据给定的学号显示该学生的信息。

分析：【例 7.18】明确表示，查找学号为"02000101"的学生信息，这是一个特例。本题根据给定的学号查找相应的信息，应用更普遍，即把【例 7.18】里的学号"02000101"改为一个变量。变量在应用前需要定义，所以写成如下形式：

```
CREATE PROCEDURE p_StudentPara
@x char(9)
AS
SELECT * from 学生表 where 学号 = @x
```

单击工具栏中的"执行"按钮，显示"命令成功完成"，表示存储过程已经创建。

调用带参数的存储过程 p_StudentPara，代码如下所示：

```
EXEC p_StudentPara '02000101'
```

或

```
EXEC p_StudentPara @x = '02000101'
```

结果如图 7-8 所示。

建立一个带参数的存储过程的操作步骤总结如下：

①确定存储过程所需输入的变量。

②创建带参数的存储过程。

③执行存储过程，验证其是否能输入参数。

（4）继续操练

【例 7. 21】 创建一个名为 p_StuByPara 的存储过程。该存储过程根据给定的专业显示该专业学生的选课信息。

分析：【例 7.19】明确表示，查找专业为"电子商务"的学生的选课信息。本题根据给定专业查找相应的信息，应用更广泛。这里把【例 7.19】中的专业"电子商务"改为变量。变量在应用前需要定义，所以写成如下形式：

```
CREATE PROCEDURE p_StuByPara
@c1 varchar(50)
AS
SELECT * from 选课表 where 学号 in
(select 学号 from 学生表 where 专业 = @c1)
```

单击工具栏中的"执行"按钮，显示"命令成功完成"，表示存储过程已经创建。

调用存储过程 p_StuByPara，代码如下所示：

```
Exec p_StuByPara '电子商务'
```

或

```
Exec p_StuByPara @c1 = '电子商务'
```

显示结果如图 7-10 所示。

【例 7.22】 根据课程号统计某课程的平均成绩、最高成绩和最低成绩的存储过程 p_score_avg_ma_mi。

分析：查询语句中的条件是某课程，所以要有一个参数来指定某课程，确定参数名为@c1，确定数据类型为 char(9) （输入参数数据类型最好和数据库定义的相关字段匹配）。

在查询编辑器中输入以下代码：

```
CREATE PROCEDURE p_score_avg_ma_mi
@c1 char(9)
AS
SELECT AVG(成绩)平均成绩,MAX(成绩)最高成绩,MIN(成绩)最低成绩 FROM 选课表
Where 课程号 = @c1
```

单击工具栏中的"执行"按钮，显示"命令成功完成"，表示存储过程已经创建。

调用存储过程 p_score_avg_ma_mi，查找课程号为"1001"的相关信息，代码如下所示：

```
EXEC p_score_avg_ma_mi '1001'
```

或

```
p_score_avg_ma_mi  @c1 = '1001'
```

显示结果如图 7-11 所示。

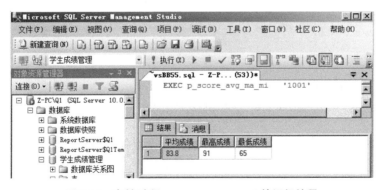

图 7-11　存储过程 p_score_avg_ma_mi 的运行结果

【例 7.23】 为学生表创建存储过程 P_studentinfo_ADD，然后添加一条记录：

"02000110，唐成波，0，电子商务，1992—08—26"。

分析：在执行 P_studentinfo_ADD 存储过程时，要给定学号、姓名、性别、专业、出生日期，所以创建的存储过程中带有 5 个变量。

```
CREATE PROCEDURE P_studentinfo_ADD
@num char(9),@name char(8),@sex bit,
@major varchar(50),@birthday smalldatetime
AS
INSERT 学生表(学号,姓名,性别,专业,出生年月)
values(@num,@name,@sex,@major,@birthday)
```

单击工具栏中的"执行"按钮，显示"命令成功完成"，表示存储过程已经创建。

调用存储过程 P_studentinfo_ADD，并插入一条记录，代码如下所示：

```
P_studentinfo_ADD '02000110',  '唐成波', 0,  '电子商务',  '1992—08—26'
```

或

```
EXEC P_studentinfo_ADD  @num = '02000110',@name = '唐成波',  @sex = 0,
@major = '电子商务',  @birthday = '1992—08—26'
```

3. 用 T-SQL 命令创建及运行带输出参数的存储过程

在学生成绩管理系统中，需要建立一个存储过程，用于查询指定课程的平均分、最高分和最低分，并将查询结果返回。这就产生了带输出参数的存储过程。

（1）格式

```
CREATE PROCEDURE 过程名
@输入参数名 参数类型 [ = 默认值], …
@输出参数名 参数类型  OUTPUT[, … ]
       [WITH ENCRYPTION]  -- 加密
       [WITH RECOMPILE ]  -- 重新编译
AS
T-SQL 语句
```

（2）执行存储过程

```
DECLARE 输出参数名 参数类型
[EXECUTE|EXEC]过程名 输入参数值,输出参数名 OUTPUT
```

【例 7.24】 在学生成绩管理系统中，建立一个存储过程 prckh_Student，用于查询指定课程号的平均分、最高分和最低分，并将查询结果返回。

分析：先确定存储过程所需参数。

①输入参数：@kh varchar（20）   ------指定课程号

②输出参数：@avg int OUTPUT

> @max int OUTPUT
>
> @min float OUTPUT ------ 返回指定课程的信息

注意：输出参数必须要用 OUTPUT 标识。

```
CREATE PROCEDURE prckh_Student
@kh  varchar(20) = '',
@avg  float OUTPUT, @max  int OUTPUT, @min  int OUTPUT
AS
BEGIN
SELECT @avg = avg(成绩),@max = max(成绩),@min = min(成绩)
FROM 选课表
where 课程号 = @kh
END
```

单击工具栏中的"执行"按钮，显示"命令成功完成"，表示存储过程已经创建。
调用存储过程 prckh_Student，代码如下所示：

```
DECLARE @avg  float,@max  int,@min int
EXEC prckh_Student  '1001', @avg OUTPUT,@max OUTPUT,
@min OUTPUT
print @avg
print @max
print @min
```

【例 7.25】 创建一个存储过程，用来计算二数之和。

```
create proc proc_addition
@var1 int,@var2 int,@var3 int output
as
set @var3 = @var1 + @var2
go
```

单击工具栏中的"执行"按钮，显示"命令成功完成"，表示存储过程已经创建。
调用带输出参数的存储过程，代码如下所示：

```
Declare @x int
EXEC proc_addition 1,2,@x output
PRINT @x
```

结果显示：

3

4. 在 SSMS 中创建存储过程

【例 7.26】 创建一个名为 p_Student 的存储过程，返回学生表中学号为"02000101"
的学生信息。

①启动 SQL Server Management Studio，在对象资源管理器窗口中单击展开"数据库"→"学生成绩管理"数据库→"可编程性"→"存储过程"节点。

②在展开的存储过程节点中右击，在弹出的快捷菜单中选择"新建存储过程"命令，打开"创建存储过程模板"文档窗口，在此窗口中有创建存储过程的相关命令语句及提示信息，如图 7-12 所示。

图 7-12　创建存储过程模板

③在模板中，根据提示输入存储过程名称和 T-SQL 语句。由于此存储过程不需要参数，可以删除。完成后的 p_Student 存储过程如图 7-13 所示。

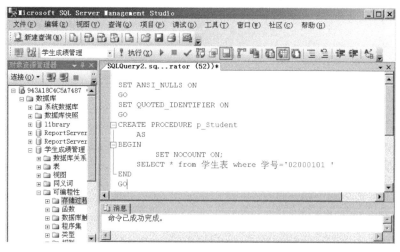

图 7-13　创建的 p _ Student 存储过程

④单击工具栏中的"执行"按钮，完成存储过程的创建。如果需要保存存储过程的

脚本，单击工具栏中的"保存"按钮。

7.2.3 存储过程的管理

如果需要更改存储过程中的语句或参数，可以删除并重新创建该存储过程，也可以通过一个步骤更改该存储过程。删除并重新创建存储过程时，与该存储过程关联的所有权限都将丢失。更改存储过程时，将更改过程或参数定义，但为该存储过程定义的权限将保留，并且不会影响任何相关的存储过程。

创建完存储过程之后，如果需要修改存储过程的功能及参数，在 SQL Server 2008 中有以下两种方法：一是用 Microsoft SQL Server Management 修改存储过程；另外一种是用 T-SQL 语句修改存储过程。

1. 查看存储过程

①查看存储过程的信息，语句格式如下所示：

sp_help 存储过程名

【例 7.27】 查看存储过程名为 p_StuBymajor 的信息。

sp_help p_StuBymajor

执行命令，结果如图 7-14 所示。

	Name	Owner	Type	Created_datetime
1	p_StuBymajor	dbo	stored procedure	2013-12-23 22:20:35.293

图 7-14 查看存储过程 p_StuBymajor 的信息

②查看存储过程的文本，语句格式如下所示：

sp_helptext 存储过程名

【例 7.28】 查看存储过程名为 p_StuBymajor 的文本。

sp_help p_StuBymajor

执行命令，结果如图 7-15 所示。

	Text
1	CREATE PROCEDURE p_StuBymajor
2	AS
3	SELECT * from 选课表 where 学号 in
4	(select 学号 from 学生表 where 专业='电子商务')

图 7-15 查看存储过程 p_StuBymajor 的文本

2. 在 SSMS 中修改存储过程

①在对象资源管理器中，连接到数据库引擎实例，然后展开该实例。

②展开"数据库"、过程所属的数据库及"可编程性"。

③展开"存储过程"，然后右键单击要修改的过程，在弹出的快捷菜单中选择"修

改"命令。

④修改存储过程的文本。

⑤若要测试语法，请在"查询"菜单上单击"分析"按钮。

⑥若要将修改信息保存到过程定义中，请在"查询"菜单上单击"执行"按钮。

⑦若要将更新的过程定义另存为 T-SQL 脚本，请在"文件"菜单上单击"另存为"按钮。接受该文件名或将其替换为新的名称，再单击"保存"按钮。

【例 7.29】 修改【例 7.18】创建的名为 p_Student 的存储过程，返回学生表中学号为"02000107"的学生信息。

分析：按照前面的步骤：

①在对象资源管理器中，展开"学生成绩管理"数据库、"可编程性"及"存储过程"。

②找到 p_Student 存储过程，然后右击要修改的过程，在弹出的快捷菜单中选择"修改"命令。

③按题意修改文本。这里将学号改成"02000107"就行，如图 7-16 所示。

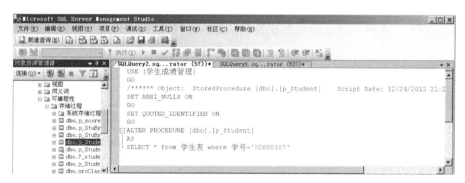

图 7-16 修改后的存储过程

④单击工具栏中的"执行"按钮。

3. 用 T-SQL 命令修改存储过程

只要将创建中的格式 CREATE 改成 ALTER 就行，即

```
ALTER PROCEDURE 过程名
@输入参数名 参数类型 [ = 默认值], …
@输出参数名 参数类型   OUTPUT[, … ]
      [WITH ENCRYPTION]   －－加密
      [WITH RECOMPILE ]   －－重新编译
AS
T-SQL 语句
```

【例 7.30】 修改【例 7.24】中的存储过程 prckh_Student，用于查询指定课程号的平均分、最高分、最低分、总分，并将查询结果返回（增加总分查询）。

在查询编辑器中输入以下代码：

```
ALTER PROCEDURE prckh_Student
```

```
@kh   varchar(20) = '',
@avg  float OUTPUT,@max  int OUTPUT,@min  int OUTPUT,
@sum   float OUTPUT
AS
BEGIN
SELECT @avg = avg(成绩),@max = max(成绩),@min = min(成绩),@sum = SUM(成绩)
FROM 选课表 where 课程号 = @kh
END
```

单击工具栏中的"执行"按钮，显示"命令成功完成"，表示存储过程已经创建。
调用存储过程 prckh_Student，代码如下所示：

```
DECLARE @avg   float,@max   int,@min int,@sum float
EXEC prckh_Student   '1001',  @avg OUTPUT,@max OUTPUT,
@min OUTPUT,@sum OUTPUT
print @avg
print @max
print @min
print @sum
```

4. 在 SSMS 中删除存储过程

①在 SQL Server Management Studio 的"对象资源管理器"中，选择要删除存储过程所在的数据库（如学生成绩管理），然后在该数据库下选择"可编程性""存储过程"。

②打开"存储过程"文件夹，右击要删除的存储过程（如 prckh_Student），在弹出的快捷菜单中选择"删除"命令。

③单击"确定"按钮，删除所选定的存储过程。

注意：删除数据表后，不会删除相关联的存储过程，只是其存储过程无法执行。

【例 7.31】 在 SSMS 的资源对象管理器中删除存储过程 prckh_Student。

展开"数据库"→"学生成绩管理"数据库→"可编程性"→"存储过程"，然后右击 prckh_Student，在弹出的快捷菜单中选择"删除"命令即可，如图 7-17 所示。

图 7-17 删除存储过程

5. 用 T-SQL 命令删除存储过程

命令格式如下所示：

```
DROP PROCEDURE {过程名} [,...n]
```

【例 7.32】 删除学生成绩管理数据库中的存储过程 p_score_avg_ma_mi。

```
DROP PROCEDURE p_score_avg_ma_mi.
```

【例 7.33】   删除学生成绩管理数据库中的存储过程 p_StudentPara 和 p_StuBymajor。

```
DROP PROCEDURE   p_StudentPara,p_StuBymajor
```

任务 7.3   学生成绩管理数据库触发器的创建及管理

 任务描述

在学生成绩管理系统中，用户经常修改选课表中的信息。如果考生的成绩大于等于 60 分，应在学生表的总学分字段上自动更新，即学生的总学分加上该门课程的学分。这个问题可以用触发器解决。本学习任务主要介绍触发器的概念、作用、创建及管理。

7.3.1   触发器概述

1. 触发器的基本概念

在 SQL Server 中，存储过程和触发器都是 SQL 语句和流程控制语句的集合。就本质而言，触发器也是一种存储过程，一种在数据表被修改时自动执行的内嵌过程，主要通过事件触发而被执行。当对某一个表进行如 UPDATE、INSERT、DELETE 操作时，SQL Server 自动执行触发器定义的 SQL 语句，确保对数据的处理符合由 SQL 语句定义的规则。触发器经常用于加强数据的完整性约束和业务规则等。

2. 使用触发器的优点

在触发器中可以包含复杂的处理逻辑，用于保持低级的数据完整性。使用触发器可以实现以下操作。

①保证比 CHCEK 约束更复杂的数据完整性。在数据库中要实现数据完整性的约束，可以使用 CHECK 约束或触发器。但是在 CHECK 约束中不允许引用其他表中的列来完成检查工作，触发器则可以引用其他表中的列来完成数据完整性的约束。

②使用自定义的错误信息。用户有时需要在数据完整性遭到破坏或其他情况下，发出预先自定义的错误信息或动态自定义的错误信息。通过使用触发器，用户可以捕获破坏数据完整性的操作，并返回自定义的错误信息。

③实现数据库中多张表的级联修改。用户可以通过触发器对数据库中的相关表进行级联修改。

④比较数据库修改前、后数据的状态。触发器提供了访问由 INSERT、UPDATE 或 DELETE 语句引起的数据变化前后状态的能力，因此，用户可以在触发器中引用由于修改所影响的记录行。

⑤维护非规范化数据。用户可以使用触发器来保证非规范数据库中的低级数据的完整性。维护非规范化数据与表的级联是不同的。表的级联指的是不同表之间的主外键关

系，维护表的级联可以通过设置表的主键与外键的关系来实现。非规范数据通常是指在表中派生的、冗余的数据值，维护非规范化数据通过使用触发器实现。

在 SQL Server 中，通常使用两种方法创建触发器：一种是在 SSMS 中创建触发器，另一种是在查询编辑器执行 T-SQL 语句创建触发器。

7.3.2　使用 T-SQL 命令创建触发器

1. 使用 T-SQL 命令创建触发器的格式

```
CREATE TRIGGER 触发器名
ON {表名 | 视图名}
{FOR | AFTER | INSTEAD OF}
{[INSERT],[UPDATE],[DELETE]}
[WITH ENCRYPTION]
AS
SQL 语句
```

其中：

①AFTER 在对表进行相关的正常操作后，触发器被触发。如果仅指定 FOR 关键字，AFTER 是默认设置。

②INSTEAD OF 指定执行触发器而不是执行触发语句，从而替代触发语句的操作。可以为表或视图中的每个 INSERT、UPDATE 或 DELETE 语句定义一个 INSTEAD OF 触发器。如果一个可更新的视图定义时，使用了 WITH CHECK OPTION 选项，INTEAD OF 触发器不允许在这个视图上定义。用户必须用 ALTER VIEW 删除选项后，才能定义 INSTEAD OF 触发器。

③{[INSERT]，[UPDATE]，[DELETE]} 是指定在表或视图上执行哪些数据修改语句时激活触发器的关键字，这其中必须至少指定一个选项。在触发器定义中允许使用以任意顺序组合的关键字。如果指定的选项多于一个，用逗号分隔。对于 INSTEAD OF 触发器，不允许在具有 ON DELETE 级联操作引用关系的表上使用 DELETE 选项。同样，不允许在具有 ON UPDATE 级联操作引用关系的表上使用 UPDATE 选项。

④WITH ENCRYPTION 用于加密含有 CREATE TRIGGER 语句的正文文本，这是为了满足数据安全的需要。

⑤SQL 语句：定义触发器被触发后，将执行数据库操作。它指定触发器执行的条件和动作。触发器条件是除了引起触发器执行的操作外的附加条件；触发器动作是指当用户执行激发触发器的某种操作并满足触发器的附加条件时，触发器所执行的动作。

2. 应用

（1）创建 INSERT 触发器

【例 7.34】　在学生成绩管理数据库的"课程表"上创建一个课程表_INS_trigger 触发器。当执行 INSERT 操作时，该触发器被触发，即向所定义触发器的表中插入数据时，将触发其触发器。

具体命令如下所示：

```
USE 学生成绩管理
GO
CREATE TRIGGER 课程表_INS_trigger
ON 课程表
FORINSERT
AS
RAISERROR('不能插入记录',10,1)
```

单击工具栏中的"执行"按钮，显示"命令已成功完成"，表示触发器"课程表_INS_trigger"已被创建。查看"学生成绩管理"数据库→表→课程表→触发器，可以看到"课程表_INS_trigger"已存在。

说明：由于在定义触发器时，指定的是 FOR 选项，因此 AFTER 成为默认设置。触发器在触发插入操作成功执行后才激发。RAISERROR（'不能插入记录'，10，1）表示返回"不能插入记录"的消息。

下面举一个例子来说明：当用户向"课程表"插入如下记录内容并执行：

```
insert 课程表 values('3006','网络营销',4,68,'适合营销类专业')
```

会显示"不能插入记录"提示，但是用户用"SELECT * FROM 课程表"查看表的内容，发现上述记录已经插入到"课程表"中。这感觉好像是：提示成了"马后炮"，说不能插入记录，但是让这条记录插入到表中。其原因是：由于在定义触发器时指定的是 FOR 选项，因此 AFTER 成为默认设置，即指定了 AFTER。此时，触发器只有在触发 SQL 语句 INSERT 中指定的所有操作都已成功执行后才激发。

有没有什么办法能实现触发器被执行的同时，取消触发触发器的 SQL 语句的操作呢？方法有两种。

方法一：使用 INSTEAD OF 关键字。将刚建立的触发器"课程表_INS_trigger"在对象资源管理器中删除，再在查询编辑器中输入以下代码：

```
USE 学生成绩管理
GO
CREATE TRIGGER 课程表_INS_trigger
ON 课程表
INSTEAD OF INSERT
AS
RAISERROR('不能插入记录',10,1)
```

单击工具栏中的"执行"按钮，显示"命令已成功完成"，表示触发器"课程表_INS_trigger"已被创建。

说明：由于在定义触发器时，指定的是 INSTEAD OF 选项，此时触发器在触发插入操作时取消触发触发器的 SQL 语句的操作。

下面举一个例子来说明。当用户向"课程表"插入如下记录内容：

```
insert 课程表 values( '3007 ', '企业员工培训',4,68, '适合管理类专业')
```

会显示"不能插入记录"信息。用户用"SELECT * FROM 课程表"查看表的内容，发现上述记录没有插入到"课程表"中。

总结如下：

① "FOR"或"AFTER"用于在执行触发器的同时执行触发语句。

② "INSTEAD OF"用于在实现触发器被执行的同时，取消触发触发器的 SQL 语句的操作。

说明：为了以后正常操作，将触发器"课程表_INS_trigger"删除。

方法二：使用 rollback 语句。

```
USE 学生成绩管理
GO
CREATE TRIGGER 课程表_INS_trigger
ON 课程表
FOR INSERT
AS
RAISERROR('不能插入记录',10,1)
Rollback
```

说明：rollback 是"回滚"的意思。系统将事务中对数据库所有已经完成的操作全部撤销，回滚到事务开始时的状态。使用 rollback，可以恢复数据到修改之前。所以，尽管用的是"FOR INSERT"，但由于有"Rollback"，插入的操作撤销。

当用户向"课程表"中插入如下记录内容时：

```
insert 课程表 values( '3007 ','企业员工培训',4,68, '适合管理类专业')
```

会显示消息：

```
不能插入记录
消息 3609,级别 16,状态 1,第 1 行
事务在触发器中结束。批处理中止。
```

用户用"SELECT * FROM 课程表"查看表的内容，将发现上述记录没有插入到"课程表"中。

（2）创建 DELETE 触发器

【例 7.35】 在数据库"学生成绩管理"的课程表上建立一个名为"课程表_DELE_trigger1"的 DELETE 触发器。该触发器将实现对课程表中删除记录的操作给出信息。

```
CREATE TRIGGER 课程表_DELE_trigger1
ON 课程表
FOR DELETE
```

```
AS
PRINT '成功删除一条记录'
```

单击工具栏中的"执行"按钮，显示"命令已成功完成"，表示触发器课程表_DELE_trigger1 已被创建。

用户执行"delete 课程表 where 课名='商务礼仪'"，将显示"成功删除一条记录"信息。

查看表的内容，发现"商务礼仪"课名的记录已被删除。

说明：为了以后正常操作，将触发器"课程表_DELE_trigger1"删除。

【例 7.36】　在数据库"学生成绩管理"的课程表上建立一个名为"课程表_DELE_trigger2"的 DELETE 触发器。该触发器将实现对课程表中删除记录的操作给出报警，并取消当前的删除操作。

```
CREATE TRIGGER 课程表_DELE_trigger2
ON 课程表
FOR DELETE
AS
PRINT '你无权删除一条记录'
ROLLBACK
```

单击工具栏中的"执行"按钮，显示"命令已成功完成"，表示触发器"课程表_DELE_trigger2"已被创建。

用户执行"delete 课程表 where 课名='网络营销'"，显示"你无权删除一条记录"。

查看表的内容，发现"网络营销"课名的记录还存在。

注意：这里尽管用的还是 FOR，但"ROLLBACK"的意思是用恢复原来数据的方法实现记录不被删除。

也可以写成：

```
CREATE TRIGGER 课程表_DELE_trigger2
ON 课程表
INSTEAD OF DELETE
AS
PRINT '你无权删除一条记录'
```

单击工具栏中的"执行"按钮，显示"命令已成功完成"，表示触发器"课程表_DELE_trigger2"已被创建。在执行上述创建触发器代码以前，要先将前面创建的触发器"课程表_DELE_trigger2"删除，否则会出现触发器"课程表_DELE_trigger2"已存在的情况。

（3）创建 UPDATE 触发器

在带有 UPDATE 触发器的表上执行 UPDATE 语句时，将触发 UPDATE 触发器。

使用 UPDATE 触发器时，用户可以通过定义 IF UPDATE（列名）来实现。当特定列被更新时，触发触发器，不管更新影响的是表中的一行或是多行。如果用户需要实现多个特定列中的任意一列被更新时触发触发器，可以通过在触发器定义中使用多个 IF UPDATE（列名）语句来实现。

【例 7.37】 在"学生成绩管理"数据库的"学生表"上建立一个名为 student_UPDA_trigger1 的触发器。该触发器将被操作 UPDATE 激活。该触发器将不允许用户修改表的姓名列（不使用 INSTEAD OF，而通过 ROLLBACK TRANSACTION 子句来恢复原数据的方法实现字段不被修改）。命令如下所示：

```
CREATE TRIGGER student_UPDA_trigger1
ON 学生表
FOR UPDATE
AS
IF UPDATE(姓名)
BEGIN
RAISERROR( '你无权修改姓名 ',10,1)
ROLLBACK TRANSACTION
END
```

单击工具栏中的"执行"按钮，显示"命令已成功完成"，表示触发器 student_UPDA_trigger1 已被创建。

建好触发器后，试着执行 UPDATE 操作：

```
UPDATE 学生表 SET 姓名 = '郑大海 'WHERE 姓名 = '郑海洋 '
```

运行结果显示：

```
你无权修改姓名
消息 3609,级别 16,状态 1,第 1 行
事务在触发器中结束。批处理已中止。
```

说明操作无法进行，触发器起到了保护作用。

在"SQL 编辑器"中运行命令：

```
SELECT 姓名 FROM 学生表 WHERE 姓名 LIKE '郑 % '
```

在查询结果中可以发现，上述更新操作并不能实现对表中姓名列的更新。

但是 UPDATE 操作可以对没有建立保护性触发的其他列进行更新而不会激发触发器。例如，在"SQL 编辑器"中运行如下命令：

```
UPDATE 学生表
SET 联系电话 = '13566567845' WHERE 学号 = ' 02000101 '
```

执行后返回消息"所影响的行数为 1 行"。检索表"学生表"可以看到，学号为

"02000101"的联系电话的内容确实被更新了。

说明：为了不影响下面的正常工作，将存储过程 student_UPDA_trigger1 删除。

刚刚建立的存储过程也可以用"INSTEAD OF"实现，代码如下所示：

```
CREATE TRIGGER student_UPDA_trigger1
ON 学生表
INSTEAD OF UPDATE
AS
IF UPDATE(姓名)
BEGIN
RAISERROR( '你无权修改姓名 ',10,1)
END
```

建好触发器后，试着执行 UPDATE 操作：

```
UPDATE 学生表 SET 姓名 = '郑大海 'WHERE 姓名 = '郑海洋 '
```

运行结果显示：

```
你无权修改姓名
(1 行受影响)
```

但是，查看学生表的信息，发现姓名还是没有更改。

思考：测试一下，若执行

```
UPDATE 学生表 SET 联系电话 = '13685479856 'WHERE 姓名 = '郑海洋 '
```

结果如何？

（4）Inserted 和 Deleted 表

这两个表是系统为每个触发器创建的专用临时表，其表结构与触发器作用的表结构相同。专用临时表被存放在内存中，由系统维护，用户可以对其查询，不能对其修改。触发器执行完成后，与该触发器相关的临时表被删除。

①Inserted 表：用来存储 INSERT 和 UPDATE 语句所影响的行的副本，是指在 Inserted 表中临时保存了被插入或被更新的记录行。在执行 INSERT 或 UPDATE 语句时，新加行被同时添加到 Inserted 表和触发器表中。因此，可以从 Inserted 表检查插入的数据是否满足需求。如不满足，回滚撤销操作。

②Deleted 表：用来存储 DELETE 和 UPDATE 语句所影响行的副本，是指在 Delete 表中临时保存了被删除或被更新前的记录行。在执行 DELETE 或 UPDATE 语句时，行从触发器表中删除，并传到 Deleted 表中。所以，可以从 Deleted 表检查删除的数据行是否能删除。

当表中某条记录的某项值发生变化时，变化前的值已经通过系统自动创建的临时表 Deleted 表和 Inserted 表保存了被删除行或插入的记录行的副本。可以从这两个表中查询出变化前的值并赋给变量。如表 7-2 所示，明确每一个动作是如何影响 Deleted 表和

Inserted 表的。

表 7-2　Inserted 和 Deleted 表的内容

表	INSERT	DELETE	UPDATE
Inserted	插入列	空	修改前的列
Deleted	空	删除列	修改后的列

下面分别举例说明。

【例 7.38】　编写一个触发器 aa，在数据库"学生成绩管理"中为选课表添加一条记录。如果添加的记录分值大于等于 60 分，自动在"学生表"的"总学分"中增加相应的学分。

分析：因为要在"选课表"中编写插入触发器，所以在触发触发器时，系统将自动创建一个与触发器表具有相同表结构的 Inserted 临时表，即创建的 Inserted 临时表与选课表结构一样，当新的记录被添加到选课表时，意味着新的记录被添加到 Inserted 表中。如果添加的记录是：学号为 02000103、课程号为 1008、成绩为 86，则这条记录同时插入到选课表和 Inserted 表中。因为要自动修改学生表中所对应学生的总学分，即要将学号为 02000103 的学生总学分增加相应的学分。要知道课程号为 1008 的课程所对应的学分，需要查询课程表中的相应信息。所以，本题的触发器写成如下形式：

```
CREATE TRIGGER aa
on 选课表
for insert
AS
DECLARE @c1 char(9),@xf int
if(select 成绩 from inserted)>=60
begin
select @c1=学号,@xf=学分 from inserted i,课程表 k where i. 课程号=k. 课程号
update 学生表 set 总学分=总学分+@xf from 学生表 where 学号=@c1
END
```

执行触发器后，输入并执行以下代码：

```
insert 选课表 values('05000103','5002',80)
```

这样，不仅在"选课表"中增加了一条记录，同时查看"学生表"，发现学号为"05000103"的学生总学分也相应增加了。

这里的新知识点是 Inserted 表。

说明：① "select @c1=学号，@xf=学分 from inserted i，课程表 k where i. 课程号=k. 课程号"表示查询所插入记录的学号及对应这门课的学分。

② "update 学生表 set 总学分=总学分+@xf from 学生表 where 学号=@c1"表示修改学生表中的总学分。

【例 7.39】　编写一个触发器 cc，在数据库"学生成绩管理"中为"学生表"删除

265

一条记录，同时删除选课表中相应的信息。

因为学生表与选课表存在外键关系，所以如果想要删除的学生表中的记录的学号已在选课表中有相应的信息，由于外键关系，将无法删除学生表中的记录。为了达到本例的要求，先删除学生表与选课表相应的外键关系。

分析：因为在学生表中创建了删除触发器，则在学生表中删除信息时，系统自动生成临时表 Deleted，用来暂时存放删除的学生信息。所以，将 Deleted 表与选课表按学号连接后的学号信息提取出来，然后根据提取出的学号信息，删除选课表中相应的信息。所以，本题的触发器可写成如下形式：

```
CREATE TRIGGER cc
on 学生表
for delete
AS
DECLARE @xh char(9)
begin
delete 选课表   from 选课表 join Deleted on 选课表 . 学号 = Deleted. 学号
END
```

执行触发器后，如果执行如下形式：

```
delete 学生表 where 学号 = ' 02000101 '
```

会发现，不仅学生表中学号为"02000101"的记录被删除，选课表中学号为"02000101"的记录同时被删除。

7.3.3 用对象资源管理器创建触发器

1. 方法

①启动 SQL Server Management Studio。

②分别展开"数据库"→"用户数据库"→"表"节点。

③单击将在其上创建触发器的数据表（如学生表），再右击触发器，然后在弹出的快捷菜单上选择"新建触发器"命令，将出现触发器创建的模板文件，如图 7-18 所示。

④在"SQL 编辑器"触发器模板文件中的相应位置填入创建触发器的 T-SQL 语句，也可以单击"SQL 编辑器"工具栏中的"指定模板参数的值"按钮，弹出如图 7-19 所示"指定模板参数的值"对话框。输入模板相关的参数值，然后单击"确定"按钮，更新触发器的参数值。

⑤单击"SQL 编辑器"工具栏中的"执行"按钮，完成触发器的创建。如需保存触发器创建的 T-SQL 语句，单击"标准"工具栏中的"保存"按钮。

2. 应用

【例 7. 40】　在"学生成绩管理"数据库的"学生表"上建立一个名为 student_trigger1 的 DELETE 触发器。该触发器将实现对学生表中删除记录的操作给出报警，并取消当前的删除操作。

图 7-18 创建触发器模板

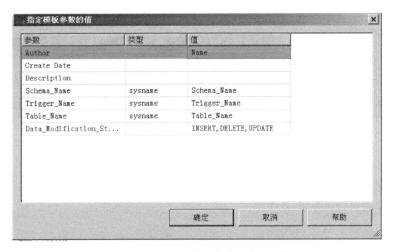

图 7-19 "指定模板参数的值"对话框

①分别展开"数据库"→"学生成绩管理"→"表"节点。

②单击将在其上创建触发器的学生表，再右击触发器，然后在弹出的快捷菜单中选择"新建触发器"命令，在 SQL 编辑器中将出现触发器创建的模板文件，如图 7-20 所示。

③单击"SQL 编辑器"工具栏中的"执行"按钮，完成触发器的创建。

图 7-20 创建触发器

 项目小结

本项目首先介绍了 T-SQL 的编程基础知识，然后学习了存储过程、触发器的概念、作用、创建、执行及管理的方法。主要内容有：

（1）T-SQL 语言中变量、常量的定义，流程控制语句，循环语句等。

（2）SSMS 和 T-SQL 命令创建、执行、修改无参存储过程、带输入参数的存储过程、带输出参数的存储过程的方法，以及查看、删除存储过程的方法。

（3）SSMS 和 T-SQL 命令创建、管理触发器的方法，特别是 INSERT 触发器、DELETE 触发器、UPDATE 触发器的创建、管理；Inserted 和 Deleted 表的作用。

 课堂实训

【实训目的】

1. 理解存储过程的概念及作用。

2. 掌握触发器的概念及用途。

3. 能创建、管理存储过程。

4. 能创建、管理触发器。

【实训内容】

一、图书馆管理系统数据库——存储过程（在 library 数据库中执行）

（一）存储过程的创建和调用

1. 创建一个名为 p_book1 的存储过程，返回"书籍表"中图书编号为"020001"的图书信息。

在查询编辑器中输入以下代码：

```
use Library
go
CREATE _____ p_book1
AS
SELECT * from 书籍表 where 图书编号 = '020001'
```

调用存储过程 p_book1，如下所示：

```
EXEC _____
```

2. 创建一个名为 p_book2 的存储过程，返回书名为"大学英语"的图书信息。
在查询编辑器中输入以下代码：

```
use Library
go
CREATE _____
AS
SELECT * from 书籍表 _____
```

调用存储过程 p_book2，如下所示：

```
_____
```

3. 创建一个名为 p_book3 的存储过程。该存储过程根据给定的图书编号显示该图书
的信息。

```
CREATE PROCEDURE p_book3
@x char(9)
AS
SELECT * from 书籍表 where _____
```

调用存储过程 p_book3（图书编号为 001105），如下所示：

```
EXEC p_book3 _____
```

4. 创建一个名为 p_book4 的存储过程。该存储过程根据给定的书名显示图书信息。

```
use Library
go
CREATE PROCEDURE p_book4
@c1 _____
AS
SELECT * from _____
```

调用存储过程 p_book4（书名为"大学语文"），如下所示：

5. 创建一个名为 p_borower1 的存储过程。该存储过程查询借阅表中借书证号为 "001101" 的学生借书信息。

```
use Library
go
CREATE PROCEDURE p_borower1
AS
SELECT * FROM _____ 表 where _____
```

调用存储过程 p_borower1，如下所示：

```
EXEC _____
```

6. 创建一个名为 p_borower2 的存储过程。该存储过程显示某个学生所借书籍的信息。

```
use Library
go
CREATE PROCEDURE _____
AS
SELECT * FROM 借阅表 _____
```

调用存储过程 p_borower2（借书证号 = '001115'），如下所示：

```
EXEC _____
```

7. 创建读者还书存储过程 ReturnBook，若读者没有借阅此书，显示无法操作的信息。

```
use Library
go
create procedure ReturnBook
_____
as
-----------判断读者是否借阅此书。如果没有借阅此书,则不能进行还书操作
if not exists(select * from 借阅表 where 借书证号 = @no and 图书编号 = @Bid)
begin
    print '对不起,你没有借阅此书,故而无法进行此次还书操作,请核实! '
end
```

调用存储过程 ReturnBook，如下所示：

```
EXEC _____
```

8. 创建读者还书存储过程 ReturnBook_1，显示成功还书的信息。

270

```
use Library
go
create procedure _____
@no varchar(10),@Bid varchar(30)
as
if exists(select * from 借阅表 _____)
begin
----------读者还书过程
Update 借阅表 set 已归还 = '是',归还日期 = getdate()
where 借书证号 = @no and 图书编号 = @Bid
----------输出还书成功信息
Select '成功地向图书馆归还'
end
go
```

调用存储过程 ReturnBook_1，如下所示：

```
EXEC _____
```

9. 创建读者还书存储过程 ReturnBook_2。若读者没有借阅此书，显示无法操作的信息，否则显示已归还的信息。

```
use Library
go
create procedure ReturnBook_2
@no varchar(10),@Bid varchar(30)
as
----------判断读者是否借阅此书。如果没有借阅此书,则不能进行还书操作
if not exists _____
begin
_____
end
else
begin
----------读者还书过程
_____
----------输出还书成功信息
    Select '成功地向图书馆归还'
end
go
```

调用存储过程 ReturnBook_2，如下所示：

```
EXEC _____
```

10. 创建读者借阅图书情况存储过程的 RQueryBook。该存储过程将根据借书证号，查询读者借阅图书情况。

```
use Library
go
create procedure RQueryBook
@no varchar(10)
as
    select * from 借阅表 where 借书证号 = _____
go
```

调用存储过程 RQueryBook，如下所示：

```
EXEC _____
```

11. 创建检索图书信息存储过程 RIndexBook。该存储过程将根据书名，检索图书信息。

```
use Library
go
create procedure RIndexBook
_____
as
set @bname = ' % ' + @parm + ' % '
if(exists(select * from 书籍表 where 书名 like @bname))
begin
select '你所检索的图书信息如下：'
select * from _____ where 书名 like _____
go
```

调用存储过程 RIndexBook，如下所示：

```
EXEC _____
```

（二）存储过程的管理

1. 修改 p_book1 的存储过程，返回"书籍表"中图书编号为"020009"的图书信息。

在查询编辑器中输入以下代码：

```
use Library
go
ALTER PROCEDURE p_book1
AS
SELECT * from 书籍表 where 图书编号 = ' 020009 '
```

调用存储过程 p_book1，如下所示：

```
EXEC p_book1
```

2. 修改名为 p_book2 的存储过程，返回书名为"高等数据"的图书信息。
在查询编辑器中输入以下代码：

```
use Library
go
ALTERE PROCEDURE p_book2
AS
SELECT * from 书籍表 _____
```

调用存储过程 p_book2，如下所示：

```
EXEC _____
```

（三）存储过程的删除

1. 删除存储过程 p_book1。

```
DROP PROCEDURE p_book1
```

2. 删除存储过程 p_book2。

_____

二、图书馆管理系统数据库——触发器

（一）触发器的创建

1. 在 library 数据库的"书籍表"中创建一个触发器书籍表_INS_trigger。当执行 INSERT 操作时，该触发器被触发（即向所定义触发器的表中插入数据时，将触发其触发器）。

```
USE library
GO
CREATE TRIGGER 书籍表_INS_trigger
ON 学生表
for _____
AS
Print '一条记录被插入'
```

2. 在 library 数据库的"书籍表"中建立一个名为书籍表_DELE_trigger1 的 DELETE 触发器。该触发器实现对书籍表中删除记录的操作给出信息。

```
_____书籍表_DELE_trigger1
ON 学生表
```

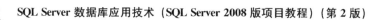

```
FOR _____
AS
PRINT '_____'
```

3. 在 library 数据库的"借阅表"中建立一个名为借阅表_DELE_trigger2 的
DELETE 触发器。该触发器实现对借阅表中删除记录的操作给出报警，并取消当前的删
除操作。

```
_____借阅表_DELE_trigger2
ON 借阅表
FOR _____
AS
PRINT '你无权删除一条记录'
_____
```

想一想，能否用 INSTEAD OF DELETE 取代？请试一试。

4. 在 library 数据库的"借阅表"中建立一个名为 date_UPDA_trigger1 的触发器，
该触发器将被操作 UPDATE 激活。该触发器将不允许用户修改表中的借书日期列（不
使用 INSTEAD OF，而通过利用 ROLLBACK TRANSACTION 子句来恢复原来数据的
方法实现字段不被修改）。命令如下：

```
CREATE TRIGGER _____
ON _____
FOR _____
AS
IF UPDATE(借书日期)
BEGIN
RAISERROR( '你无权修改借书日期',10,1)
_____
END
```

5. 编写一个触发器 aa，在 library 数据库的"借阅表"中为借阅表添加一条记录，则
自动将"书籍表"中的库存量减 1。

```
CREATE TRIGGER _____
on 借阅表
for insert
AS
DECLARE @c1 char(9)
Select @c1 = 图书编号 from _____
update 书籍表 set 库存量 = 库存量-1 where _____
```

6. 编写触发器 dd，在 library 数据库的"借阅表"中为借阅表还书，则自动在"书

274

籍表"中的库存量加 1。

```
CREATE TRIGGER _____
on 借阅表
_____
AS
DECLARE @c1 char(9)
Select   @c1 = 图书编号 from inserted
update 书籍表 set 库存量 = 库存量 + 1   where _____
```

7. 在借阅表中创建一个触发器 tri_Book。若要借的书已无库存，则无法进行借书操作。

```
use Library
go
-------------- 借书要求(书本没有库存,则无法进行借书操作)------------
create trigger tri_Book
on 借阅表
for _____
as
declare @btotal int,@bborrowed int
select @bborrowed = 图书编号 from _____
select@btotal = 库存量 from 书籍表 where 图书编号 = _____
if(@btotal = 0)
begin
rollback transaction
print ' 借阅失败！'
print ' 对不起,此书已经没有库存,无法进行本次借书操作!'
end
go
```

（二）触发器的管理

1. 修改 library 数据库的"借阅表"中名为"借阅表_DELE_trigger2"的触发器。该触发器实现对借阅表中删除记录的操作给出报警，并取消当前的删除操作。要求用 INSTEAD OF DELETE 实现。

```
ALTER 借阅表_DELE_trigger2
ON 借阅表
_____
AS
PRINT ' 你无权删除一条记录 '
```

2. 修改触发器 aa，通过 library 数据库的"借阅表"得知读者还书信息，则自动将

"书籍表"中的库存量加 1。

```
Acter TRIGGER aa
on 借阅表
_____
AS
DECLARE @c1 char(9)
Select @c1 = 图书编号 from inserted
update 书籍表 set _____ where _____
```

（三）触发器的删除

1. 删除触发器"学生表_INS_trigger"。

```
DROP Trigger 学生表_INS_trigger
```

2. 删除触发器"学生表_DELE_trigger1"。

```
_____ 学生表_DELE_trigger1
```

 课外实训

一、宿舍管理系统数据库——存储过程

（一）存储过程的创建和调用

1. 在 bedroom 数据库中，创建一个名为 p_stu1 的存储过程，返回"学生表"中学号为"020001"的学生信息。

在查询编辑器中输入以下代码：

_____

调用存储过程 p_stu1，如下所示：

_____

2. 创建一个名为 p_stu2 的存储过程，返回姓名为"李小明"的学生信息。

在查询编辑器中输入以下代码：

_____

调用存储过程 p_stu2，如下所示：

_____

3. 创建一个名为 p_stu3 的存储过程。该存储过程根据给定的学号显示该学生的信息。

_____

调用存储过程 p_stu3（学号为 001105），如下所示：

_____

4. 创建一个名为 p_stu4 的存储过程。该存储过程根据给定的姓名显示学生信息。

_____

调用存储过程 p_stu4（姓名任意，只要表中存在），如下所示：

_____

5. 在住宿表中创建一个存储过程 p_l1。该存储过程查询住宿表中宿舍号为 "2-301" 的住宿信息。

_____

调用存储过程 p_l1，如下所示：

_____

6. 在住宿表中创建一个存储过程 p_l2。该存储过程查询某个宿舍号的住宿信息，显示住在该宿舍中的学生信息，如学号、姓名、性别、专业、班级、联系方式等。

_____

调用存储过程 p_l2（例如，宿舍号为 "3-301"），如下所示：

_____

（二）存储过程的管理

1. 在 bedroom 数据库中，修改名为 p_stu1 的存储过程，返回 "学生表" 中学号为 "030001" 的学生信息。

在查询编辑器中输入以下代码：

_____

2. 在 bedroom 数据库中，修改名为 p_stu2 的存储过程，返回姓名为 "陈小明" 的学生信息。

在查询编辑器中输入以下代码：

_____

3. 在 bedroom 数据库中，修改名为 p_stu3 的存储过程。该存储过程根据给定的姓名显示该学生的信息。

_____

4. 在 bedroom 数据库中，修改名为 p_l2 的存储过程。该存储过程查询某个宿舍号的住宿信息，显示住在该宿舍中的学生信息，如学号、姓名、性别、专业、班级、联系方式、入住时间等。

_____

（三）存储过程的删除

1. 删除的存储过程 p_stu1。

2. 删除的存储过程 p_stu2。

二、宿舍管理系统数据库——触发器

（一）触发器的创建

1. 在 bedroom 数据库中为 "学生表" 创建一个触发器 "学生表_INS_trigger"。当执行 INSERT 操作时，该触发器被触发（即向所定义触发器的表中插入数据时，触发其触发器）。

2. 在 bedroom 数据库的 "学生表" 中建立一个名为 "学生表_DELE_trigger1" 的 DELETE 触发器。该触发器实现对学生表中删除记录的操作给出信息。

3. 在 bedroom 数据库的 "住宿表" 中建立一个名为 "住宿表_DELE_trigger2" 的

DELETE 触发器。该触发器实现对住宿表中删除记录的操作给出报警，并取消当前的删除操作。

4. 在 bedroom 数据库的"住宿表"中建立一个名为"住宿表_UPDA_trigger1"的触发器。该触发器将被操作 UPDATE 激活。该触发器不允许用户修改表的入住日期列。

（二）触发器的管理

1. 修改在 bedroom 数据库的"学生表"中的触发器"学生表_INS_trigger"。当执行 update 操作时，该触发器被触发（即向所定义触发器的表中修改数据时，触发其触发器）。

2. 修改 bedroom 数据库的"学生表"中名为"学生表_DELE_trigger1"的触发器。该触发器实现对学生表中插入记录的操作给出信息。

3. 修改 bedroom 数据库的"住宿表"中名为"住宿表_DELE_trigger2"的触发器。该触发器实现对住宿表中插入记录的操作给出报警，并取消当前的插入操作。

（三）触发器的删除

1. 删除触发器"学生表_INS_trigger"。

2. 删除触发器"学生表_DELE_trigger1"。

项目 8　学生成绩管理数据库的安全管理与备份

知识目标

1. 理解数据库安全性问题和安全性机制之间的关系。
2. 理解身份验证模式种类，理解 SQL Server 系统的密码策略。
3. 理解系统内置的加密机制。
4. 理解特殊登录名 sa 的作用、权限；理解特殊数据库用户的 dbo、guest 的作用和权限。
5. 理解固定服务器角色的特点及架构的作用。
6. 理解权限安全管理及授权的概念，掌握权限管理范围。
7. 掌握 sp_addlogin、sp_droplogin、sp_password、sp_defaultdb、sp_defaultlanguage、sp_grantdbaccess、sp_helpuser、sp_revokedbaccess、sp_addsrvrolemember、sp_dropsrvrolemember、sp_addrole、sp_droprole、sp_addrolemember、sp_droprolemember、sp_setapprole、sp_unsetapprole 等系统存储过程的作用及使用时所遵循的 T-SQL 语句语法规则。
8. 掌握 create login、alter login、drop login、create user、alter user、drop user、create role、drop role、alter role、create application role、drop application role、create schema、drop schema、grant⋯to⋯、revoke⋯from⋯、deny⋯ to、backup database⋯to、restore database⋯from 等 T-SQL 语句语法规则。

能力目标

1. 能分别使用 SSMS 和 T-SQL 语句设置服务器身份验证模式。
2. 能分别使用 SSMS 和 T-SQL 语句进行登录名管理、数据库用户管理。
3. 能分别使用 SSMS 和 T-SQL 语句进行角色管理、架构管理。
4. 能分别使用 SSMS 和 T-SQL 语句进行权限管理。
5. 能分别使用 SSMS 和 T-SQL 语句来备份和还原。

项目描述

如果将数据库比作一座楼房，将数据表比作房间，我们已经完成了楼房的建造，房间的打造及装修，接下去要进行楼房的安全管理。例如，进入楼房要进行身份验证，进入房间要认证，能对哪些房间进行哪些操作等。对应于数据库，当用户登录数据库系统时，如何确保只有合法的用户才能登录到系统中；当用户登录系统后，可以执行哪些操作，使用哪些对象和资源，怎样才能保证数据库及数据在意外破坏时能恢复。数据访问的安全性和数据运行的安全性（数据库维护、灾难恢复等）是数据库管理系统安全性的两个方面。本项目首先介绍数据库的身份验证和授权；其次介绍用户、角色、架构、权限；然后介绍数据库的备份与还原功能；最后通过课堂实训、课外实训来加强学生对数据库的安全管理与备份的实操能力。

本项目共有 7 个学习任务：

任务 8.1　身份验证和授权

任务 8.2　登录名管理

任务 8.3　用户管理

任务 8.4　角色管理

任务 8.5　架构管理

任务 8.6　权限管理

任务 8.7　数据库备份与还原

任务 8.1　身份验证和授权

任务描述

数据库的安全管理首先要解决的是：当用户登录 SQL Server 2008 服务器时，如何进行身份合法性验证。本学习任务介绍在 Microsoft SQL Server 2008 系统中，如何使用 SSMS 和 T-SQL 语句设置服务器身份验证模式。

8.1.1　服务器身份验证模式

服务器身份验证是指在用户访问 SQL Server 数据库服务器之前，操作系统本身或数据库服务器对来访用户进行身份合法性验证。这是 SQL Server 验证的第一步。用户只有通过服务器验证后，才能连接到 SQL Server 服务器。

SQL Server 2008 的身份验证模式有两种，分别是"Windows 身份验证模式"和"SQL Server 和 Windows 身份验证模式"。

1. Windows 身份验证模式

Windows 身份验证模式使用 Windows 操作系统的登录账户和密码连接 SQL Server 服务器，Microsoft Windows 将完全负责对客户端进行身份验证。这是 SQL Server 默认的身份验证模式，其优点是比较安全，多次登录请求无效后锁定账户。

2. SQL Server 和 Windows 身份验证模式

SQL Server 和 Windows 身份验证模式允许以 SQL Server 身份验证模式或者 Windows 身份验证模式来进行验证。使用哪个模式，取决于在最初的通信时使用的网络库。如果一个用户使用 TCP/IP Sockets 进行登录验证，则使用 SQL Server 身份验证模式；如果用户使用命名管道，登录时将使用 Windows 验证模式。这种模式能更好地适应用户的各种环境。

8.1.2 设置服务器身份验证模式

在 SQL Server 2008 中，设置服务器身份验证模式的方法共有两种，一种使用 SSMS 图形化界面来设置，另一种使用 T-SQL 语句来设置。

1. 使用 SSMS 来设置服务器身份验证模式

【例 8.1】 设置 SQL Server 2008 登录的身份验证模式为 SQL Server 和 Windows 身份验证模式。

①启动 SSMS，在对象资源管理器中右击要设置身份验证的实例，并在弹出的快捷菜单中选择"属性"命令，打开"服务器属性"对话框。然后，单击"服务器属性"对话框中的"安全性"选项，打开"服务器属性"对话框"安全性"选择页，如图 8-1 所示。

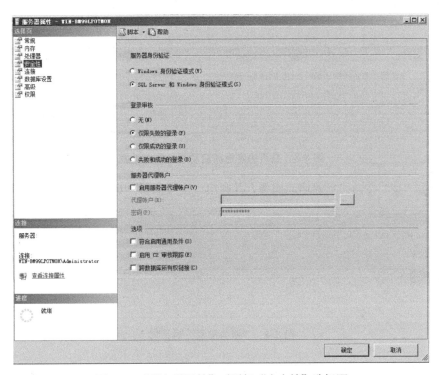

图 8-1 "服务器属性"对话框"安全性"选择页

②在"服务器身份验证"下，选择"SQL Server 和 Windows 身份验证模式（S）"前的单选按钮。

③在"登录审核"单选内容中，选中用户访问 SQL Server 的级别。其含义如下所述：

● 无（N）：表示不执行审核。
● 仅限失败的登录（F）：表示只审核失败的登录尝试。
● 仅限成功的登录（U）：表示只审核成功的登录尝试。
● 失败和成功的登录（B）：表示审核成功的和失败的登录尝试。

④在"服务器代理账户"中确定是否要启动服务器代理账户。

⑤单击"确定"按钮，弹出如图 8-2 所示的提示对话框。

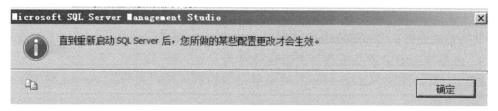

图 8-2　提示对话框

⑥单击"确定"按钮，完成服务器身份验证模式的设置。为了使用设置的服务器验证模式，还要重新启动服务。

⑦右击修改后的身份验证模式实例，在弹出的快捷菜单中选择"重新启动"命令，弹出是否确定重新启动服务器对话框，如图 8-3 所示。

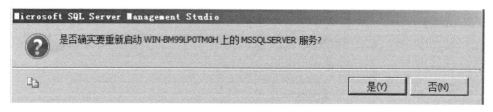

图 8-3　是否确定重新启动服务器对话框

⑧单击"是"按钮，重新启动服务，并弹出"服务控制"对话框，如图 8-4 所示。

图 8-4　"服务控制"对话框

⑨重新启动服务后，"服务控制"对话框自动关闭。

2. 使用 T-SQL 语句来设置服务器身份验证模式

【例 8.2】　用 T-SQL 语句设置登录的身份验证模式为"SQL Server 和 Windows 身份验证模式"。

语句如下所示：

```
xp_instance_regwrite N'HKEY_LOCAL_MACHINE',
N'SOFTWARE\Microsoft\MSSQLServer\MSSQLServer','LoginMode',
N'REG_DWORD',2
```

使用上述语句修改服务器身份验证模式时，"1"表示 Windows 身份验证模式，"2"表示 SQL Server 和 Windows 身份验证模式。

任务 8.2 登录名管理

 任务描述

完成服务器身份验证模式设置后，接下来要解决当用户登录 SQL Server 2008 服务器时，如何确保只有合法的用户才能登录到系统中。在 SQL Server 2008 中，可以使用 SSMS 图形化界面管理登录名，也可以使用 T-SQL 语句来管理登录名。本学习任务介绍在 Microsoft SQL Server 2008 系统中，分别使用 SSMS 和 T-SQL 语句来创建登录名、重命名登录名、查看登录名信息及修改和删除登录名等；通过管理登录名，确保只有合法的用户才能登录到数据库系统。

8.2.1 使用 SSMS 管理登录名

访问 SQL Server 2008 服务器，要求拥有对 SQL Server 2008 实例的访问权，这就需要拥有登录名。下面通过【例 8.3】～【例 8.6】介绍使用 SSMS 管理登录名。

1. 新建登录名

在创建登录名时，既可以通过将 Windows 登录名映射到 SQL Server 系统中（详情见【例 8.3】），也可以创建 SQL Server 登录名（详见【例 8.4】）。

【例 8.3】 创建一个 Windows 身份验证的登录名 lxy。

①在"对象资源管理器"中，打开"安全性"文件夹，然后右击"登录名"，在弹出的快捷菜单中选择"新建登录名"命令，如图 8-5 所示。

图 8-5 选择"新建登录名"命令

②在弹出的"登录名—新建"对话框（见图 8-6）中，单击"登录名"后的"搜索"按钮，弹出"选择用户或组"对话框，如图 8-7 所示。单击"高级"按钮，在弹出的对话框中单击"立即查找"按钮，在"搜索结果"中找到名为 lxy 的用户，如图 8-8 所示。双击 lxy，即可在图 8-7 所示的"输入要选择的对象名称（例如）（E）:"中出现"WIN-BM99LPOTMOH \lxy"。单击"确定"按钮，回到如图 8-6 所示的"登录名—新建"对话框，将登录名 WIN-BM99LPOTMOH \lxy 填写到"名称"之后。

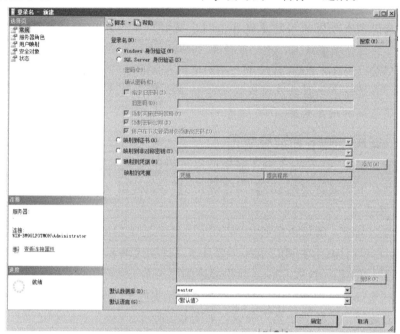

图 8-6　"登录名—新建"对话框

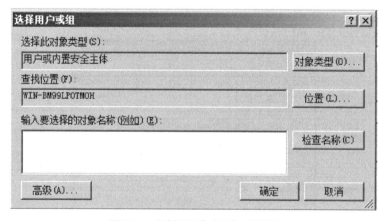

图 8-7　"选择用户或组"对话框

认证模式默认为"Windows 身份验证（W）"，不需要重新选择。还可以进一步设置默认数据库和默认语言。

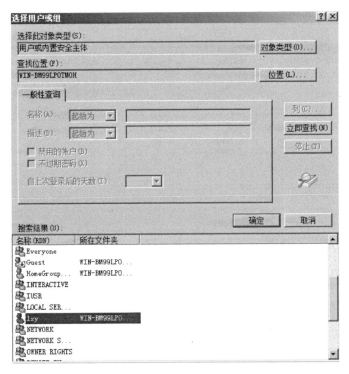

图 8-8　"选择用户或组"对话框查找结果

③单击"服务器角色"选项，为新建登录名赋予服务器操作功能，如图 8-9 所示。

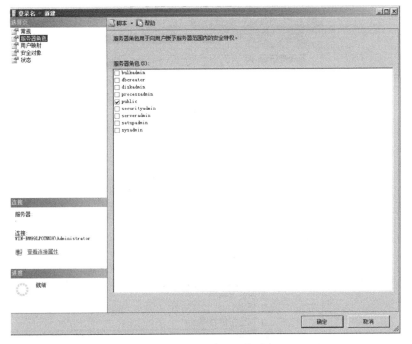

图 8-9　"服务器角色"选项

④还可以给新建登录名指定具体的数据库及数据库权限。单击"用户映射"选项，

可以设置具体数据库及数据库权限，如图 8-10 所示。数据库的权限将在后面详细介绍。

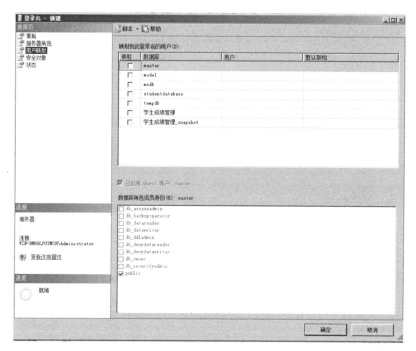

图 8-10   "用户映射"选项

⑤设置完成，单击"确定"按钮，可以看到创建的登录名 lxy，如图 8-11 所示。

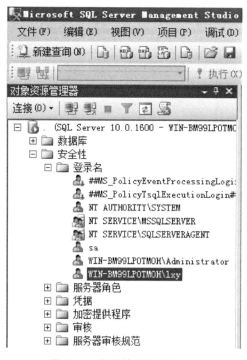

图 8-11   创建的登录账号 lxy

【例8.4】 创建一个 SQL Server 身份验证的登录名 lxy_a，密码为 123。

①在"对象资源管理器"中打开"安全性"文件夹，然后右击"登录名"，在弹出的快捷菜单中选择"新建登录名"命令，如图8-6所示。

②在弹出的"登录名—新建"对话框中，设置"登录名"为lxy_a，认证模式为"SQL Server 身份验证"，"密码"和"确认密码"都为"123"，如图8-12所示。还可以进一步设置默认数据库和默认语言。

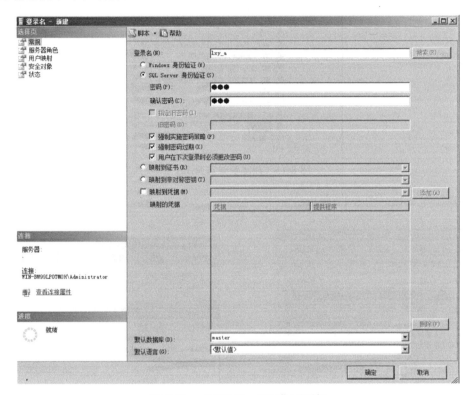

图8-12 "登录名—新建"对话框

这里涉及到 Microsoft SQL Server 2008 系统的密码策略问题。Microsoft SQL Server 2008 系统具有密码复杂性和密码过期两大特征。密码复杂性是指通过增加更多可能的密码数量来阻止黑客的攻击；密码过期是指如何管理密码的使用期限。在创建 SQL Server 登录名时，如果使用密码过期策略，系统将提醒用户及时更改旧密码和登录名，并且禁止使用过期的密码。

③单击"服务器角色"选项，为新建登录账号赋予服务器操作功能，如图8-9所示。

④还可以给新建登录账号指定具体的数据库及数据库权限。单击"用户映射"选项，可以设置具体的数据库及数据库权限，如图8-10所示。

⑤设置完成，单击"确定"按钮，可以看到创建的登录名 lxy_a，如图8-13所示。

2. 重命名登录名

选择要重命名的登录名，然后右击，在弹出的快捷菜单中选择"重命名"命令，可以修改登录名。

【例8.5】 将登录名 lxy_a 重命名为 lxy_ss。

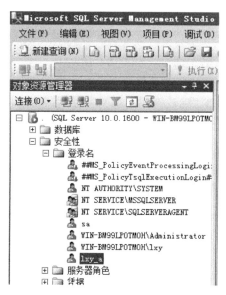

图 8-13　创建登录账号 lxy_a

步骤如图 8-14～图 8-17 所示。

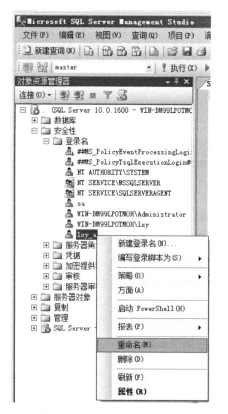

图 8-14　重命名登录名步骤 1

图 8-15　重命名登录名步骤 2

图 8-16　重命名登录名步骤 3　　　　　图 8-17　重命名登录名步骤 4

3. 删除登录名

下面通过实例介绍删除登录名的操作。

【例 8.6】　删除登录名 lxy_ss。

选择要删除的登录名 lxy_ss，然后右击，在弹出的快捷菜单中选择"删除"命令，弹出"删除对象"对话框，如图 8-18 所示。单击"确定"按钮，即可删除登录名。

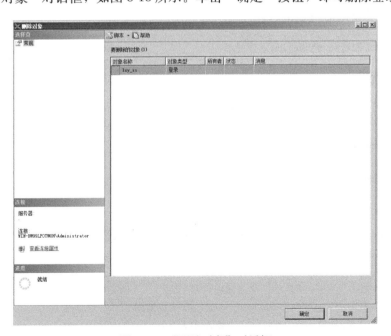

图 8-18　"删除对象"对话框

注意：sa 是 SQL Server 2008 安装进程在安装过程中创建的一个登录名，即使安装时选择的是 Windows 身份验证模式，它也会被创建。它是默认的 SQL Server 登录名，拥有操作 SQL Server 系统的所有权限。该登录名不能被删除，但可以通过改名或者禁用的方式避免用户通过该账户对 SQL Server 进行非授权访问。

8.2.2 使用 T-SQL 语句管理登录名

使用 T-SQL 语句管理登录名的方法有：使用系统存储过程和使用 create login、alter login、drop login 等语句。下面先介绍使用系统存储过程管理登录名。

1. 使用系统存储过程管理登录名

（1）创建登录名

语法格式如下所示：

```
sp_addlogin 登录账号的登录名,登录密码,默认数据库,默认语言,安全码,是否加密
```

其中，在"是否加密"选项中，Null 表示对密码加密，Skipencryption 表示对密码不加密。Skipencryptionold 只对 SQL Server 升级时使用，表示旧版本已对密码加密。

下面通过实例介绍使用 T-SQL 语句创建登录账号。

【例 8.7】 创建一个名为 lxy1 的登录账号，密码为 123。默认数据库为"学生成绩管理"，默认语言为 English。

使用系统存储过程 sp_addlogin 来创建的语句如下所示：

```
exec sp_addlogin 'lxy1','123','学生成绩管理','English'
```

（2）修改登录名

修改登录名密码的语法格式如下所示：

```
sp_password 旧密码,新密码,指定登录名
```

修改默认数据库的语法格式如下所示：

```
sp_defaultdb 指定登录名,默认数据库
```

修改登录名默认语言的语法格式如下所示：

```
sp_defaultlanguage 指定登录名,默认语言
```

下面通过实例介绍使用 T-SQL 语句修改登录名。

【例 8.8】 修改登录名 lxy1 的密码为 456，修改默认数据库为 studentdatabase，默认语言为 Russian。

```
sp_password '123','456','lxy1'——修改登录密码
sp_defaultdb 'lxy1','studentdatabase'——修改默认数据库
sp_defaultlanguage 'lxy1','Russian'——修改默认语言
```

（3）删除登录名

删除登录名的语法格式如下所示：

```
sp_droplogin 指定登录名
```

下面通过实例介绍使用 T-SQL 语句删除登录名。

【例 8.9】 删除登录名 lxy1，语句如下所示：

```
sp_droplogin 'lxy1'
```

2. 使用 create login、alter login、drop login 等语句管理登录名

在介绍使用 SSMS 管理登录名时已经提到：在创建登录名时，既可以将 Windows 登录名映射到 SQL Server 系统中，也可以创建 SQL Server 登录名。使用 create login 语句创建登录名也不例外。

（1）使用 Windows 登录名创建登录名

下面通过实例介绍使用 create login 语句创建登录名。

【例 8.10】 创建一个 Windows 身份验证的登录名 WIN-BM99LPOTMOH\lxy。语句如下所示：

```
create login [WIN-BM99LPOTMOH\lxy] from windows
```

【例 8.11】 删除已有登录名 WIN-BM99LPOTMOH\lxy，重新创建一个 Windows 身份验证的登录名 WIN-BM99LPOTMOH\lxy。默认数据库为"学生成绩管理"。

使用 create login、drop login 语句创建登录名的语句如下所示：

```
drop login [WIN-BM99LPOTMOH\lxy]——删除登录名
go
create login [WIN-BM99LPOTMOH\lxy] from windows
with default_database = 学生成绩管理——创建登录名
```

（2）创建 SQL Server 登录名

【例 8.12】 创建一个 SQL Server 身份验证的登录名 lxy_a，密码为 123，语句如下所示：

```
create login lxy_a with password = '123'
```

在使用 SSMS 创建 SQL Server 登录名时，介绍了 Microsoft SQL Server 2008 系统的密码策略问题。在使用 CREATE LOGIN 语句创建 SQL Server 登录名时，为了实施上述密码策略，可以指定 HASHED、MUST_CHANGE、CHECK_EXPIRATION、CHECK_PLICY 等关键字。

①HASHED 关键字用于描述处理密码的哈希运算。在使用 CREATE LOGIN 语句创建 SQL Server 登录名时，如果在 PASSWORD 关键字后面使用 HASHED 关键字，表示在作为密码的字符串存储到数据库之前，对其进行哈希运算。如果在 PASSWORD 关

键字后面没有使用 HASHED 关键字，表示作为密码的字符串是经过哈希运算之后的字符串，因此在存储到数据库之前不再进行哈希运算。

②MUST_CHANGE 关键字表示在首次使用新登录名时提示用户输入新密码。

③CHECK_EXPIRATION 关键字表示是否对该登录名实施密码过期策略。

④CHECK_PLICY 关键字表示对该登录名强制实施 Windows 密码策略。

拓展：删除已有登录名 lxy_a，使用密码策略重新创建一个 SQL Server 身份验证的登录名 lxy_a，密码为 123。其实现语句如下所示：

```
drop login lxy_a
go
create login lxy_a with password = '123' MUST_CHANGE, CHECK_EXPIRATION = ON
```

登录名创建之后，可以根据需要修改登录名的名称、密码、密码策略、默认的数库等信息；可以禁用或启用该登录名，甚至删除不需要的登录名。

（3）使用 ALTER LOGIN 修改登录名

【例 8.13】 修改登录名 lxy_a 为 Linda。

语句如下所示：

```
alter login lxy_a with name = Linda
```

（4）修改登录名密码

【例 8.14】 修改登录名 Linda 的密码为 456。

语句如下所示：

```
alter login Linda with password = '456'
```

（5）禁用和启用登录名

【例 8.15】 禁用 Linda 登录名，再启用 Linda 登录名。

语句如下所示：

```
alter login Linda disable
go
alter login Linda enable
go
```

任务 8.3　用户管理

 任务描述

当用户通过服务器身份验证后，按常理来说是可以对 SQL Server 内部数据库进行访问操作了，由于访问 SQL Server 数据库的不可能只有一个用户，如果每个用户只要通过

服务器身份验证，就可以访问 SQL Server 中的所有数据，就没有任何安全可言。因此，在访问 SQL Server 数据库之前，要进行数据库认证，即通过创建数据库用户，并且将数据库登录名与数据库用户映射，授权对数据库的访问。

本学习任务在 Microsoft SQL Server 2008 系统中，分别介绍使用 SSMS 和 T-SQL 语句管理数据库用户，包括创建用户、查看用户信息、修改用户、删除用户等操作。通过管理数据库，确保只有合法的用户才能操作相应的数据。

8.3.1 使用 SSMS 管理数据库用户

1. 新建数据库用户

【例 8.16】 将 SQL Server 登录账户 Linda 映射为"学生成绩管理"数据库的用户，用户名为 linlin，即给数据库"学生成绩管理"添加一个名为 linlin 的数据库用户。

①打开某数据库的"安全性"文件夹，选择"用户"并右击，在弹出的快捷菜单中选择"新建用户"命令，弹出"数据库用户—新建"对话框。设置用户名为 linlin，如图 8-19 所示。

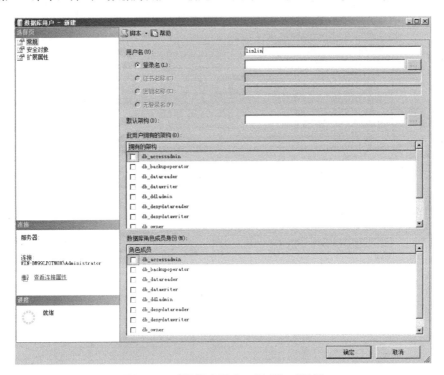

图 8-19 "数据库用户—新建"对话框

②单击"登录名"右边的▇按钮，弹出"选择登录名"对话框，如图 8-20 所示。

③单击"浏览"按钮，弹出"查找对象"对话框。选中 Linda 复选框，如图 8-21 所示。

④单击"确定"按钮，返回"选择登录名"对话框，再单击"确定"按钮，成功设置"登录名"。还可以进一步设置该数据库用户的服务器角色和数据库角色，如图 8-22 所示。

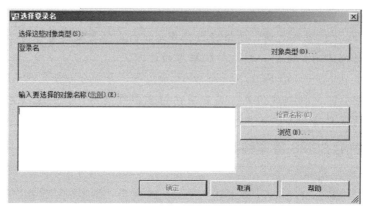

图 8-20　"选择登录名"对话框

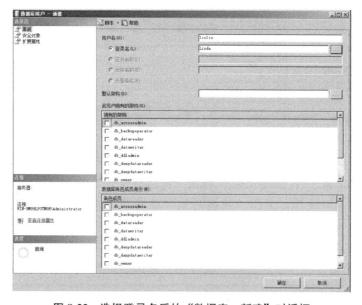

图 8-21　"查找对象"对话框

图 8-22　选择登录名后的"数据库—新建"对话框

⑤单击"确定"按钮，看到新建的数据库用户，如图 8-23 所示。

2．重命名数据库用户

右击要重命名的数据库用户，然后在弹出的快捷菜单中选择"重命名"命令，就可以修改数据库用户名。

3．删除数据库用户

【例 8.17】 删除数据库用户 linlin。

右击要删除的数据库用户 linlin，在弹出的快捷菜单中选择"删除"命令，弹出"弹出对象"对话框，单击"确定"按钮，删除数据库用户。

图 8-23　新建的数据库用户

8.3.2　使用 T-SQL 语句管理数据库用户

使用 T-SQL 语句管理数据库用户可分为：使用系统存储过程和使用 create user、alter user、drop user 等语句。下面先介绍使用系统存储过程管理数据库用户。

1．使用系统存储过程管理数据库用户

（1）创建数据库用户

使用 sp_grantdbaccess 创建数据库用户的语法格式如下所示：

```
sp_grantdbaccess 登录名,数据库用户名
```

【例 8.18】 将 SQL Server 登录账户 Linda 映射为"学生成绩管理"数据库的用户，用户名为 linlin，即给数据库"学生成绩管理"添加一个名为 linlin 的数据库用户。

使用系统存储过程 sp_grantdbaccess 实现本例的语句如下所示：

```
sp_grantdbaccess Linda,linlin
```

（2）查看数据库用户

使用系统存储过程查看数据库用户的语法格式如下所示：

```
——查看所有数据库用户
  sp_helpuser
——查看指定数据库用户
  sp_helpuser 数据库用户名
```

（3）删除数据库用户

使用 sp_revokedbaccess 删除数据库用户的语法格式如下所示：

```
sp_revokedbaccess 指定数据库用户名
```

【例 8.19】 删除数据库用户 linlin。

语句如下所示：

```
sp_revokedbaccess linlin
```

注意：要创建与删除数据库用户，必须有 db_owner 或 db_access_admin 数据库角色才能执行它的权限。

2. 使用 create user、alter user、drop user 语句来管理数据库用户

（1）创建数据库用户

可以使用 create user 语句在指定的数据库中创建用户。由于用户是登录名在数据库中的映射，因此在创建数据库用户时需要指定登录名。

【例 8.20】 将 SQL Server 登录名 Linda 映射为"学生成绩管理"数据库的用户，用户名为 linlin，即给数据库"学生成绩管理"添加一个名为 linlin 的数据库用户。

语句如下所示：

```
use 学生成绩管理
create user linlin from login Linda
```

（2）修改用户

可以使用 alter user 语句修改用户。修改用户包括两个方面，第一，修改用户名；第二，修改用户的默认架构。修改用户名与删除、重建用户是不同的。修改用户名仅仅是名称的改变，不是用户与登录名对应关系的改变，也不是用户与架构关系的变化。

【例 8.21】 修改数据库用户 linlin 为 linxy。

```
alter user linlin with name = linxy
```

也可以使用 alter user 语句修改指定用户的默认架构，这时可以使用 WITH DEFAULT_SCHEMA 子句。架构将在后续内容中详细介绍。

如果不再需要用户，可以使用 drop user 语句删除数据库中的用户。

【例 8.22】 删除数据库用户 linxy。

语句如下所示：

```
drop user linxy
```

（3）查看和 dbo、Guest

如果希望查看数据库用户的信息，可以使用 sys. database_principals 目录视图。该目录视图包含有关数据库用户的名称、ID、类型、默认的架构、创建日期和最后修改日期等信息。

dbo 是数据库中的默认用户。SQL Server 系统安装之后，dbo 用户就自动存在。dbo 用户拥有在数据库中操作的所有权限。默认情况下，sa 登录名在各数据库中对应的用户是 dbo 用户。

Guest 用户是一个默认创建的没有任何权限的用户。当一个没有映射到用户的登录名试图登录到数据库时，SQL Server 将尝试使用 Guest 用户连接。可以通过为 Guest 用户授予 CONNECT 权限来启用 Guest 用户。但在启用 Guest 用户时一定要谨慎，因为这会给数据库系统带来安全隐患。

通过完成上述实例，可以发现，SQL Server 以数据库用户为依据决定来访用户可以

操作哪些数据。用户登录成功后，在访问数据库前，SQL Server 将使用管理员判定该用户的访问权限，决定该用户可以访问哪些数据。一个合法的用户成功连接 SQL Server 数据库后，可以使用不同的数据库用户名登录不同的数据库。

任务 8.4　角色管理

 任务描述

为了更方便地管理 SQL Server 数据库中的数据权限，在 SQL Server 中引入了角色的概念。数据库管理员可以根据实际应用的需要，将数据库的访问权限指定给角色。当创建用户后，把用户添加到角色中，用户就具有了角色具有的权限。

本学习任务在 SQL Server 2008 系统中，分别介绍使用 SSMS、T-SQL 语句进行服务器角色操作、数据库角色管理和应用程序角色管理。其中，服务器角色操作包括向服务器角色添加成员、删除服务器角色中的成员；数据库角色管理包括创建数据库角色、添加和删除数据库角色成员、查看数据库角色信息、修改和删除角色等；应用程序角色管理包括添加应用程序角色、使用应用程序角色和删除应用程序角色。

8.4.1　服务器角色操作

服务器角色是指根据 SQL Server 的管理任务，以及这些任务相对应的重要性等级，把具有 SQL Server 管理职能的用户划分为不同的角色来管理 SQL Server 的权限。服务器角色适用于服务器范围内，其权限不能被修改。SQL Server 2008 共有 9 个服务器角色，如表 8-1 所示。

表 8-1　服务器角色

固定服务器角色	描　述
bulkadmin	执行大容量插入操作（BULK INSERT 语句）
dbcreator	创建、更新、删除和恢复数据库
diskadmin	管理磁盘文件
processadmin	管理运行在 SQL Server 中的进程
public	提供数据库中用户的默认权限
securityadmin	管理服务器登录名和分配权限
serveradmin	更改服务器选项和关闭服务器
setupadmin	管理已连接的服务器，并执行系统存储过程
sysadmin	执行 SQL Server 服务器上的任何操作

在 SQL Server 2008 中，对服务器角色只能有两种操作：向服务器角色添加成员，以及删除服务器角色中的成员。可以使用 SSMS 图形化界面操作服务器角色，也可以使用 T-SQL 语句来操作服务器角色。下面通过实例介绍服务器角色操作。

1. 使用 SSMS 图形化界面操作服务器角色

（1）添加服务器角色成员

在新建登录名时，曾提到服务器角色。使用 SSMS 图形化界面向服务器角色添加成

员，可以在新建登录名时完成，如图 8-9 中所示的"服务器角色"选项。下面通过实例介绍创建登录名后如何将其添加到对应的服务器角色中。

【**例 8.23**】　向服务器角色 sysadmin 添加成员 Linda。

①在对象资源管理器中选择"服务器角色"文件夹并右击"sysadmin"，然后在弹出的快捷菜单中选择"属性"命令，弹出"服务器属性-sysadmin"对话框，如图 8-24 所示。

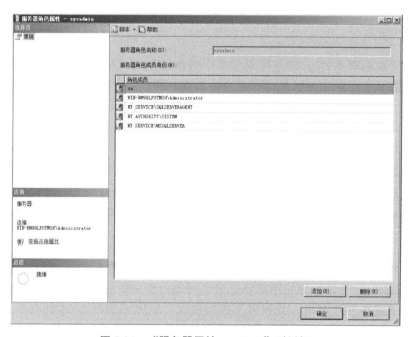

图 8-24　"服务器属性-sysadmin"对话框

②单击"添加"按钮，弹出"选择登录名"对话框，如图 8-25 所示。单击"浏览"按钮，弹出"查找对象"对话框，选择登录名 Linda，如图 8-26 所示。单击"确定"按钮，回到"选择登录名"对话框，然后单击"确定"按钮，回到"服务器属性-sysadmin"对话框。最后单击"确定"按钮，完成服务器角色成员添加。

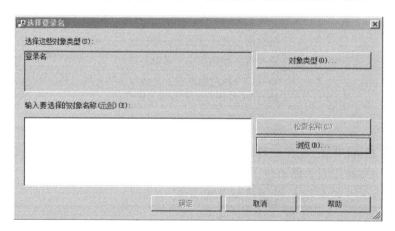

图 8-25　"选择登录名"对话框

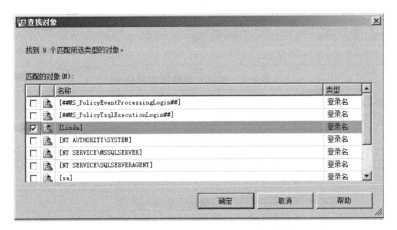

图 8-26 "查找对象"对话框

（2）删除服务器角色成员

【例 8.24】 删除服务器角色 sysadmin 中的成员 Linda。

①在对象资源管理器中选择"服务器角色"文件夹并右击 sysadmin，然后在弹出的快捷菜单中选择"属性"命令，弹出"服务器属性-sysadmin"对话框。

②选择"成员 Linda"，单击"删除"按钮，再单击"确定"按钮，完成删除成员。

2. 使用 T-SQL 语句操作服务器角色

（1）添加服务器角色成员

使用系统存储过程 sp_addsrvrolemember 添加服务器角色成员的语法格式如下所示：

```
sp_addsrvrolemember 登录名,服务期角色名
```

【例 8.25】 向服务器角色"sysadmin"添加成员"Linda"。

语句如下所示：

```
sp_addsrvrolemember Linda,sysadmin
```

（2）删除服务器角色成员

使用系统存储过程 sp_dropsrvrolemember 删除服务器角色成员的语法格式如下所示：

```
sp_dropsrvrolemember 登录名,服务期角色名
```

【例 8.26】 删除服务器角色"sysadmin"中的成员"Linda"。

语句如下所示：

```
sp_dropsrvrolemember Linda,sysadmin
```

8.4.2 数据库角色管理

在 SQL Server 中有两种数据库角色，一种是预定义数据库角色，另外一种是自定

义数据库角色。预定义数据库角色是 SQL Server 中已经定义好的具有管理访问数据库权限的角色，不能修改其权限，也不能删除这些角色。预定义角色共有 10 种，具体见表 8-2。

表 8-2　预定义的数据库角色

数据库角色	描　　述
db_accessadmin	管理对数据库的访问
db_backupoperator	备份数据库
db_datareader	对数据库中的任何表执行 select 操作，读取所有表的信息
db_datawriter	对数据库中的任何表执行 insert、delete、update 操作
db_ddladmin	新建、删除和修改数据库中的任何对象
db_denydatareader	不能对数据库中的任何表进行 select 操作
db_denydatawriter	不能对数据库中的任何表进行 insert、delete 和 update 操作
db_owner	数据库所有者，可以执行任何数据库管理工作，可以对数据库内的任何对象进行任何操作
db_securityadmin	修改数据库角色成员并管理权限
public	一个特殊的角色，包含所有数据库用户账号和角色拥有的访问权限，这种权限的继承关系不能改变。初始状态下，public 角色没有任何权限，但是可以为该角色授予权限

自定义数据库角色使用用户可以实现对数据库操作的某一种特定功能。SQL Server 数据库角色可以包含多个用户；在同一数据库中，用户可以有不同的自定义角色；角色还可以嵌套，在数据库中实现不同级别的安全性。下面通过实例详细介绍数据库角色的管理方式。

1. 使用 SSMS 图形化界面管理数据库角色

（1）创建数据库角色

【例 8.27】　创建角色 ProjectManager。

①展开"学生成绩管理"数据库文件夹，展开其中的"安全性"，再展开里面的"角色"文件夹并右击"数据库角色"。在弹出的快捷菜单中选择"创建数据库角色"命令，打开"数据库角色-新建"对话框，然后在"角色名称"栏中输入 ProjectManager，如图 8-27 所示。

②设置"此角色拥有的架构""此角色的成员"，这部分知识将在后面详细介绍。单击"确定"按钮，创建角色 ProjectManager。

（2）删除数据库角色

【例 8.28】　删除角色 ProjectManager。

右击要删除的角色 ProjectManager，在弹出的快捷菜单中选择"删除"命令，弹出"删除对象"对话框，单击"确定"按钮完成删除。

（3）添加数据库角色成员

【例 8.29】　添加数据库用户 linxy 为角色 ProjectManager 的成员。

①右击角色 ProjectManager，在弹出的快捷菜单中选择"属性"命令，弹出"数据库角色属性-ProjectManager"对话框，如图 8-28 所示。

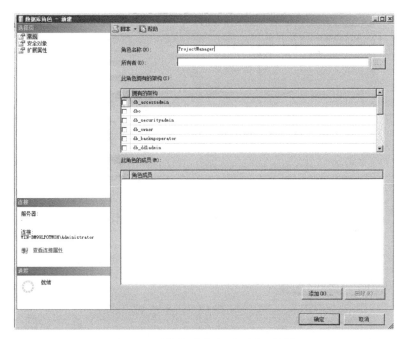

图 8-27   "数据库角色-新建"对话框

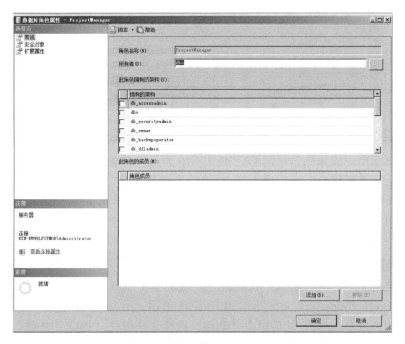

图 8-28   "数据库角色属性-ProjectManager"对话框

②单击"添加"按钮,弹出"选择数据库用户或角色"对话框,如图 8-29 所示。单击"浏览"按钮,弹出"查找对象"对话框,选择用户 linxy,如图 8-30 所示。单击"确定"按钮,返回到"选择数据库用户或角色"对话框;单击"确定"按钮,返回到"数据库角色-新建"对话框。最后,单击"确定"按钮,完成数据库角色成员添加。

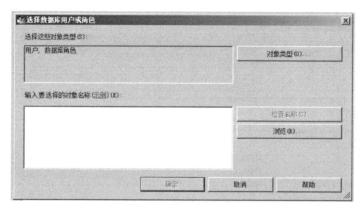

图 8-29　"选择数据库用户或角色"对话框

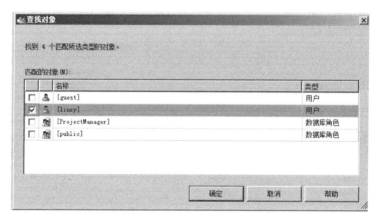

图 8-30　"查找对象"对话框

另外，在创建角色时可以添加数据库用户，如图 8-28 所示。单击"添加"按钮，弹出"选择数据库用户或角色"对话框，如图 8-29 所示。单击"浏览"按钮，弹出"查找对象"对话框，选择用户 linxy，如图 8-30 所示。单击"确定"按钮，返回到"选择数据库用户或角色"对话框；单击"确定"按钮，返回到"数据库角色-新建"对话框，如图 8-27 所示。最后，单击"确定"按钮，完成数据库角色成员添加。

（4）删除数据库角色成员

【例 8.30】　删除角色 ProjectManager 的成员 linxy。

①右击角色 ProjectManager，在弹出的快捷菜单中选择"属性"命令，弹出"数据库角色属性-ProjectManager"对话框，如图 8-31 所示。

②选中角色成员 linxy，然后单击"删除"按钮，再单击"确定"按钮，删除数据库角色成员 linxy。

2. 使用 T-SQL 语句管理数据库角色

（1）创建数据库角色

使用系统存储过程 sp_addrole 创建数据库角色的语法格式如下所示：

```
sp_addrole 数据库角色名,数据库角色所有者
```

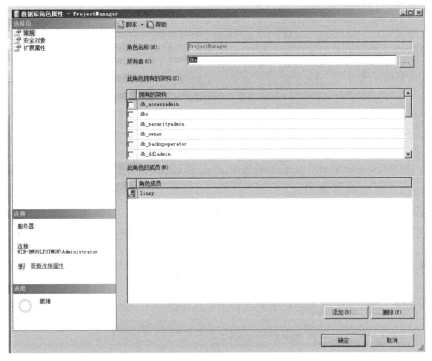

图 8-31 "数据库角色属性-ProjectManager" 对话框

【例 8.31】 创建角色 ProjectManager。

①使用系统存储过程 sp_addrole，语句如下所示：

```
sp_addrole ProjectManager
```

②使用 create role 语句，如下所示：

```
use 学生成绩管理
go
create role ProjectManager
go
```

另外，如果要修改数据库角色的名称，可以使用 alter role 语句。

（2）删除数据库角色

①使用系统存储过程 sp_droprole 删除数据库角色的语法格式如下所示：

```
sp_droprole 数据库角色名
```

②使用 drop role 语句的格式如下所示：

```
drop role 数据库角色名
```

【例 8.32】 删除角色 ProjectManager，语句如下所示：

```
sp_droprole ProjectManager
```

或

```
use 学生成绩管理
go
drop role ProjectManager
go
```

注意：SQL Server 2008 不允许删除含有成员的角色。在删除一个数据库角色之前，必须先删除该角色下的所有用户。

（3）添加数据库角色成员

使用系统存储过程 sp_addrolemember 添加数据库角色成员的语法格式如下所示：

```
sp_addrolemember 数据库角色名,数据库用户名
```

【**例 8.33**】 添加数据库用户 linxy 为角色 ProjectManager 的成员，语句如下所示：

```
sp_addrolemember ProjectManager,linxy
```

（4）删除数据库角色成员

使用系统存储过程 sp_droprolemember 创建数据库角色的语法格式如下所示：

```
sp_droprolemember 数据库角色名,数据库用户名
```

【**例 8.34**】 删除角色 ProjectManager 的成员 linxy，语句如下所示：

```
sp_droprolemember ProjectManager,linxy
```

8.4.3 应用程序角色管理

应用程序角色允许用户通过特定的应用程序获取特定数据。应用程序角色不包含任何成员，而且在使用之前，需要在当前连接中将其激活。

1. 使用 SSMS 图形化界面管理应用程序角色

（1）创建应用程序角色

【**例 8.35**】 创建应用程序角色 studentRole，密码为 123。

①展开"学生成绩管理"数据库文件夹，展开其中的"安全性"，再展开"角色"文件夹，并右击"应用程序角色"，在弹出的快捷菜单中选择"创建应用程序角色"命令，打开"应用程序角色-新建"对话框。在"角色名称"栏中输入 studentRole，在"密码""确认密码"栏中分别输入"123"，如图 8-32 所示。

②设置"默认架构""此角色拥有的架构"。这部分内容将在后面详细介绍。此处单击"确定"按钮，完成应用程序角色 studentRole 的创建。

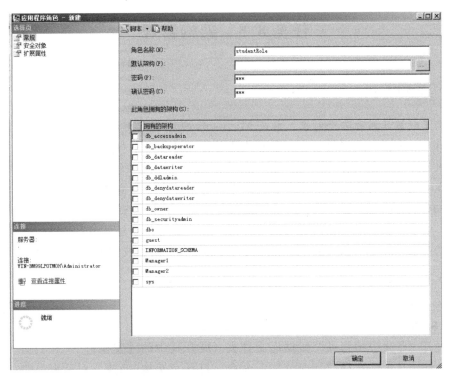

图 8-32   "应用程序角色-新建"对话框

（2）删除应用程序角色

【例 8.36】   删除应用程序角色 studentRole。

右击要删除的应用程序角色 studentRole，在弹出的快捷菜单中选择"删除"命令，弹出"删除对象"对话框。单击"确定"按钮，完成删除。

2. 使用 T-SQL 语句管理应用程序角色

（1）创建应用程序角色

【例 8.37】   创建应用程序角色 studentRole，密码为 123，语句如下所示：

```
create application role studentRole with password = '123'
```

（2）使用应用程序角色

应用程序角色在使用之前必须先激活。可以通过 sp_setapprole 系统存储过程激活应用程序角色，通过 sp_unsetapprole 系统存储过程解除激活。应用程序角色旨在由客户的应用程序使用，也可以在 T-SQL 批处理中使用它们。

（3）删除应用程序角色

【例 8.38】   删除应用程序角色 studentRole。

使用 drop application role 语句实现上述操作的语句如下所示：

```
drop application role studentRole
```

任务 8.5　架构管理

 任务描述

架构是数据库级的安全对象，也是 Microsoft SQL Server 2008 系统强调的特点，是数据库对象的容器。使用架构的一个好处是它将数据库对象与数据库用户分离，可以快速地从数据库中删除数据库用户。在 SQL Server 2008 中，所有的数据库对象都隶属于架构，在对数据库对象或者对存在于数据库应用程序中的相应应用没有任何影响的情况下，可以更改并删除数据库用户。这种抽象的方法允许用户创建一个由数据库角色拥有的架构，使多个数据库用户拥有相同的对象。本学习任务分别使用 SSMS、T-SQL 语句进行架构管理，包括创建架构、查看架构的信息、修改架构及删除架构等。

8.5.1　使用 SSMS 图形化界面管理架构

1. 使用 SSMS 图形界面创建架构

【例 8.39】　创建一个简单的架构 studentManager。

①展开"学生成绩管理"数据库文件夹，展开其中的"安全性"，并右击"架构"，在弹出的快捷菜单中选择"新建架构"命令，打开"架构-新建"对话框。在"架构名称"栏中输入 studentManager，如图 8-33 所示。

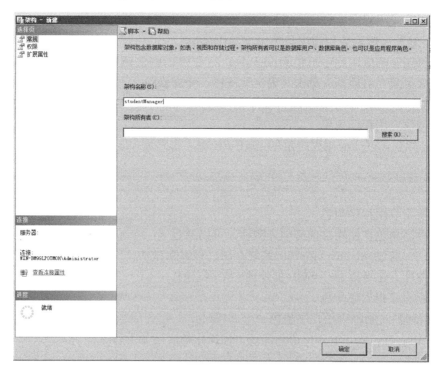

图 8-33　"架构-新建"对话框

②如果需要指明架构所有者，在"架构所有者"栏的输入框的右边单击"搜索"按钮，弹出"搜索角色和用户"对话框。在此对话框中单击"浏览"按钮，弹出"查找对象"对话框，选择架构所有的用户。单击"确定"按钮，回到"搜索角色和用户"对话框；再单击"确定"按钮，回到"架构-新建"对话框。最后单击"确定"按钮，完成架构的创建。

此例没要求指明架构所有者，则直接单击"确定"按钮，完成架构的创建。

2. 使用 SSMS 图形化界面删除架构

【例 8.40】 删除架构 studentManager。

右击要删除的架构 studentManager，在弹出的快捷菜单中选择"删除"命令，弹出"删除对象"对话框，然后单击"确定"按钮，完成删除。

8.5.2 使用 T-SQL 语句管理架构

1. 使用 CREATE SCHEAM 语句

使用 CREATE SCHEMA 语句不仅可以创建架构，还可以创建该架构所拥有的表、视图，并且可以为这些对象设置权限。下面讲述如何创建架构。

【例 8.41】 创建一个简单的架构 studentManager。

使用 T-SQL 语句实现上述操作的语句如下所示：

```
use 学生成绩管理
go
create schema studentManager
go
```

拓展 1： 创建用户 linxy 所有的架构 Manager1。

```
use 学生成绩管理
go
create schema Manager1 authorization linxy
go
```

拓展 2： 创建用户 linxy 所有的架构 Manager2，同时创建一个表"学生表"。

```
use 学生成绩管理
go
create schema Manager2 authorization linxy
create table 学生表
(学号 char(9)Not Null CONSTRAINT PK_xh primary key,
姓名 char(8)Not Null,
性别 bit Null CONSTRAINT DE_1 default 0,
专业 varchar(50)Null,
出生年月 smalldatetime Null,
家庭地址 varchar(100)  Null,
联系电话 char(12)  NULL)
Go
```

2. 查看数据库中的架构信息

如果要查看数据库中的架构信息，使用 sys. schemas 架构目录视图。该视图包含数据库中架构的名称、标识符和架构所有者的标识符等信息。

3. 修改架构

修改架构是指将特定架构中的对象转移到其他架构中。可以使用 ALTER SCHEMA 语句完成对架构的修改。需要注意的是，如果要更改对象本身的结构，应该使用针对该对象的 ALTER 语句。这部分内容在各对象介绍的项目中已详细叙述。下面介绍转移对象的架构。

拓展 3：将架构 Manager2 中的学生表转移到架构 Manager1 中。

```
use学生成绩管理
go
alter schema Manager1 transfer Manager2. 学生表
go
```

4. 删除架构

【例 8.42】 删除架构 studentManager。

```
use学生成绩管理
go
drop schema studentManager
go
```

任务 8.6　权限管理

 任务描述

权限是执行操作、访问数据的通行证。只有拥有了针对某种安全对象的指定权限，才能对该对象执行相应的操作。本学习任务在 Microsoft SQL Server 2008 系统中，分别介绍使用 SSMS 和 T-SQL 语句进行权限管理，包括授权、剥夺权限和拒绝授权。

8.6.1　权限概述

权限是指数据库用户可以对哪些数据库对象执行哪些操作的规则。在 Microsoft SQL Server 2008 系统中，不同的对象有不同的权限，通过权限层次结构进行管理。一个用户或角色的权限共有以下 3 种形式。

①授权（grant）：允许一个数据库用户或角色执行所授权的指定操作。

②拒绝（deny）：拒绝一个数据库用户或角色的特定权限，并且阻止它们从其他角色中继承这个权限。

③剥夺（revoke）：取消先前被授予或拒绝的权限。

在 SQL Server 2008 中，可以使用 SSMS 图形化界面进行权限管理，也可以使用

T-SQL语句来进行权限管理。

8.6.2 使用 SSMS 图形化界面管理权限

1. 给数据库用户或角色授权

【例 8.43】 将"学生成绩管理"数据库"学生表"的"插入"权限授予数据库用户 linxy。

①展开"学生成绩管理"数据库，展开其中的表，并右击"学生表"，在弹出的快捷菜单中选择"属性"命令，弹出"表属性-学生表"对话框。单击"权限"选项，如图 8-34 所示。

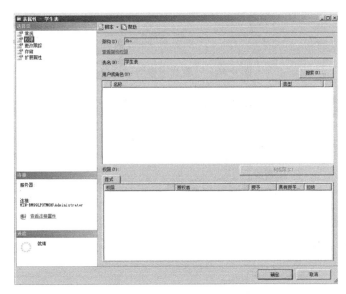

图 8-34 "表属性-学生表"对话框"权限"选择页

②单击"搜索"按钮，弹出"选择用户或角色"对话框，如图 8-35 所示。单击"浏览"按钮，弹出"查找对象"对话框，选择用户 linxy，如图 8-36 所示。单击"确定"按钮，返回"选择用户或角色"对话框，再单击此对话框中的"确定"按钮，返回"表属性-学生表"对话框。选择权限"插入"，并单击对应的"授予"复选框，复选框中出现了"√"，如图 8-37 所示。这里，"具有授予…"如果被选上，表示该权限授予者可以向其他用户授予访问数据库对象的权限。最后单击"确定"按钮，完成给数据库用户授权。

图 8-35 "选择用户或角色"对话框

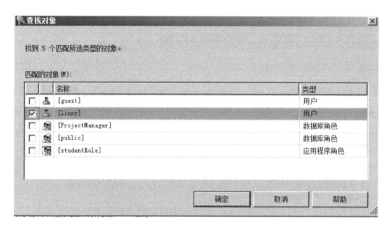

图 8-36　"查找对象"对话框

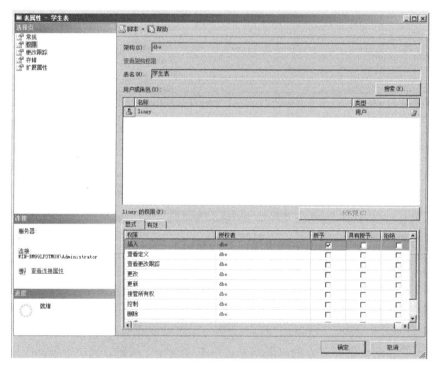

图 8-37　"表属性—学生表"对话框

2. 剥夺数据库用户或角色授权

【例 8.44】　剥夺"学生成绩管理"数据库用户 linxy 对"学生表"的"插入"权限。

展开"学生成绩管理"数据库，展开其中的表，并右击"学生表"，在弹出的快捷菜单中选择"属性"命令，弹出"表属性-学生表"对话框，单击"权限"选项，如图 8-37 所示。选择权限"插入"，不勾选对应的"授予"复选框。最后单击"确定"按钮，完成剥夺数据库用户授权。

3. 拒绝数据库用户角色授权

【例 8.45】 拒绝"学生成绩管理"数据库用户 linxy 对"学生表"的"插入"权限。

展开"学生成绩管理"数据库,展开其中的表,并右击"学生表",在弹出的快捷菜单中选择"属性"命令,弹出"表属性-学生表"对话框,单击"权限"选项,如图 8-37所示。选择权限"插入",并勾选对应的"拒绝"复选框。最后单击"确定"按钮,完成拒绝数据库用户授权。

8.6.3 使用 T-SQL 语句管理权限

1. 给数据库用户或角色授权

使用 T-SQL 语句给数据库用户或角色授权的语法格式如下所示:

```
grant STATEMENT on 表名或视图名
to 用户名或角色名 WITH GRANT OPTION
```

其中,STATEMENT 表示用户具有的使用权限语句,如 SELECT、INSERT、UPDATE、DELETE、CREATE TABLE、CREATE RULE 等。

WITH GRANT OPTION 表示该权限授予者可以向其他用户授予访问数据库对象的权限。

【例 8.46】 将"学生成绩管理"数据库"学生表"的"插入"权限授予数据库用户 linxy 的语句如下所示:

```
grant insert on 学生表 to linxy
```

2. 剥夺数据库用户或角色授权

使用 T-SQL 语句剥夺数据库用户或角色授权的语句如下所示:

```
revoke STATEMENT on 表名或视图名
from 用户名或角色名 WITH GRANT OPTION
```

参数说明同上。

【例 8.47】 剥夺"学生成绩管理"数据库用户 linxy 对"学生表"的"插入"权限的语句如下所示:

```
revoke insert on 学生表 from linxy
```

3. 拒绝数据库用户或角色授权

使用 T-SQL 语句拒绝数据库用户角色授权的语句如下所示:

```
deny STATEMENT on 表名或视图名
to 用户名或角色名 WITH GRANT OPTION
```

参数说明同上。

【例 8.48】 拒绝"学生成绩管理"数据库用户 linxy 对"学生表"的"插入"权限的语句如下所示：

```
deny insert on 学生表 to linxy
```

任务 8.7 数据库备份与还原

任务描述

无论系统运行如何，系统的灾难性管理是不可缺少的。天灾、人祸、系统缺陷都有可能造成系统瘫痪、失败。怎样解决这些灾难性问题呢？办法就是制定和实行备份与恢复策略。备份就是制作数据的副本，恢复就是将数据的副本复原到系统中。SQL Server 2008 提供了数据库的备份与恢复功能。本学习任务在 Microsoft SQL Server 2008 系统中，分别介绍使用 SSMS 和 T-SQL 语句来备份和还原。

8.7.1 数据库备份

1. 使用 SSMS 备份数据库

【例 8.49】 备份数据库"学生成绩管理"。

①选择要备份的数据库"学生成绩管理"，然后右击，在弹出的菜单中选择"任务"｜"备份"命令，弹出"备份数据库-学生成绩管理"对话框，如图 8-38 所示。

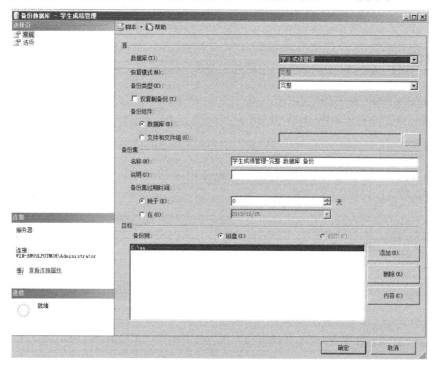

图 8-38 "备份数据库-学生成绩管理"对话框

②可以看到要备份的数据库，还可以设置备份类型、备份组件、备份集名和备份目标位置。数据库备份类型共有 3 种，如下所述。

● 完整备份：完整备份是指数据库的完整备份，包括所有的数据及数据库对象。实际上，备份数据库的过程就是先将事务日志写到磁盘上，然后创建相同的数据库和数据库对象，以及复制数据的过程。由于数据库需要完全备份速度较慢，并且将占用大量的磁盘空间，因此完全备份常安排在晚间进行。

● 差异备份：差异备份是指将最近一次数据库备份以来发生的数据变化进行备份。因此，差异备份实际上是增量形式的数据备份，备份与还原的时间较短，但要不断增加差异备份的次数。

● 事务日志备份：事务日志备份是对数据库发生的事务进行备份，包括所有已经完成的事务。由于只对事务日志进行备份，所以备份量少，时间快。

备份组件有数据库、文件和文件组备份。其中，文件和文件组备份是指对数据库文件和文件组进行备份，它不像完整数据库备份那样同时也进行事务日志备份。使用该备份方法，可以提高数据库还原的速度，因为其仅对遭到破坏的文件和文件组进行还原。

③设置好参数后，单击"确定"按钮，就可以备份数据库。备份完成，弹出备份完成提示对话框，如图 8-39 所示。单击"确定"按钮，完成备份。

图 8-39 备份完成提示对话框

2. 使用 T-SQL 语句备份数据库

（1）完整备份

【例 8.50】 使用 T-SQL 语句备份数据库"学生成绩管理"，语句如下所示：

```
backup database 学生成绩管理 to disk = N'D:\mydataback'
with noformat, noinit, name = N'multidatabase—完整数据库备份', skip, norewind, nounload, stats
= 10
```

执行后，在 D 盘可以看到 mydataback 的备份文件。

（2）差异备份

【例 8.51】 使用 T-SQL 语句备份数据库"学生成绩管理"，语句如下所示：

```
backup database 学生成绩管理 to disk = N'D:\mydataback'
with differential, noformat, noinit, name = N'multidatabase-差异数据库备份', skip, norewind,
nounload, stats = 10
```

（3）事务日志备份

【例 8.52】　使用 T-SQL 语句备份数据库"学生成绩管理"，语句如下所示：

```
backup database 学生成绩管理 to disk = N'D:\mydataback'
with noformat, noinit, name = N'multidatabase——事务日志备份', skip, norewind, nounload, stats = 10
```

8.7.2　数据库还原

1. 使用 SSMS 图形化界面还原数据库

【例 8.53】　还原数据库"学生成绩管理"。

①选择要还原的数据库"学生成绩管理"，然后右击，在弹出的快捷菜单中选择"任务"｜"还原"｜"数据库"命令，弹出"还原数据库-学生成绩管理"对话框，如图 8-40 所示。

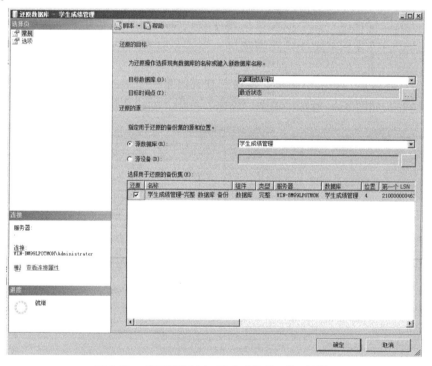

图 8-40　"还原数据库-学生成绩管理"对话框

②在该对话框中设置还原的目标数据库名。一般与还原的源数据库名相同，也可以不同。然后选择用于还原的备份集。

③单击"确定"按钮，开始还原数据库。最后，弹出还原成功提示对话框，如图 8-41所示。

图 8-41　还原成功提示对话框

④单击"确定"按钮，成功还原数据库。

2. 使用 T-SQL 语句还原数据库

使用 T-SQL 语句还原数据库"学生成绩管理"，语句如下所示：

```
restore database 学生成绩管理 from disk = N'D:\mydataback' with file = 1, nounload, stats = 10
```

 **项目小结**

本项目通过"学生成绩管理"数据库，介绍数据库的安全管理和备份，包括设置服务器身份验证模式、登录名管理、数据库用户管理、角色管理、架构管理、权限管理、数据库备份与还原等。具体内容如下所述。

1. 在 Microsoft SQL Server 2008 系统中分别使用 SSMS 和 T-SQL 语句设置服务器身份验证模式。

2. 在 Microsoft SQL Server 2008 系统中，分别使用 SSMS 和 T-SQL 语句创建登录名、重命名登录名、查看登录名信息及修改和删除登录名等。通过管理登录名，确保只有合法的用户才能登录到数据库系统。

3. 在 Microsoft SQL Server 2008 系统中，分别使用 SSMS 和 T-SQL 语句管理数据库用户，包括创建用户、查看用户信息、修改用户、删除用户等操作。通过管理数据库用户，确保只有合法的数据库用户才能操作相应的数据。

4. 在 SQL Server 2008 系统中，分别使用 SSMS、T-SQL 语句进行服务器角色操作、数据库角色管理和应用程序角色管理。其中，服务器角色操作包括向服务器角色添加成员、删除服务器角色中的成员；数据库角色管理包括创建数据库角色、添加和删除数据库角色成员、查看数据库角色信息、修改和删除角色等；应用程序角色管理包括添加应用程序角色、使用应用程序角色和删除应用程序角色。

5. 在 SQL Server 2008 中，可以使用 SSMS 图形化界面来进行架构管理，也可以使用 T-SQL 语句来进行架构管理。架构管理包括创建架构、修改架构和删除架构等。

6. 在 Microsoft SQL Server 2008 系统中，分别使用 SSMS 和 T-SQL 语句进行权限管理，包括授权、剥夺权限和拒绝授权。

7. 在 Microsoft SQL Server 2008 系统中，分别使用 SSMS 和 T-SQL 语句来备份和还原。

以上内容一般既可以使用 SSMS 图形化工具完成，也可以使用 T-SQL 语句执行。需要注意的是，考虑到性能和安全等原因，大多数情况下建议使用 T-SQL 语句执行相关的操作。

本项目需要掌握的 T-SQL 语句有以下几类。

1. 管理登录名

（1）create login、alter login、drop login 等语句。

（2）sp_addlogin、sp_password、sp_defaultdb、sp_defaultlanguage、sp_droplogin 等系统存储过程。

2. 管理数据库用户

（1）create user、alter user、drop user 等语句。

（2）sp_grantdbaccess、sp_helpuser、sp_revokedbaccess 等系统存储过程。

3. 管理角色

（1）create role、drop role、alter role、create application role、drop application role 等语句。

（2）sp_addsrvrolemember、sp_dropsrvrolemember、sp_addrole、sp_droprole、sp_addrolemember、sp_droprolemember、sp_setapprole、sp_unsetapprole 等系统存储过程。

4. 管理架构

create schema、drop schema 等。

5. 权限管理

grant…on…to、revoke…on…from、deny…on…to 等。

6. 备份和还原

backup database…to、restore database…from 等。

 课堂实训

【实训目的】

1. 学会分别使用 SSMS 和 T-SQL 语句设置服务器身份验证模式。

2. 学会分别使用 SSMS 和 T-SQL 语句进行登录名管理。

3. 能分别使用 SSMS 和 T-SQL 语句进行数据库用户管理。

4. 能分别使用 SSMS 和 T-SQL 语句进行角色管理。

5. 能分别使用 SSMS 和 T-SQL 语句进行架构管理。

6. 能分别使用 SSMS 和 T-SQL 语句进行权限管理。

7. 能分别使用 SSMS 和 T-SQL 语句备份和还原。

【实训内容】

1. 设置 SQL Server 2008 登录的身份验证模式为"SQL Server 和 Windows 身份验证模式"。

方法一：使用 SSMS 设置服务器身份验证模式

（1）在对象资源管理器中，右击要设置身份验证的实例，并在弹出的快捷菜单中选择"_____"命令，打开"服务器属性"对话框，然后单击"服务器属性"对话框中的"_____"选项。

①在"身份验证"下，选择"_____"前的单选按钮。

②在"登录审核"的单选内容中，选中用户访问 SQL Server 的级别。其含义如下所示。

◇"无（N）"：_____。

◇"仅限失败的登录（F）"：_____。

◇"仅限成功的登录（U）"：_____。

◇"失败和成功的登录（B）"：_____。

③在_____中确定是否要启动服务器代理账户。

（2）单击"确定"按钮，弹出提示对话框。再单击"确定"按钮，完成设置服务器身份验证模式。为了使用设置的服务器验证模式，还要＿＿＿＿＿＿＿＿＿＿＿＿＿＿＿＿＿。

（3）右击修改后的身份验证模式的实例，在弹出的快捷菜单中选择"＿＿＿＿＿＿＿"命令，弹出是否确定重新启动服务器对话框。单击"是"按钮，重新启动服务，并弹出"服务控制"对话框。重新启动服务后，"服务控制"对话框自动关闭。

方法二：使用 T-SQL 语句设置服务器身份验证模式

通过 T-SQL 语句设置身份验证模式，语句如下所示：

```
xp_instance_regwrite N'HKEY_LOCAL_MACHINE',
N'SOFTWARE\Microsoft\MSSQLServer\MSSQLServer','LoginMode',
N'REG_DWORD',2
```

其中，"1"表示＿＿＿＿＿＿＿＿＿模式，"2"表示＿＿＿＿＿＿＿＿＿模式。

2. 创建一个 Windows 身份验证的登录名（以名字全拼命名）。

说明：如果 Windows 不存在此账户，在 Windows 系统中创建。

方法一：用 SSMS 创建登录名

（1）在"对象资源管理器"中打开"＿＿＿＿＿＿"文件夹，然后右击"＿＿＿＿＿＿"，在弹出的快捷菜单中选择"＿＿＿＿＿＿"命令。在弹出的"登录名-新建"对话框中，单击"＿＿＿＿＿＿"按钮，弹出"选择用户或组"对话框。单击"＿＿＿＿＿＿"按钮，在弹出的对话框中，单击"＿＿＿＿＿＿"按钮，在"搜索结果"中找到名称为"＿＿＿＿＿＿"的用户。双击此用户，在"输入要选择的对象名称（例如）"中出现"＿＿＿＿＿＿"。单击"确定"按钮，回到"登录名-新建"对话框，将登录名"＿＿＿＿＿＿"填写到"名称"后。

认证模式默认为"＿＿＿＿＿＿"，不需要重新选择，还可以进一步设置默认数据库和默认语言。

（2）单击"＿＿＿＿＿＿"选项，为新建登录名赋予服务器操作功能。

（3）还可以给新建登录名指定具体数据库及数据库权限。单击"＿＿＿＿＿＿"选项。

（4）设置完成，单击"确定"按钮，可以看到创建的登录名。

方法二：使用 create login 语句创建 Windows 身份验证的登录名。

语句如下所示：

_____

3. 创建一个 SQL Server 身份验证的登录名 lxy_libaray，密码为 123。默认数据库为"图书管理"，默认语言为 English（至少使用两种方法）。

方法一：使用 SSMS 图形化界面

（1）在"对象资源管理器"中打开"安全性"文件夹，然后右击"＿＿＿＿＿＿"，在弹出的快捷菜单中选择"＿＿＿＿＿＿"命令。

（2）在弹出的"登录名-新建"对话框中，设置登录名为"＿＿＿＿＿＿"，认证模式为"＿＿＿＿＿＿"，"密码"和"确认密码"都为"＿＿＿＿＿＿"，设置默认数据为"＿＿＿＿＿＿"库，默认语言为＿＿＿＿＿＿。

（3）设置完成，单击"确定"按钮，可以看到创建的登录名"＿＿＿＿＿＿"。

方法二：使用系统存储过程 sp_addlogin 创建登录账号

语句如下所示：

方法三：使用 create login 语句
语句如下所示：

---

4. 修改登录名 lxy_libarayManager 的密码为 456，默认语言为 Russian（至少使用两种方法）。

方法一：使用系统存储过程 sp_password、sp_defaultdb、sp_defaultlanguage 等创建登录账号

语句如下所示：

方法二：使用 alter login 语句

---

5. 删除任务 2 中创建的登录名（至少使用两种方法）。

方法一：使用 SSMS 图形化界面

选择要删除的登录名"＿＿＿＿＿"，然后右击，在弹出的快捷菜单中选择
"＿＿＿＿＿"命令，弹出"删除对象"对话框。单击"确定"按钮，删除登录名。

方法二：使用系统存储过程 sp_droplogin 创建登录账号

语句如下所示：

方法三：使用 drop login 语句
语句如下所示：

---

6. 将登录名 lxy_libaray 重命名为 lxy_libarayManager。

右击要重命名的登录名＿＿＿＿＿，在弹出的快捷菜单中选择"＿＿＿＿＿"命令，然后输入新的登录名＿＿＿＿＿＿＿＿＿＿＿＿＿＿＿＿＿＿＿＿。

7. 禁用 lxy_libarayManager 登录名，再启用 lxy_libarayManager 登录名。

禁用 lxy_libarayManager 登录名，使用 alter login 语句实现，如下所示：

启用 lxy_libarayManager 登录名，使用 alter login 语句实现，如下所示：

---

8. 将 SQL Server 登录名 lxy_libarayManager 映射为"图书管理"数据库的用户，用户名为 libarayManager，即给数据库"图书管理"添加一个名为 libarayManager 的数据库用户（至少使用两种方法）。

方法一：使用 SSMS 图形化界面

（1）打开某数据库的"＿＿＿＿＿"文件夹，选择"＿＿＿＿＿"并右击，在弹出的快捷菜单中选择"＿＿＿＿＿"命令，弹出"数据库用户-新建"对话框，设置用户名为"＿＿＿＿＿"。

（2）单击"登录名"输入框右边的 ■ 按钮，弹出"选择登录名"对话框。

（3）单击"＿＿＿＿＿＿＿"按钮，弹出"查找对象"对话框，然后选中"＿＿＿＿＿＿＿＿"复选框。

（4）单击"确定"按钮，返回到"选择登录名"对话框；再单击"确定"按钮，成功设置"登录名"。还可以进一步设置该数据库用户的服务器角色和数据库角色。

（5）单击"确定"按钮，可以看到新建的数据库用户。

方法二：使用系统存储过程 sp_grantdbaccess

语句如下所示：

_____

方法三：使用 create user 语句

语句如下所示：

_____

9. 修改数据库用户 libarayManager 的用户名为 libarayUser。

方法一：使用 SSMS 图形化界面

右击要重命名的数据库用户 libarayManager，在弹出的快捷菜单中选择"＿＿＿＿＿＿＿"命令，修改数据库用户名。

方法二：使用 drop user 语句

语句如下所示：

_____

10. 删除数据库用户"libarayUser"（至少使用两种方法）。

方法一：使用 SSMS 图形化界面

右击要删除的数据库用户"＿＿＿＿＿＿＿"，在弹出的快捷菜单中选择"＿＿＿＿＿＿＿＿"命令，弹出"弹出对象"对话框。单击"确定"按钮，删除数据库用户。

方法二：使用系统存储过程 sp_revokedbaccess

语句如下所示：

_____

方法三：使用 drop user 语句

语句如下所示：

_____

11. 向服务器角色 sysadmin 添加成员 lxy_libarayManager。

方法一：使用 SSMS 图形化界面

（1）在对象资源管理器中选择"服务器角色"文件夹，然后右击"＿＿＿＿＿＿＿"，在弹出的快捷菜单中选择"＿＿＿＿＿＿＿"命令，弹出"服务器属性-sysadmin"对话框。

（2）单击"＿＿＿＿＿＿＿"按钮，弹出"选择登录名"对话框；单击"＿＿＿＿＿＿＿"按钮，弹出"查找对象"对话框，选择登录名"＿＿＿＿＿＿＿"。单击"确定"按钮，回到"选择登录名"对话框；单击"确定"按钮，回到"服务器属性-sysadmin"对话框。最后，单击"确定"按钮，完成服务器角色成员添加。

方法二：使用系统存储过程 sp_addsrvrolemember

语句如下所示：

_____

12. 删除服务器角色"sysadmin"中的成员"lxy_libarayManager"。

方法一：使用 SSMS 图形化界面

（1）在对象资源管理器中选择"服务器角色"文件夹，然后右击"＿＿＿＿＿＿"，在弹出的快捷菜单中选择"＿＿＿＿＿＿"命令，弹出"服务器属性-sysadmin"对话框。

（2）选择"＿＿＿＿＿＿"，然后单击"删除"按钮，再单击"确定"按钮，删除成员。

方法二：使用系统存储过程 sp_dropsrvrolemember

语句如下所示：

_____

13. 创建角色 libarayProjectManager。

方法一：使用 SSMS 图形化界面

展开"＿＿＿＿＿＿"数据库文件夹，展开其中的"安全性"，再展开里面的"角色"文件夹，然后右击"＿＿＿＿＿＿"，在弹出的快捷菜单中选择"＿＿＿＿＿＿"命令，打开"数据库角色-新建"对话框。在"角色名称"栏中输入"＿＿＿＿＿＿"。

方法二：使用系统存储过程 sp_addrole

语句如下所示：

_____

方法三：使用 create role 语句

语句如下所示：

_____

14. 删除角色 libarayProjectManager。

方法一：使用 SSMS 图形化界面

右击要删除的角色"＿＿＿＿＿＿"，在弹出的快捷菜单中选择"＿＿＿＿＿＿"命令，弹出"删除对象"对话框。单击"确定"按钮，完成删除。

方法二：使用系统存储过程 sp_droprole

语句如下所示：

_____

方法三：使用 drop role 语句

语句如下所示：

_____

15. 添加数据库用户 libarayUser 为角色 libarayProjectManager 的成员。

方法一：使用 SSMS 图形化界面

（1）右击角色"＿＿＿＿＿＿"，在弹出的快捷菜单中选择"＿＿＿＿＿＿"命令，弹出"数据库角色属性-ProjectManager"对话框。

（2）单击"添加"按钮，弹出"选择数据库角色或用户"对话框。单击"＿＿＿＿"按钮，弹出"查找对象"对话框。选择用户"＿＿＿＿＿＿"，然后单击"确定"按钮，回到"选择数据库用户或角色"对话框；单击"确定"按钮，回到"数据库角色-新建"对话框。最后，单击"确定"按钮，完成数据库角色成员添加。

思考：在创建角色时，是否可以添加数据库用户？如何添加？

方法二：使用系统存储过程 sp_addrolemember

语句如下所示：

16. 删除角色 ProjectManager 的成员 libarayUser。

方法一：使用 SSMS 图形化界面

（1）右击角色"＿＿＿＿"，在弹出的快捷菜单中选择"＿＿＿＿"命令，弹出"数据库角色属性-ProjectManager"对话框。

（2）单击角色成员"＿＿＿＿"，然后单击"＿＿＿＿"按钮。单击"确定"按钮，删除数据库角色成员 libarayUser。

方法二：使用系统存储过程 sp_droprolemember。

语句如下所示：

17. 创建应用程序角色 libarayRole，密码为 123。

方法一：使用 SSMS 图形化界面

（1）展开"图书管理"数据库文件夹，展开其中的"安全性"，再展开里面的"角色"文件夹，然后右击"＿＿＿＿"，在弹出的快捷菜单中选择"＿＿＿＿"命令，打开"应用程序角色-新建"对话框。在"角色名称"后输入"＿＿＿＿"，在"密码""确认密码"栏中分别输入"＿＿＿＿"。

（2）单击"确定"按钮，完成应用程序角色 libarayRole 的创建。

方法二：使用 create application role 语句

语句如下所示：

18. 删除应用程序角色 libarayRole。

方法一：使用 SSMS 图形化界面

右击要删除的应用程序角色 libarayRole，在弹出的快捷菜单中选择"＿＿＿＿"命令，弹出"删除对象"对话框，单击"确定"按钮完成删除。

方法二：使用 drop application role 语句

语句如下所示：

19. 创建一个简单的架构 libarayManager。

方法一：使用 SSMS 图形化界面

（1）展开"图书管理"数据库文件夹，展开其中的"安全性"，然后右击"架构"，在弹出的快捷菜单中选择"＿＿＿＿"命令，打开"架构-新建"对话框。在"架构名称"栏中输入"＿＿＿＿"。

（2）单击"确定"按钮，完成架构的创建。

方法二：使用 T-SQL 语句

语句如下所示：

20. 删除架构 libarayManager。

方法一：使用 SSMS 图形化界面

右击要删除的架构 libarayManager，在弹出的快捷菜单中选择"＿＿＿＿＿＿＿＿"命令，弹出"删除对象"对话框。单击"确定"按钮，完成删除。

方法二：使用 T-SQL 语句

语句如下所示：

---

21. 将"图书管理"数据库"读者表"的"更新"权限授予数据库用户 libarayUser。

方法一：使用 SSMS 图形化界面

（1）展开"图书管理"数据库，展开其中的表，然后右击"＿＿＿＿＿＿＿＿"，在弹出的快捷菜单中选择"＿＿＿＿＿＿＿＿"命令，弹出"表属性-读者表"对话框，然后单击"＿＿＿＿＿＿＿＿"选项。

（2）单击"＿＿＿＿＿＿＿＿"，弹出"选择用户或角色"对话框。单击"＿＿＿＿＿＿＿＿"按钮，弹出"查找对象"对话框，选择用户"＿＿＿＿＿＿＿＿"。单击"确定"按钮，返回"选择用户或角色"对话框；再单击此对话框中的"确定"按钮，返回"表属性-学生表"对话框。选择权限"＿＿＿＿＿＿＿＿"，并勾选对应的"＿＿＿＿＿＿＿＿"复选框。最后，单击"确定"按钮，完成给数据库用户授权。

方法二：使用 T-SQL 语句

语句如下所示：

---

22. 剥夺"图书管理"数据库用户 libarayUser 对"读者表"的"更新"权限。

方法一：使用 SSMS 图形化界面

展开"图书管理"数据库，展开其中的表，然后右击"＿＿＿＿＿＿＿＿"，在弹出的快捷菜单中选择"＿＿＿＿＿＿＿＿"命令，弹出"表属性-读者表"对话框。单击"＿＿＿＿＿＿＿＿"选项，选择权限"＿＿＿＿＿＿＿＿"，不勾选对应的"＿＿＿＿＿＿＿＿"复选框。最后，单击"确定"按钮，完成剥夺数据库用户授权。

方法二：使用 T-SQL 语句

语句如下所示：

---

23. 拒绝"图书管理"数据库用户 libarayUser 对"读者表"的"更新"权限。

方法一：使用 SSMS 图形化界面

展开"图书管理"数据库，展开其中的表，然后右击"＿＿＿＿＿＿＿＿"，在弹出的快捷菜单中选择"＿＿＿＿＿＿＿＿"命令，弹出"表属性-读者表"对话框，单击"权限"选项。选择权限"插入"，并勾选对应的"拒绝"复选框。最后，单击"确定"按钮，完成拒绝数据库用户授权。

方法二：使用 T-SQL 语句

语句如下所示：

---

24. 完整备份数据库"图书管理"。

方法一：使用 SSMS 图形化界面

(1) 选择要备份的数据库"图书管理"，然后右击，在弹出的快捷菜单中选择"_____"|"备份"命令，弹出"备份数据库-图书管理"对话框。

(2) 可以看到要备份的数据库。还可以设置备份类型、备份组件、备份集名和备份目标位置。设置好参数后，单击"确定"按钮，可以备份数据库。备份完成后，弹出备份完成提示对话框。最后，单击"确定"按钮，完成备份。

方法二：使用 T-SQL 语句备份数据库

完全备份语句如下所示：

25. 还原数据库"图书管理"。

方法一：使用 SSMS 图形化界面

(1) 选择要还原的数据库"图书管理"，右击，在弹出的快捷菜单中选择"_____"|"还原"|"数据库"命令，弹出"还原数据库-图书管理"对话框。

(2) 设置还原的目标数据库名。一般与还原的源数据库名相同，也可以不同。然后，选择用于还原的备份集。单击"确定"按钮，还原数据库。最后，弹出还原成功提示对话框。单击"确定"按钮，成功还原数据库。

方法二：使用 T-SQL 语句

语句如下所示：

课外实训

1. 设置 SQL Server 2008 登录的身份验证模式为"SQL Server 和 Windows 身份验证模式"。

2. 创建一个 Windows 身份验证的登录名（以名字全拼命名）。

说明：如果 Windows 中不存在此账户，请先在 Windows 系统中创建。

3. 创建一个 SQL Server 身份验证的登录名 lxy_room，密码为"123"。默认数据库为"学生宿舍管理"，默认语言为 English（至少使用两种方法）。

4. 修改登录名 lxy_roomManager 的密码为 456。默认语言为 Russian（至少使用两种方法）。

5. 删除任务 2 中创建的登录名（至少使用两种方法）。

6. 将登录名 lxy_room 重命名为 lxy_roomManager。

7. 禁用 lxy_roomManager 登录名，再启用 lxy_roomManager 登录名。

8. 将 SQL Server 登录名 lxy_roomManager 映射为"学生宿舍管理"数据库的用户，用户名为 roomManager，即给数据库"学生宿舍管理"添加一个名为 roomManager 的数据库用户（至少使用两种方法）。

9. 修改数据库用户 roomManager 的用户名为 roomUser。

10. 删除数据库用户 roomUser（至少使用两种方法）。

11. 向服务器角色 sysadmin 添加成员 lxy_roomManager。

12. 删除服务器角色 sysadmin 中的成员 lxy_roomManager。

13. 创建角色 RoomProjectManager。

14. 删除角色 RoomProjectManager。

15. 添加数据库用户 roomUser 为角色 RoomProjectManager 的成员。

16. 删除角色 ProjectManager 的成员 roomUser。

17. 创建应用程序角色 roomRole，密码为 123。

18. 删除应用程序角色 roomRole。

19. 创建一个简单的架构 roomManager。

20. 删除架构 roomManager。

21. 将"学生宿舍管理"数据库"学生表"的"更新"权限授予数据库用户 roomUser。

22. 剥夺"学生宿舍管理"数据库用户 roomUser 对"学生表"的"更新"权限。

23. 拒绝"学生宿舍管理"数据库用户 roomUser 对"学生表"的"更新"权限。

24. 完整备份数据库"学生宿舍管理"。

25. 还原数据库"学生宿舍管理"。

项目 9　学生成绩管理数据库的初步开发

1. 了解数据库访问方式的变迁及数据接口关系，掌握常用的数据库连接方法。

2. 理解 ADO. NET 组件及对象模型。

3. 理解使用 ASP. NET 和 SQL Server 2008 开发简单管理系统的开发流程、常用技术和方法。

1. 能熟练使用 ADO. NET 组件和对象模型实现对数据库表数据的交互查询、添加、修改、删除的操作。

2. 能在 ADO. NET 组件和对象模型中使用 SQL 语句、存储过程等。

学习数据库技术的终极目标是应用，所以在学会了数据库及其对象的创建和管理之后，要学习利用应用程序访问、操作数据库。本项目首先通过学生成绩管理数据库的连接，介绍常用数据库的连接方法；然后通过初步开发学生成绩管理系统，创建并设置 ASP. NET Web 应用程序，在 ADO. NET 组件和对象模型中使用存储过程、ADO. NET 组件等；介绍数据库的操作；最后通过课堂实训和课外实训加强学生对于数据库的初步开发能力。

本项目共有 2 个学习任务：

任务 9.1　学生成绩管理数据库的连接方法

任务 9.2　初步开发学生成绩管理数据库系统

任务 9.1　学生成绩管理数据库的连接方法

 任务描述

学生成绩管理系统开发的第一步是要连接学生成绩管理数据库，所以本学习任务主

要介绍应用程序如何访问、操作数据库，了解常见的数据库访问接口 ODBC、OLEDB、ADO 和 ADO.NET 等，了解数据库访问方式的变迁。

9.1.1　ODBC 数据接口

ODBC（开放数据库互连，Open DataBase Connectivity）是 Microsoft 公司开发的一套开放的数据库系统应用程序接口规范，它为应用程序提供了一套高层调用接口的规范和基于动态链接库的运行支撑环境。

1. ODBC 出现的背景

ODBC 数据接口提出之前，使用的专用接口有以下特性：通过一个专用接口只能访问一种类型的数据库，不同的 DBMS 提供的专用接口是各不相同的。在一个数据库应用程序中，很难同时访问不同数据管理系统中的数据。由于每个数据库管理系统的专用接口不同，当用户使用不同的数据库管理系统时，必须要学习多种接口，给开发人员造成了不必要的麻烦，而且使用专用接口开发应用程序难度较大。因此，产生了能处理各种数据文件的应用程序接口，这就是 ODBC。

使用 ODBC 开发数据库应用程序时，应用程序使用的是标准的 ODBC 接口和 SQL 语句，数据的底层操作由各个数据库的驱动程序完成。这使得应用程序具有很好的适应性和可移植性，并具备同时访问多种数据库管理系统的能力。对用户来说，驱动程序屏蔽了不同对象间的差异，用 ODBC 编写的数据库应用程序可以运行于不同的数据库环境下。

2. ODBC 体系结构

ODBC 规范为应用程序提供了一套高层调用接口的规范和基于动态链接库的运行支持环境，其体系结构如图 9-1 所示。

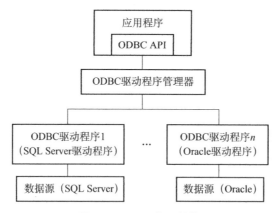

图 9-1　ODBC 体系结构

从图 9-1 中可以看到，ODBC 包含以下 4 个组件。

①应用程序执行处理并调用 ODBC API 函数，以提交 SQL 语句。

②驱动程序管理器是 Windows 下的应用程序，其主要作用是装载 ODBC 驱动程序、管理数据源、检查 ODBC 参数的合法性等。

③数据库驱动程序为动态链接库形式，其主要作用是：

- 建立与数据源的连接。
- 向数据源提交用户请求，执行 SQL 语句。
- 在数据库应用程序和数据源之间进行数据格式转换。
- 向应用程序返回处理结果。

④数据源是指任何一种可以通过 ODBC 连接的数据库管理系统，包括要访问的数据库和数据库运行的平台。可以通过定义多个数据源，让每个数据源指向一个数据库管理系统，实现让应用程序同时访问多个数据库管理系统。

ODBC 提供了在不同数据库环境下 C/S 结构的客户访问异构 DBMS 的接口，还提供了一个开放的、标准的能访问从 PC、小型机到大型机数据库数据的接口；当作为数据源的数据库服务器上的数据库管理系统发生变化时，不需对客户端应用程序做任何修改，因此所开发的数据库应用程序具有很好的移植性。

3. 建立 ODBC 数据源

【例 9.1】 为"学生成绩管理"数据库建立一个 SQL Server 用户数据源，数据源名称为 SSMDataSource，服务器为本地服务器。

建立 ODBC 数据源的步骤如下所述：

①单击 Windows 的"控制面板"｜"管理工具"，然后双击"数据源 ODBC"，打开"ODBC 数据源管理器"对话框，如图 9-2 所示。

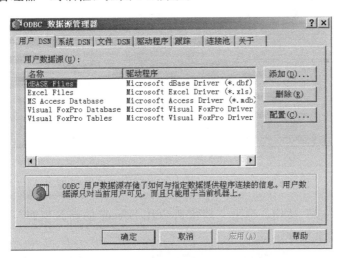

图 9-2 "ODBC 数据源管理器"对话框

ODBC 数据源共有以下 3 种类型。

- 第一类文件数据源：表示其他计算机上的用户可以共享数据库。
- 第二类用户数据源：这类数据源只用于当前机器，表示数据库只驻留在当前正在使用的物理机器上。该数据库只有当前用户可以使用。
- 第三类系统数据源：这一类也只能用于当前机器，表示数据库驻留在当前计算机上，凡是使用该计算机的用户都可以获取该数据库。

②单击"添加"按钮，弹出"创建新数据源"对话框，如图 9-3 所示。选择"SQL Server"，然后单击"完成"按钮。

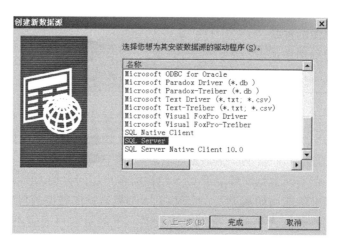

图 9-3　"创建新数据源"对话框

③弹出"创建到 SQL Server 的新数据源"对话框，输入名称 sSMDataSource，描述"学生成绩管理数据源"，并选择本地服务器，如图 9-4 所示。

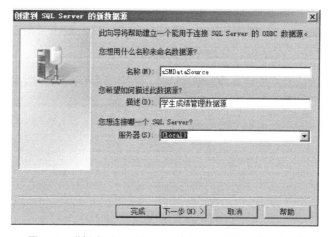

图 9-4　"创建到 SQL Server 的新数据源"对话框（1）

④单击"下一步"按钮，弹出"创建到 SQL Server 的新数据源"对话框，如图 9-5 所示，选择身份验证模式。

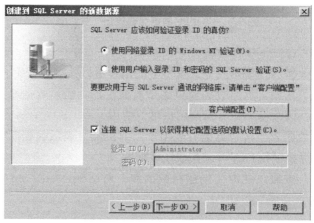

图 9-5　"创建到 SQL Server 的新数据源"对话框（2）

⑤单击"下一步"按钮，弹出"创建到 SQL Server 的新数据源"对话框，如图9-6所示，更改默认的数据库为"学生成绩管理"。单击"下一步"按钮，弹出"创建到 SQL Server 的新数据源"对话框，如图 9-7 所示。

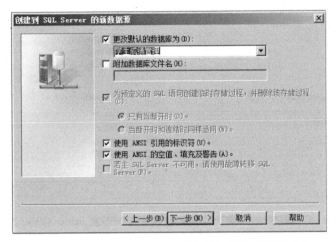

图 9-6　"创建到 SQL Server 的新数据源"对话框（3）

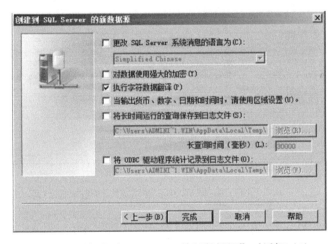

图 9-7　"创建到 SQL Server 的新数据源"对话框（4）

⑥单击"完成"按钮，弹出"ODBC Microsoft SQL Server 安装"对话框，如图 9-8 所示。单击"测试数据源"按钮，弹出"SQL Server ODBC 数据源测试"对话框，如图 9-9所示。

⑦测试成功后，单击"确定"按钮，回到"ODBC Microsoft SQL Server 安装"对话框；再单击"确定"按钮，回到"ODBC 数据源管理器"对话框，如图 9-10 所示。在"用户数据源"下可以看到刚建立的用户数据源 sSMDataSource。单击"确定"按钮，完成创建数据源。

图 9-8 "ODBC Microsoft SQL Server 安装"对话框

图 9-9 "SQL Server ODBC 数据源测试"对话框

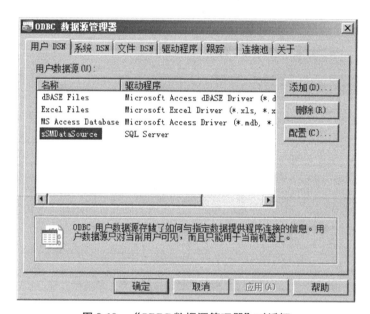

图 9-10 "ODBC 数据源管理器"对话框

9.1.2 OLE DB 和 ADO

ODBC 是通用 API 的早期产物，是基于结构查询语言（SQL）的，以此作为访问数据的标准。这时大多数 DBMS 提供了面向 ODBC 的驱动程序。遵从该标准的 DBMS 称为 ODBC 兼容的 DBMS。ODBC 兼容的数据库包括 Access、MS-SQL Server、Oracle、Informix 等。但是 ODBC 并不完美，它虽然统一了对多种常用 DBMS 的访问，但是这个"访问"的过程是非常困难的，仍然存在大量的低级调用，程序员必须将大量的精力放在底层的数据通信中。这是因为 ODBC 是面向 C++语言的，不能专注于所要处理的数据。

为了改善这种极其不友好的接口，使得在程序开发中，数据库访问的工作更加容易，

Microsoft 提出一个解决方案，即 DAO（Data Access Objects）。它是第一个面向对象的接口，建立想要使用的对象后，可以给其各种属性赋值，提取各种属性的值，或者使用该对象提供的方法。DAO 最适用于单系统应用程序或小范围本地分布使用。

为了访问远程 DBMS，更好地实现数据共享，或数据的交互操作，比如想要连接查询位于不同地方的主机中的两个数据表，产生了一个新的数据库访问接口 RDO（Remote Data Objects，远程数据对象）。当然，RDO 也是一个面向对象的接口。它同易于使用的 DAO style 组合在一起，形式上展示出所有 ODBC 的底层功能和灵活性。RDO 已被证明是许多 SQL Server、Oracle 及其他大型关系数据库开发者经常选用的最佳接口。RDO 提供了用来访问存储过程和复杂结果集的更多和更复杂的对象、属性及方法。

随着需求的发展，出现了新的问题。以上各个数据库接口都需要数据以 SQL（Structured Query Language）的格式存储，或者说，要求访问的数据文件都必须是关系类型的，也就是说，产生这些文件的 DBMS 必须是关系数据库。而在平时，用户经常要处理一些非关系数据源，例如，Excel 电子表格、有规则或无规则的文本文件、XML 文件等。针对这个问题，Microsoft 提出了一致的数据访问 UDA（Universal Data Access，通用数据访问）策略。此策略可以在不同应用程序中保证开发和集成，并为访问所有的数据类型（关系和非关系的）提供基于标准的方法。通用数据访问策略基于 OLE DB（Object Linked and Embed DataBase，对象链接和嵌入数据库）来访问所有类型的数据，并通过 ADO（Active X Data objects，Active X 数据对象）提供应用程序开发者使用的编程模型。OLE DB 和 ADO 实际上是同一种技术的两种表现形式。OLE DB 提供的是通过 COM（组件对象模型）接口的底层数据接口；而 ADO 提供的是一个对象模型，它简化了应用程序中使用 OLE DB 获取数据的过程，其体系结构如图 9-11 所示。

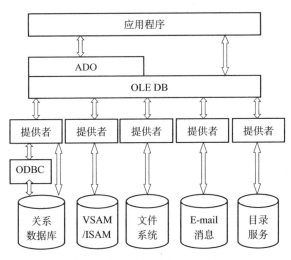

图 9-11 通用数据访问体系结构图

OLE DB 是一系列直接处理数据的接口。它建立在 COM（组件数据对象）之上，是 Microsoft 提供的一种在不同数据进程间通信的方式。OLE DB 定义了以下 3 种类型的数据访问组件。

①数据提供者：包含数据，并将数据输出到其他组件中去。

②数据消费者：使用包含在数据提供者中的数据。

③服务组件：处理和传输数据。

OLE DB 的绝大多数功能包含在数据提供者和服务组件中，服务组件可以获取和操作应用程序使用的数据。OLE DB 库中包含的核心组件如下所述。

①Data Conversion Library：支持从一种数据类型转换到另一种数据类型。

②Row Position 对象：保留记录集中对当前行的追踪。运用此功能，可以让其他组件约定它们当前使用的是什么数据。

③Root Enumerator：允许搜索已知 OLE DB 数据提供者的注册信息。

④IdataInitialize 接口：包含允许使用数据源的功能。

⑤IDBPromptInitialize 接口：包含允许应用程序使用 Data Link 属性对话框的功能。

常用的 OLE DB 提供者有以下几个：

● Microsoft Jet 4.0 OLE DB Provider，用于 Microsoft Access 数据库。

● Microsoft OLE DB Provider for ODBC Drivers，用于 ODBC 数据源。

● Microsoft OLE DB Provider for Oracle，用于 Oracle 数据库。

● Microsoft OLE DB Provider for SQL Server，用于 Microsofe SQL Server 数据库。

ADO 是建立在 OLE DB 之上的高层接口集。它是介于 OLE DB 底层接口和应用程序之间的接口，避免了开发人员直接使用 OLE DB 底层接口的麻烦。使用 ADO，可以帮助开发人员使用已经熟悉的编程环境和语言开发应用系统。ADO 简化了 OLE DB 模型。ADO 层是面向对象的 API，只要求开发者掌握几个简单对象的方法和属性。ADO 对象模型中包含了三个一般用途的对象：Connection、Command 和 Recordset。开发人员可以创建单个对象，并使用这些对象访问数据库。ADO 对象模型如图 9-12 所示。

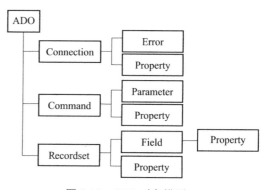

图 9-12　ADO 对象模型

图中各对象的内容如下所述。

①Connection 对象：包含了与数据源连接的信息。

②Command 对象：包含了与一个命令相关的信息。

③Recordset 对象：包含了从数据源得到的记录集。

④Field 对象：包含了记录集中某个记录的字段信息。

⑤Property 对象：ADO 对象的属性。ADO 对象有两种属性，即内置属性和动态属性。内置属性是指包含在 ADO 对象里的属性，任何 ADO 对象都有这些内置属性。动态属性由底层的数据源定义，每个 ADO 对象都有对应的属性集合。

⑥Parameter 对象：与 Command 对象相关的参数。Command 对象的所有参数都包含在它的参数集合中，可以通过查询数据库自动创建 ADO 参数对象。

⑦Error 对象：包含由数据源产生的 Errors 集合中扩展的错误信息。

ADO 对于本地数据访问的解决方案是 ADO 定义编程模型，即访问和更新数据源所必需的活动顺序。ADO 提供执行以下操作的方式：

①连接到数据源。

②指定访问数据源的命令，可带变量参数。

③执行命令。如果该命令要求数据按表中的行的形式返回，则将这些行存储在易于检查、操作或更改的缓存中。

④在适当情况下，可使用缓存行的更改内容来更新数据源。

⑤提供常规方法检测错误。

ADO 是 DAO 和 RDO 的后继产物，包含在 DAO 和 RDO 模型中的许多功能被合并为单个对象，生成一个简单得多的对象模型。ADO "扩展" 了 DAO 和 RDO 所使用的对象模型，意味着它包含较少的对象以及更多的属性、方法（和参数）和事件。

9.1.3 ADO. NET

随着技术的进一步发展，出现了一种不同于 ADO 的数据访问方式：ADO. NET。ADO. NET 拥有自己的 ADO. NET 接口，并且基于 Microsoft. NET 体系架构，提供对 Microsoft SQL Server 等数据源及通过 OLE DB 和 XML 公开的数据源的一致访问，其操作数据库结构如图 9-13 所示。

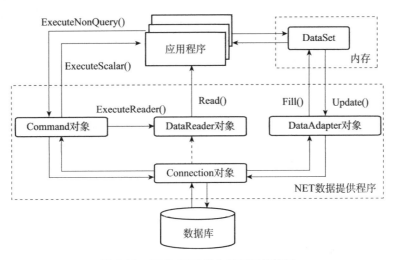

图 9-13　ADO. NET 操作数据库结构图

ADO. NET 的两个核心组件 DataSet 对象和 . NET Framework 数据提供程序完成从数据操作中分解出数据访问。DataSet 对象实现独立于任何数据源的数据访问；. NET Framework 数据提供程序，实现数据操作和对数据的快速、只进、只读访问。

. NET Framework 数据提供程序包括 Connection、Command、DataReader 和 DataAdapter 对象。Connection 对象提供与数据源的连接；Command 对象使用户能够访问用于返回数据、修改数据、运行存储过程及发送或检索参数信息的数据库命令；DataReader 对象从数据源中提供高性能的数据流；DataAdapter 提供连接 DataSet 对象和数据源的桥梁。

. NET Framework 附带两个数据提供程序：SQL Server. NET Framework

（System. Data. SqlClient）和 OLE DB. NET Framework（System. Data. OleDb），分别用于连接到 Microsoft SQL Server 7.0 及以上版本，为直接访问 SQL Server 做了专门的优化。没有其他附加技术层，禁用对用于 ODBC 的 OLE DB 提供程序的支持。

使用 ADO. NET 访问数据库的一般步骤如下所述。

①建立数据库连接对象。通常使用到 Connection 对象的属性包括：connectionString、connectionState 等；Connection 对象的方法包括：Open、Close、CreateCommand 及 ChangeDatabase 等。

②打开数据库连接对象。通常用到 Connection 对象的 Open 方法。

③建立数据库命令对象，指定命令对象所使用的连接对象。通常用到 Command 对象的常用属性是 CommandText、CommandTimeout、CommandType、Connection（数据命令使用的连接对象）、Parameters（参数集合）等。

④指定命令对象的命令属性。通常用到 Command 对象的 CommandText 属性、CommandType 属性等。

⑤执行命令。通常用到 Command 对象的方法有 ExecuteReader、Exectue 等。

⑥操作返回结果，用到 SqlDataReader 对象或者其他对象。

⑦关闭数据库连接，用到 Connection 对象的 Close 方法。

无论在什么情况下，当把 Connection 对象赋值给 Command 对象的 Connection 属性时，不需要 Connection 对象是打开的。SQLCommand 提供的 4 个执行方法如下所述。

①ExecuteNonQuery：用来更新数据，用于执行 Update、Insert、Delete 语句。

②ExecuteScalar：返回单个值的命令。

③ExecuteReader：执行后，使用结果集填充 DataReader 对象、CommandBehavior 枚举、Item 属性及 Get 方法。

④ExecuteXmlReader：为 SQLCommand 特有的方法，OLEDBCommand 无此方法。

数据集 DataSet 是非连接的，位于内存中的高速数据缓存区，主要依靠 DataAdapter 类与数据库通信。一般使用 DataAdapter 类的 Fill 方法填充 DataSet。

Command 对象通过 ExecuteNonQuery 方法更新数据库的步骤如下所述：

①创建数据库连接。

②创建 Command 对象，并指定一个 SQL Insert、Update、Delete 查询或存储过程。

③把 Command 对象依附到数据库连接上。

④调用 ExecuteNonQuery 方法。

⑤关闭连接。

综上所述，ODBC 和 OLEDB 都是底层的数据库接口，它们通过驱动程序访问数据文件，但 OLE DB 标准的具体实现是一组 C++API 函数，它的 API 是符合 COM 标准、基于对象的；而 ODBC API 是简单的 C API。OLE DB 可以访问各种类型的数据源，包括关系型数据库；而 ODBC 只可以访问任何支持 SQL 语言的关系型数据库。目前，Microsoft 公司为所有的 ODBC 数据源提供了统一的 OLE DB 服务提供程序，通过 OLE-DB 或 ADO 访问 ODBC 提供的所有功能。DAO、RDO、ADO 是上层数据库接口。其中，ADO 使用 OLE DB 接口并基于 Microsoft COM 技术，是对 OLE DB 的封装，它们向上与应用程序交互，向下与 ODBC 或 OLEDB 对话；ADO. NET 拥有自己

的 ADO. NET 接口并且基于 Microsoft. NET 体系架构，数据访问方式不同于 ADO。在
ADO. NET 中，数据在内存中的形式为数据集 Dataset；而在 ADO 中，数据在内存中
的表示形式为记录集 Recordset。记录集看起来像单个表，数据集是一个或多个表的集
合。这样，数据集可以模仿基础数据库的结构。另外，ADO. NET 使用离线方式，在
访问数据时，ADO. NET 利用 XML 制作数据的一份副本，ADO. NET 的数据库连接
只有在这段时间需要在线；而 ADO 的运作是一种在线方式，它对数据的操作必须是
实时的。

任务 9.2　初步开发学生成绩管理数据库系统

任务描述

本学习任务通过使用 ASP. NET 和 SQL Server 2008 对学生成绩管理系统进行初步
开发，创建并设置 ASP. NET Web 应用程序，创建母版页，使用 ADO. NET 组件和对象
模型实现对数据库的操作，即通过实现学生成绩管理系统的学生信息管理，介绍使用
ADO. NET 组件和对象模型实现对数据库表数据的交互添加、修改、删除操作；通过学
生成绩管理系统课程信息管理，介绍在 ADO. NET 组件和对象模型中使用存储过程；通
过学生成绩管理系统成绩等查询，使用 ADO. NET 组件和对象模型实现对数据库表数据
的交互查询操作。

9.2.1　学生成绩管理系统项目介绍

本任务用 ASP. NET＋SQL Server 2008 开发一个简易的学生成绩管理系统，其基本
情况如下所述：用户分为学生、任课教师和教务管理人员。学生可以选课、查看课程成
绩；任课教师可以输入所授课程成绩；教务管理人员可以维护学生信息、课程信息、教
师信息和选课信息。学生成绩管理系统的功能需求分析如图 9-14 所示。

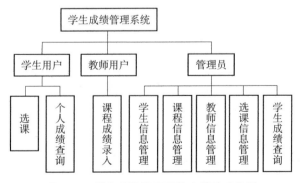

图 9-14　学生成绩管理系统功能需求分析

本项目的数据库为项目 2 中设计的学生成绩管理数据库。为便于管理不同的用户，
对数据表进行简单的修改，各数据表见表 9-1～表 9-6。

表 9-1　学生表（用来存储学生的基本信息）

字段名称	数据类型	长度	说　明
学号	char	9	主键
密码	varchar	30	默认值为 111111
姓名	char	8	不可为空
性别	bit		"0" 代表男生，"1" 代表女生
专业	varchar	50	不可为空
出生年月	datatime		
家庭地址	varchar	100	
联系电话	char	12	
总学分	float		默认为 0

表 9-2　课程表（用来存储课程信息）

字段名称	数据类型	长度	说　明
课程号	char	9	主键
课名	varchar	50	不可为空
学时	int		不可为空
学分	float		不可为空
备注	text		

表 9-3　选课表（用来存储学生的选课情况及成绩）

字段名称	数据类型	长度	说　明
学号	char	9	联合主键，外键，参照学生表
课程号	char	9	联合主键，外键，参照课程表
成绩	float		

表 9-4　教师表（用来存储教师的基本信息）

字段名称	数据类型	长度	说　明
教师号	char	6	主键
密码	varchar	30	默认值为 111111
姓名	char	8	不可为空
职称	char	8	不可为空
部门编号	varchar	50	外键，参照部门表
联系方式	char	12	
岗位	int		"1" 代表任课教师，"2" 代表教管人员

表 9-5　部门表（用来存储部门基本信息）

字段名称	数据类型	长度	说　明
部门编号	char	5	主键
部门名称	varchar	50	不可为空
部门地址	varchar	100	

表 9-6　授课表（用来存储教师授课的基本信息）

字段名称	数据类型	长度	说　明
教师号	char	6	联合主键，外键，参照教师表
课程号	char	9	联合主键，外键，参照课程表
开课时间	datatime		

通过前述项目，我们完成了数据库及其对象的创建，下面需要创建学生成绩管理系统项目，对 ASP. NET Web 应用程序进行配置，创建母版页，实现各功能模块。下面以学生信息管理、课程信息管理、学生成绩总询查三个功能模块为例，介绍使用 ADO. NET 组件和对象模型操作 SQL Server 数据库的方法。

9.2.2 创建学生成绩管理系统项目

1. 创建学生成绩管理系统项目 StudentScoreMangement

①单击"开始"｜"所有程序"｜"Microsoft Visual Studio 2010"｜"Microsoft Visual Studio 2010"命令，弹出"起始页-Microsoft Visual Studio"界面，如图 9-15 所示。

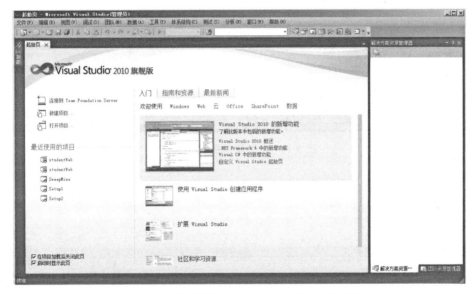

图 9-15 "起始页-Microsoft Visual Studio"界面

②单击"文件"｜"新建"｜"项目"命令，弹出"新建项目"对话框，如图 9-16 所示。选择"Visual C♯"｜"ASP. NET Web 应用程序"，并输入项目名称 StudentScoreMangement。选择位置，然后单击"确定"按钮，新建项目，并弹出"StudentScoreMangement-Microsoft Visual Studio（管理员）"界面，如图 9-17 所示。

2. 设置 ASP. NET Web 应用程序

①为了调用数据库，要把数据库文件放置到应用程序的 App_Data 文件夹中。

②为了调用数据库，还要对 ASP. NET 进行配置，具体方法是：单击菜单栏中的"项目"｜"ASP. NET 配置"命令，弹出"ASP. NET Web 应用程序管理"界面，然后单击"应用程序"选项卡，如图 9-18 所示。

③单击"创建应用程序设置"，然后设置"名称"为 ConnectionString，"值"为"data source＝. ;DataBase＝学生成绩管理;User id＝sa;PWD＝123"，如图 9-19 所示。

④设置好各项参数后，单击"保存"按钮，再单击"确定"按钮，就成功添加了应用程序设置，实现与数据库的连接。

图 9-16   "新建项目"对话框

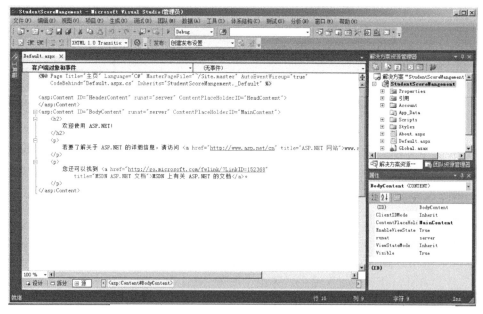

图 9-17   "StudentScoreMangement-Microsoft Visual Studio（管理员）"界面

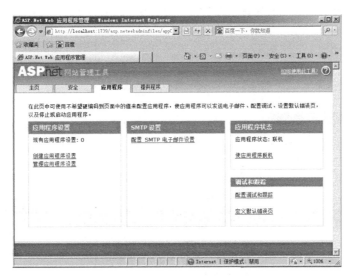

图 9-18 "应用程序"选项卡

3. 创建类实现与数据库关联

①本项目利用自定义的类 DBController 实现数据库的关联，具体方法是：在"解决方案资源管理器"中右击项目名 StudentScoreMangement，在弹出的快捷菜单中选择"添加"｜"新建文件夹"命令，新建文件夹并命名为 App_Code，如图 9-20 所示。

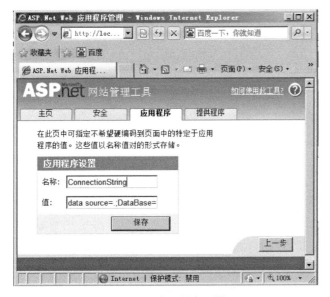

图 9-19 应用程序设置

图 9-20 创建文件夹

②添加类。在"解决方案资源管理器"中右击文件夹 App_Code，在弹出的快捷菜单中选择"添加"｜"类"命令，并设置名称为 DBController.cs，如图 9-21 所示。

图 9-21　"添加新项"对话框

③设置各项参数后，单击"添加"按钮，就创建了 DBController 类。首先要导入命名空间，从而调用 SQL Server 2008，具体代码如下：

```
using System. Data. SqlClient;
using System. Configuration;
using System. Data;
```

定义公用变量，实现数据库的关联，具体代码如下：

```
public class DBHelper
{
    private DataSet ds;
    private SqlDataAdapter myAdapter;
    private SqlCommand myCmd;

    SqlConnection myConn = new
SqlConnection(ConfigurationManager. AppSettings["ConnectionString"]);

    //打开关闭连接
    public void Open()
    {
        myConn. Open();
    }
    public void Close()
    {
        myConn. Close();
    }
    public DataSet GetDS()
    {
        return ds;
```

```
}
/* ------------------------------

* 函 数 名:Fill
* 功能描述:填充 ds
* 输入参数:sqlstr,SQL 字符串
* 返 回 值:无
* 创建日期:
* 修改日期:
* 作    者:
* 附加说明:
* ------------------------------ */
public void Fill(string sqlstr)
{
    myAdapter = new SqlDataAdapter(sqlstr,myConn);
    ds = new DataSet();
    myAdapter.Fill(ds);
}
/* ------------------------------

* 函 数 名:ExecNonSql
* 功能描述:执行无返回值的数据库操作
* 输入参数:sqlstr,查询的 SQL 字符串
* 返 回 值:无
* 创建日期:
* 修改日期:
* 作    者:
* 附加说明:
* ------------------------------ */
public void ExecNonSql(string sqlstr)
{
    if(myConn. State = = ConnectionState. Closed)
        myConn. Open();
    myCmd = new SqlCommand(sqlstr,myConn);
    myCmd. ExecuteNonQuery();
    myCmd. Dispose();
    Close();
}
/* ------------------------------

* 函数名:ExecReaderSql
* 功能描述:执行查询操作
* 输入参数:sqlstr,查询的 SQL 字符串
* 返 回 值:查询结果,返回 SqlDataReader 对象
* 创建日期:
* 修改日期:
* 作    者:
* 附加说明:
```

```
 * ---------------------------------------------- */
    public SqlDataReader ExecReaderSql(string sqlstr)
    {
        if(myConn. State = = ConnectionState. Closed)
            myConn. Open();
        myCmd = new SqlCommand(sqlstr,myConn);
        SqlDataReader reader = myCmd. ExecuteReader();
        myCmd. Dispose();
        return reader;
    }
}
```

4. 设计学生成绩管理系统母版页

（1）设计教务管理界面母版页

在"解决方案资源管理器"中，右击项目名 StudentScoreMangement，在弹出的快捷菜单中选择"添加"│"新建项"命令，弹出"添加新项"对话框，如图 9-21 所示。选择"母版页"，并输入名称 Teacher. Master，然后单击"添加"按钮，创建 Teacher. Master 母版页。编辑母版页如图 9-22 所示。其中，导航菜单使用 Menu 控件；"学生信息管理"、"课程信息管理"和"教师信息管理"都有两个子项，分别为"添加""修改和删除"，如图 9-23 所示。导航菜单项及连接的页面名称见表 9-7。

图 9-22　Teacher. Master 母版页

图 9-23　母版页导航菜单

表 9-7　教务管理界面导航菜单项及连接的页面名称

导航菜单项（子项）	页　　面
学生信息管理→添加	AddStudent. aspx
学生信息管理→修改和删除	StudentManage. aspx
课程信息管理→添加	AddCourse. aspx
课程信息管理→修改和删除	CourseManage. aspx
教师信息管理→添加	AddTeacher. aspx
教师信息管理→修改和删除	TeacherManage. aspx

导航菜单项（子项）	页　　面
选课信息管理	SelectCourseManager. aspx
学生成绩总查询	QueryResult. aspx
课程成绩录入	InputScore. aspx

（2）设计学生界面母版页

在"解决方案资源管理器"中，右击项目名 StudentScoreMangement，在弹出的快捷菜单中选择"添加"｜"新建项"命令，弹出"添加新项"对话框，如图 9-21 所示。选择"母版页"，输入名称 Student.Master，然后单击"添加"按钮，创建 Student.Master 母版页。编辑母版页如图 9-24 所示。其中，导航菜单使用 Menu 控件，导航菜单项及连接的页面名称见表 9-8。

图 9-24　Student. Master 母版页

表 9-8　学生界面导航菜单项及连接的页面名称

导航菜单项（子项）	页　　面
课程查询与选课	SelectCourse. aspx
个人成绩查询	StudentQueryResult. aspx

9.2.3　实现学生成绩管理系统的学生信息管理

1. 实现学生信息添加

在"解决方案资源管理器"中，右击项目名 StudentScoreMangement，在弹出的快捷菜单中选择"添加"｜"新建项"命令，弹出"添加新项"对话框，如图 9-21 所示。选择"使用母版页的 Web 窗体"，输入名称 AddStudent.aspx，然后单击"添加"按钮，弹出"选择母版页"对话框，如图 9-25 所示。在"文件夹内容"中选择 Teacher.master，然后单击"确定"按钮，创建 AddStudent.aspx 窗体。

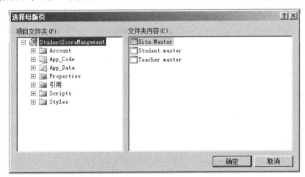

图 9-25　"选择母版页"对话框

（1）设计学生信息添加页面

学生信息添加页面 AddStudent.aspx 的控件设置见表 9-9。

表 9-9　学生信息添加页面 AddStudent.aspx 的控件设置

控件	作用	属性设置	属性值
table	表格	class	
TextBox	输入学号	ID	txtNum
TextBox	输入姓名	ID	txtName
RadioButtonList	选择性别	ID	rblSex
		RepeatDirection	Horizontal
	编辑项：男	Text	男
		Value	0
	编辑项：女	Text	男
		Value	0
TextBox	输入专业	ID	txtMajor
TextBox	输入出生年月	ID	txtBirthday
TextBox	输入家庭地址	ID	txtAddress
TextBox	输入出生年月	ID	txtPhone
Button	按钮	ID	btnAdd
		Text	添加
Button	按钮	ID	btnCancel
		Text	删除

添加控件后的页面如图 9-26 所示。

图 9-26　学生信息添加页面

（2）关键代码参考

```
protected void btnAdd_Click(object sender, EventArgs e)
{
    DBController obj = new DBController();
    try
    {
```

```
        string sqlstr = string. Format("INSERT INTO 学生表(学号,姓名,性别,专业,出生年月,
家庭地址,联系电话)values('{0}','{1}','{2}','{3}','{4}','{5}','{6}')",txtNum. Text. Trim(),
txtName. Text. Trim( ), rblSex. Text. Trim( ), txtMajor. Text. Trim( ), txtBirthday. Text. Trim( ),
txtAddress. Text. Trim(),txtPhone. Text. Trim());
            obj. Open();
            obj. ExecNonSql(sqlstr);

            txtNum. Text = "";
            txtName. Text = "";
            txtMajor. Text = "";
            txtBirthday. Text = "";
            txtAddress. Text = "";
            txtPhone. Text = "";
            Page. RegisterClientScriptBlock("alert","<script>alert('学生信息添加成功! 请继续
添加')</script>");
        }
        catch(Exception ex)
        {
            Console. WriteLine(ex. Message);
        }
        finally
        {
            obj. Close();
        }
    }
    protected void btnCancel_Click(object sender,EventArgs e)
    {
        Response. Redirect("AddStudent. aspx");
    }
}
```

2. 修改和删除学生信息

在"解决方案资源管理器"中，右击项目名 StudentScoreMangement，在弹出的快捷菜单中选择"添加"｜"新建项"命令，弹出"添加新项"对话框，如图 9-21 所示。选择"使用母版页的 Web 窗体"，输入名称 StudentManage. aspx，然后单击"添加"按钮，弹出"选择母版页"对话框，如图 9-25 所示。在"文件夹内容"中选择Teacher. master，然后单击"确定"按钮，创建 StudentManage. aspx 窗体。

（1）设计学生信息修改和删除页面

学生信息修改和删除页面 StudentManage. aspx 的控件设置见表 9-10。

表 9-10 学生信息修改和删除页面 StudentManage. aspx 的控件设置

控件	作用	属性设置	属性值
Table	表格	class	
SqlDataSource	数据源	ID	SqlDataSource1
		ConnectionString	data source＝.；DataBase＝学生成绩管理；User id＝sa；PWD＝123
		SelectCommandType	Text
		SelectQuery	SELECT 学生表．＊ FROM 学生表
		DeleteCommandType	Text
		DeleteQuery	DELETE FROM 学生表 WHERE（学号＝@学号）
		UpdateCommandType	Text
		UpdateQuery	UPDATE 学生表 SET 姓名＝@姓名，性别＝@性别，专业＝@专业，出生年月＝@出生年月，家庭地址＝@家庭地址，联系电话＝@联系电话 WHERE（学号＝@学号）
GridView	显示学生信息	ID	studentGridView
		DataSourceID	SqlDataSource1
		DataKeyNames	学号
		AllowPaging	True
		AllowSorting	True
		AutoGenerateDeleteButton	True
		AutoGenerateEditButton	True

添加控件后的页面如图 9-27 所示。

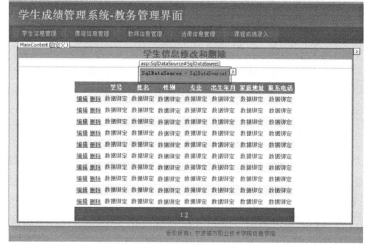

图 9-27 学生信息修改和删除页面

（2）页面代码参考

```
<%@ Page Title = ""Language = "C#"MasterPageFile = "~/Teacher.master"AutoEventWireup = "
true"CodeBehind = "StudentManage.aspx.cs"Inherits = "StudentScoreMangement.StudentManage" %>
<asp:Content ID = "Content1"ContentPlaceHolderID = "head"runat = "server">
</asp:Content>
<asp:Content ID = "Content2"ContentPlaceHolderID = "MainContent"runat = "server">
<table class = "table">
<tr><th class = "thead">学生信息修改和删除</th></tr>
<tr><td></td></tr>
<tr><td align = "center">
    <asp:SqlDataSource ID = "SqlDataSource1"runat = "server"
        ConnectionString = "data source = .;DataBase = 学生成绩管理;User id = sa;PWD = 123"
        SelectCommand = "SELECT 学生表.* FROM 学生表"
        UpdateCommand = "UPDATE 学生表 SET 姓名 = @姓名,性别 = @性别,专业 = @专业,出生年
            月 = @出生年月,家庭地址 = @家庭地址,联系电话 = @联系电话 WHERE(学号 = @学号)"
        DeleteCommand = "DELETE FROM 学生表 WHERE(学号 = @学号)">
        <DeleteParameters>
            <asp:Parameter Name = "学号"/>
        </DeleteParameters>
        <UpdateParameters>
            <asp:Parameter Name = "姓名"/>
            <asp:Parameter Name = "性别"/>
            <asp:Parameter Name = "专业"/>
            <asp:Parameter Name = "出生年月"/>
            <asp:Parameter Name = "家庭地址"/>
            <asp:Parameter Name = "联系电话"/>
            <asp:Parameter Name = "学号"/>
        </UpdateParameters>
    </asp:SqlDataSource>
    <asp:GridView ID = "studentGridView"runat = "server"AllowPaging = "True"
        AllowSorting = "True"AutoGenerateColumns = "False"CellPadding = "4"
        DataKeyNames = "学号"DataSourceID = "SqlDataSource1"ForeColor = "#333333"
        GridLines = "None"AutoGenerateDeleteButton = "True"
        AutoGenerateEditButton = "True">
        <AlternatingRowStyle BackColor = "White"ForeColor = "#284775"/>
        <Columns>
            <asp:BoundField DataField = "学号"HeaderText = "学号"ReadOnly = "True"
                SortExpression = "学号"/>
            <asp:BoundField DataField = "姓名"HeaderText = "姓名"SortExpression = "姓
                名"/>
            <asp:TemplateField HeaderText = "性别">
```

```
            <EditItemTemplate>
                <asp:RadioButtonList ID = "RadioButtonList2"runat = "server"
                    RepeatDirection = "Horizontal"SelectedValue = '<% # Bind("性
                    别")%>'>
                    <asp:ListItem Value = "False">男</asp:ListItem>
                    <asp:ListItem Value = "True">女</asp:ListItem>
                </asp:RadioButtonList>
            </EditItemTemplate>
            <ItemTemplate>
                <asp:Label ID = "Label1"runat = "server"
                    Text = '<% #(bool)Eval("性别") = = false?"男":"女"%>'></asp:
                    Label>
            </ItemTemplate>
        </asp:TemplateField>
        <asp:BoundField DataField = "专业"HeaderText = "专业"SortExpression = "专
            业"/>
        <asp:BoundField DataField = "出生年月"HeaderText = "出生年月"SortExpression
            = "出生年月"/>
        <asp:BoundField DataField = "家庭地址"HeaderText = "家庭地址"SortExpression
            = "家庭地址"/>
        <asp:BoundField DataField = "联系电话"HeaderText = "联系电话"SortExpression
            = "联系电话"/>
    </Columns>
    <EditRowStyle BackColor = "#999999"/>
    <FooterStyle BackColor = "#5D7B9D"Font - Bold = "True"ForeColor = "White"/>
    <HeaderStyle BackColor = "#5D7B9D"Font - Bold = "True"ForeColor = "White"/>
    <PagerStyle BackColor = "#284775"ForeColor = "White"HorizontalAlign = "Center"/>
    <RowStyle BackColor = "#F7F6F3"ForeColor = "#333333"/>
    <SelectedRowStyle BackColor = "#E2DED6"Font - Bold = "True"ForeColor = "#
        333333"/>
    <SortedAscendingCellStyle BackColor = "#E9E7E2"/>
    <SortedAscendingHeaderStyle BackColor = "#506C8C"/>
    <SortedDescendingCellStyle BackColor = "#FFFDF8"/>
    <SortedDescendingHeaderStyle BackColor = "#6F8DAE"/>
</asp:GridView>
</td></tr>
</table>
</asp:Content>
```

注意：如果有较好的高级语言编程经验，可考虑将操作数据库的代码写在 DBController 类里，如"学生信息添加"部分一样。此处为避免因高级语言知识的缺乏而影响学习数据库技术的实际使用，简单地采用 SqlDataSource 控件来完成。后续内容也是如此。

9.2.4　实现学生成绩管理系统课程信息管理

1. 添加课程信息

（1）检查学生成绩管理数据库是否已创建存储过程 course_insert

其 SQL 语句如下所示：

```
CREATE PROCEDURE [dbo].[course_insert]
    -- Add the parameters for the stored procedure here
    @课程号 char(9),@课名 varchar(50),@学时 int,@学分 int,@备注 text
AS
BEGIN
    -- SET NOCOUNT ON added to prevent extra result sets from
    -- interfering with SELECT statements.
    SET NOCOUNT ON;
    -- Insert statements for procedure here
    insert into 课程表
    values(@课程号,@课名,@学时,@学分,@备注)
END
```

（2）添加课程信息页面设计

在"解决方案资源管理器"中，右击项目名 StudentScoreMangement，在弹出的快捷菜单中选择"添加"｜"新建项"命令，弹出"添加新项"对话框，如图 9-21 所示。选择"使用母版页的 Web 窗体"，输入名称 AddCourse.aspx，然后单击"添加"按钮，弹出"选择母版页"对话框，如图 9-25 所示。在"文件夹内容"中选择 Teacher.master，然后单击"确定"按钮，创建 AddCourse.aspx 窗体。

课程信息添加页面 AddCourse.aspx 的控件设置见表 9-11。

表 9-11　课程信息添加页面 **AddCourse.aspx** 的控件设置

控件	作用	属性设置	属性值
SqlDataSource	数据源	ID	SqlDataSource1
		ConnectionString	data source=.；DataBase＝学生成绩管理；User id＝sa；PWD＝123
		InsertCommandType	StoredProcedure
		InsertQuery	Course_insert
FormView	添加课程信息	ID	courseFormView
		DataSourceID	SqlDataSource1
		DefaultMode	Insert
以下为 FormView：InsertItemTemplate 模板			
Table	表格	class	
TextBox	课程号	ID	txtCNum
TextBox	课名	ID	txtCName
TextBox	学时	ID	txtCHour
TextBox	学分	ID	txtCredit

续表

控件	作用	属性设置	属性值
TextBox	备注	ID	txtRemark
Button	添加按钮	ID	btnAdd
		CommandName	Insert
		Text	添加

添加控件后的页面如图 9-28 所示。

图 9-28　学生信息修改和删除页面

（3）页面代码参考

```
〈%@ Page Title = "" Language = "C♯" MasterPageFile = "～/Teacher. master" AutoEventWireup
= "true" CodeBehind = "AddCourse. aspx. cs" Inherits = "StudentScoreMangement. AddCourse" %〉
〈asp:Content ID = "Content1" ContentPlaceHolderID = "head" runat = "server"〉
〈/asp:Content〉
〈asp:Content ID = "Content2" ContentPlaceHolderID = "MainContent" runat = "server"〉
    〈asp:SqlDataSource ID = "SqlDataSource1" runat = "server"
        ConnectionString = "data source = . ;DataBase = 学生成绩管理;User id = sa;PWD = 123"
        InsertCommand = "course_insert" InsertCommandType = "StoredProcedure"〉
        〈InsertParameters〉
            〈asp:Parameter Name = "课程号" Type = "String"/〉
            〈asp:Parameter Name = "课名" Type = "String"/〉
            〈asp:Parameter Name = "学时" Type = "Int32"/〉
            〈asp:Parameter Name = "学分" Type = "Int32"/〉
            〈asp:Parameter Name = "备注" Type = "String"/〉
        〈/InsertParameters〉
    〈/asp:SqlDataSource〉
    〈asp:FormView ID = "courseFormView" runat = "server"
        DataSourceID = "SqlDataSource1" DefaultMode = "Insert"
        oniteminserted = "courseFormView_ItemInserted"
        oniteminserting = "courseFormView_Inserting" Width = "799px"〉
        〈InsertItemTemplate〉
            〈table class = "table"〉
```

```
<tr>
    <th class = "thead"colspan = "4">
        添加课程信息
    </th>
</tr>
<tr>
    <th class = "td"colspan = "4">
         </th>
</tr>
<tr>
    <td class = "td">
        课程号:</td>
    <td class = "td">
        <asp:TextBox ID = "txtCNum" runat = "server" Text = '<% # bind("课
        程号")%>'></asp:TextBox>
    </td>
    <td class = "td">
        学时:</td>
    <td class = "td">
        <asp:TextBox ID = "txtCHour" runat = "server" Text = '<% # bind("
        学时")%>'></asp:TextBox>
    </td>
</tr>
<tr>
    <td class = "td">
        课名:
    </td>
    <td class = "td">
        <asp:TextBox ID = "txtCName" runat = "server" Text = '<% # bind("
        课名")%>'></asp:TextBox>
    </td>
    <td class = "td">
        学分:</td>
    <td class = "td">
        <asp:TextBox ID = "txtCredit" runat = "server" Text = '<% # bind("
        学分")%>'></asp:TextBox>
    </td>
</tr>
<tr>
    <td class = "td">
        备注:</td>
    <td class = "td"colspan = "3">
```

```
                              <asp:TextBox ID = "txtRemark" runat = "server" Height = "35px"
                                  Text = '<%# bind("备注")%>' TextMode = "MultiLine"Width = "
                                  466px"></asp:TextBox>
                        </td>
                  </tr>
                  <tr>
                        <td align = "center"colspan = "4">
                           </td>
                  </tr>
                  <tr>
                        <td align = "center"colspan = "4">
                              <asp:Button ID = "btnAdd" runat = "server" CommandName = "Insert"
                              Text = "添加"/>
                        </td>
                  </tr>
            </table>
      </InsertItemTemplate>
   </asp:FormView>
</asp:Content>
```

（4）关键代码参考

```
protected void courseFormView_ItemInserted(object sender,FormViewInsertedEventArgs e)
{
    if(e.AffectedRows! = 0)// 增加数据成功
    {
        Response.Redirect("CourseManage.aspx");//跳转页面
    }
    else
    {
        Page.RegisterClientScriptBlock("alert","<script>alert('添加课程失败!')</
        script>");//错误提示
    }
}
```

2. 实现课程信息修改和删除

（1）检查学生成绩管理数据库是否已创建存储过程 course_show

其 SQL 语句如下所示：

```
CREATE PROCEDURE course_show
    -- Add the parameters for the stored procedure here
    AS
BEGIN
```

```
-- SET NOCOUNT ON added to prevent extra result sets from
-- interfering with SELECT statements.
SET NOCOUNT ON;
-- Insert statements for procedure here
SELECT * from 课程表
END
```

检查学生成绩管理数据库是否已创建存储过程 course_update，其 SQL 语句如下如下：

```
CREATE PROCEDURE course_update
    -- Add the parameters for the stored procedure here
    @课程号 char(9),@课名 varchar(50),@学时 int,@学分 int,@备注 text
AS
BEGIN
    -- SET NOCOUNT ON added to prevent extra result sets from
    -- interfering with SELECT statements.
    SET NOCOUNT ON;
    -- Insert statements for procedure here
    update 课程表
    set 课名 = @课名,学时 = @学时,学分 = @学分,备注 = @备注
    where 课程号 = @课程号
    END
```

检查学生成绩管理数据库是否已创建存储过程 course_delete，其 SQL 语句如下所示：

```
CREATE PROCEDURE course_delete
    -- Add the parameters for the stored procedure here
    @课程号 char(9)
AS
BEGIN
    -- SET NOCOUNT ON added to prevent extra result sets from
    -- interfering with SELECT statements.
    SET NOCOUNT ON;
        -- Insert statements for procedure here
    delete from 课程表 where 课程号 = @课程号
    END
```

（2）设计课程信息修改和删除页面

在"解决方案资源管理器"中，右击项目名 StudentScoreMangement，在弹出的快捷菜单中选择"添加"｜"新建项"命令，弹出"添加新项"对话框，如图 9-21 所示。选择"使用母版页的 Web 窗体"，输入名称 CourseManage.aspx，然后单击"添加"按

钮，弹出"选择母版页"对话框，如图 9-25 所示。在"文件夹内容"中选择 Teacher. master，然后单击"确定"按钮，创建 CourseManage. aspx 窗体。

课程添加页面 CourseManage. aspx 的控件设置见表 9-12。

表 9-12　课程信息修改和删除页面 CourseManage. aspx 的控件设置

控件	作用	属性设置	属性值
Table	表格	class	
SqlDataSource	数据源	ID	SqlDataSource1
		ConnectionString	data source＝.；DataBase＝学生成绩管理；User id＝sa；PWD＝123
		SelectCommandType	StoredProcedure
		SelectQuery	Course_show
		DeleteCommandType	StoredProcedure
		DeleteQuery	Course_delete
		UpdateCommandType	StoredProcedure
		UpdateQuery	course_update
GridView	显示课程信息	ID	courseGridView
		DataSourceID	SqlDataSource1
		DataKeyNames	课程号
		AllowPaging	True
		AllowSorting	True
		AutoGenerateDeleteButton	True
		AutoGenerateEditButton	True

添加控件后的页面如图 9-29 所示。

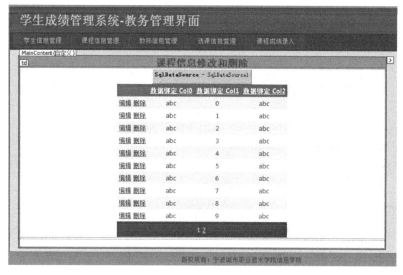

图 9-29　课程信息修改和删除页面

（3）页面代码参考

```
〈%@ Page Title = "" Language = "C#" MasterPageFile = "~/Teacher.master" AutoEventWireup = "
true" CodeBehind = "CourseManage.aspx.cs" Inherits = "StudentScoreMangement.CourseManage" %〉
    〈asp:Content ID = "Content1" ContentPlaceHolderID = "head" runat = "server"〉
    〈/asp:Content〉
    〈asp:Content ID = "Content2" ContentPlaceHolderID = "MainContent" runat = "server"〉
        〈table class = "table"〉
        〈tr〉〈th class = "thead"〉课程信息修改和删除〈/th〉〈/tr〉
            〈tr〉
                    〈td align = "center"〉
                        〈asp:SqlDataSource ID = "SqlDataSource1" runat = "server"
                            ConnectionString = "data source = . ; DataBase = 学生成绩管理; User id =
                            sa; PWD = 123"
                            DeleteCommand = "course_delete" DeleteCommandType = "StoredProcedure"
                            SelectCommand = "course_show" SelectCommandType = "StoredProcedure"
                            UpdateCommand = "course_update" UpdateCommandType = "StoredProcedure"〉
                            〈DeleteParameters〉
                                〈asp:Parameter Name = "课程号" Type = "String"/〉
                            〈/DeleteParameters〉
                            〈UpdateParameters〉
                                〈asp:Parameter Name = "课程号" Type = "String"/〉
                                〈asp:Parameter Name = "课名" Type = "String"/〉
                                〈asp:Parameter Name = "学时" Type = "Int32"/〉
                                〈asp:Parameter Name = "学分" Type = "Int32"/〉
                                〈asp:Parameter Name = "备注" Type = "String"/〉
                            〈/UpdateParameters〉
                        〈/asp:SqlDataSource〉
                        〈asp:GridView ID = "courseGridView" runat = "server" AllowPaging = "True"
                            AllowSorting = "True" AutoGenerateDeleteButton = "True"
                            AutoGenerateEditButton = "True" DataKeyNames = "课程号"
                                DataSourceID = "SqlDataSource1" CellPadding = "4" ForeColor = "#
                                333333"
                            GridLines = "None"〉
                            〈AlternatingRowStyle BackColor = "White" ForeColor = "#284775"/〉
                            〈EditRowStyle BackColor = "#999999"/〉
                            〈FooterStyle BackColor = "#5D7B9D" Font - Bold = "True" ForeColor = "
                             White"/〉
                            〈HeaderStyle BackColor = "#5D7B9D" Font - Bold = "True" ForeColor = "
                             White"/〉
```

```
                               〈PagerStyle BackColor = " #284775"ForeColor = "White"HorizontalAlign
                                 = "Center"/〉
                               〈RowStyle BackColor = " #F7F6F3"ForeColor = " #333333"/〉
                               〈SelectedRowStyle BackColor = " #E2DED6"Font - Bold = "True"ForeColor
                                 = " #333333"/〉
                               〈SortedAscendingCellStyle BackColor = " #E9E7E2"/〉
                               〈SortedAscendingHeaderStyle BackColor = " #506C8C"/〉
                               〈SortedDescendingCellStyle BackColor = " #FFFDF8"/〉
                               〈SortedDescendingHeaderStyle BackColor = " #6F8DAE"/〉
                           〈/asp:GridView〉
                   〈/td〉
               〈/tr〉
               〈tr〉
                   〈td〉
                       〈br /〉
                   〈/td〉
               〈/tr〉
           〈/table〉
       〈/asp:Content〉
```

9.2.5 学生成绩管理系统学生成绩查询

1. 检查学生成绩管理数据库是否已创建存储过程 allScore

其 SQL 语句如下所示：

```
CREATE PROCEDURE allScore
     -- Add the parameters for the stored procedure here
AS
BEGIN
     -- SET NOCOUNT ON added to prevent extra result sets from
     -- interfering with SELECT statements.
     SET NOCOUNT ON;
     -- Insert statements for procedure here
     select 选课表 . 学号,姓名,选课表 . 课程号,课名,成绩
     from dbo. 学生表,dbo. 选课表,dbo. 课程表
     where dbo. 学生表 . 学号 = dbo. 选课表 . 学号 and dbo. 选课表 . 课程号 = dbo. 课程表 . 课
程号
     END
```

检查学生成绩管理数据库是否已创建存储过程 queryResult，其 SQL 语句如下：

```
CREATE PROCEDURE queryResult
     -- Add the parameters for the stored procedure here
```

```
    @txtSel char(9),@ddlSel char(6)
AS
BEGIN
    -- SET NOCOUNT ON added to prevent extra result sets from
    -- interfering with SELECT statements.
    SET NOCOUNT ON;
    -- Insert statements for procedure here
    if @ddlSel = '学号'
    begin
    select 选课表.学号,姓名,选课表.课程号,课名,成绩
    from dbo.学生表,dbo.选课表,dbo.课程表
    where dbo.学生表.学号 = dbo.选课表.学号 and dbo.选课表.课程号 = dbo.课程表.课
    程号 and 选课表.学号 = @txtSel
    end
    if @ddlSel = '课程号'
        begin
    select 选课表.学号,姓名,选课表.课程号,课名,成绩
    from dbo.学生表,dbo.选课表,dbo.课程表
    where dbo.学生表.学号 = dbo.选课表.学号 and dbo.选课表.课程号 = dbo.课程表.课
    程号 and 选课表.课程号 = @txtSel
    end
END
```

2. 成绩查询页面设计

在"解决方案资源管理器"中，右击项目名 StudentScoreMangement，在弹出的快捷菜单中选择"添加"｜"新建项"命令，弹出"添加新项"对话框，如图 9-21 所示。选择"使用母版页的 Web 窗体"，输入名称 QueryResult.aspx，然后单击"添加"按钮，弹出"选择母版页"对话框，如图 9-25 所示。在"文件夹内容"中选择 Teacher.master，然后单击"确定"按钮，创建 QueryResult.aspx 窗体。

学生成绩总查询页面 QueryResult.aspx 的控件设置见表 9-13。

表 9-13　课程信息修改和删除页面 CourseManage.aspx 的控件设置

控件	作用	属性设置	属性值
Table	表格	class	
Panel	容器	ID	Panel1
Panel	容器	ID	Panel2
SqlDataSource	数据源	ID	SqlDataSource1
		ConnectionString	data source=.；DataBase=学生成绩管理；User id=sa；PWD=123
		SelectCommandType	StoredProcedure
		SelectQuery	allScore

续表

控件	作用	属性设置	属性值
GridView	显示所有成绩信息	ID	allScoreGridView
		DataSourceID	SqlDataSource1
		DataKeyNames	学号，课程号
		AllowPaging	True
		AllowSorting	True
SqlDataSource	数据源	ID	SqlDataSource2
		ConnectionString	data source＝.；DataBase＝学生成绩管理；User id＝sa；PWD＝123
		SelectCommandType	StoredProcedure
		SelectQuery	queryResult（参数：txtSel 对应的参数源：Control，ControlID：txtSel；参数：ddlSel 对应的参数源：Control，ControlID：ddlSel。）
GridView	显示成绩查询结果	ID	resultScoreGridView
		DataSourceID	SqlDataSource2
		DataKeyNames	学号，课程号
		AllowPaging	True
		AllowSorting	True

添加控件后的页面如图 9-30 所示。

图 9-30 学生成绩总查询页面

3. 页面代码参考

```
<%@ Page Title = "" Language = "C#" MasterPageFile = "~/Teacher. master" AutoEventWireup = "
true" CodeBehind = "QueryResult. aspx. cs" Inherits = "StudentScoreMangement. QueryResult" %>
<asp:Content ID = "Content1" ContentPlaceHolderID = "head" runat = "server">
</asp:Content>
<asp:Content ID = "Content2" ContentPlaceHolderID = "MainContent" runat = "server">
    <table style = "width:100%;">
        <tr>
            <td align = "center">
                    成绩查询:<asp:TextBox ID = "txtSel" runat = "server"></asp:TextBox>
                <asp:DropDownList ID = "ddlSel" runat = "server">
                    <asp:ListItem>学号</asp:ListItem>
                    <asp:ListItem>课程号</asp:ListItem>
                </asp:DropDownList>
               
                    <asp:Button ID = "btnSel" runat = "server" onclick = "btnSel_Click"
                    Text = "查询"/>
            </td>
        </tr>
        <tr>
            <td align = "center">
                <asp:Panel ID = "Panel1" runat = "server">
                    所有学生所有课程成绩:

                    <br />
                    <asp:SqlDataSource ID = "SqlDataSource1" runat = "server"
                        ConnectionString = "data source = .;DataBase = 学生成绩管理;User id =
                        sa;PWD = 123"
                        SelectCommand = "allScore" SelectCommandType = "StoredProcedure">
                    </asp:SqlDataSource>
                    <asp:GridView ID = "allScoreGridView" runat = "server" AllowPaging = "True"
                        AllowSorting = "True" DataKeyNames = "学号,课程号" DataSourceID = "
                        SqlDataSource1"
                            CellPadding = "4" ForeColor = "#333333" GridLines = "None">
                    <AlternatingRowStyle BackColor = "White" ForeColor = "#284775"/>
                    <EditRowStyle BackColor = "#999999"/>
                    <FooterStyle BackColor = "#5D7B9D" Font - Bold = "True" ForeColor = "
                        White"/>
                    <HeaderStyle BackColor = "#5D7B9D" Font - Bold = "True" ForeColor = "
                        White"/>
```

```
            <PagerStyle BackColor = "#284775"ForeColor = "White"HorizontalAlign
                = "Center"/>
        <RowStyle BackColor = "#F7F6F3"ForeColor = "#333333"/>
        <SelectedRowStyle BackColor = "#E2DED6"Font－Bold = "True"ForeColor
            = "#333333"/>
        <SortedAscendingCellStyle BackColor = "#E9E7E2"/>
        <SortedAscendingHeaderStyle BackColor = "#506C8C"/>
        <SortedDescendingCellStyle BackColor = "#FFFDF8"/>
        <SortedDescendingHeaderStyle BackColor = "#6F8DAE"/>
    </asp:GridView>
</asp:Panel>
<asp:Panel ID = "Panel2"runat = "server">
    <asp:Label ID = "lResult"runat = "server"></asp:Label>
    <br />
    <asp:SqlDataSource ID = "SqlDataSource2"runat = "server"
        ConnectionString = "data source = .;DataBase = 学生成绩管理;User id =
        sa;PWD = 123"
        SelectCommand = "queryResult"SelectCommandType = "StoredProcedure">
        <SelectParameters>
            <asp:ControlParameter ControlID = "txtSel"Name = "txtSel"PropertyName
                = "Text"
                Type = "String"/>
            <asp:ControlParameter ControlID = "ddlSel"Name = "ddlSel"
                PropertyName = "SelectedValue"Type = "String"/>
        </SelectParameters>
    </asp:SqlDataSource>
    <asp:GridView ID = "resultScoreGridView"runat = "server"AllowPaging = "
        True"
        AllowSorting = "True"CellPadding = "4"DataKeyNames = "学号,成绩"
        DataSourceID = "SqlDataSource2"ForeColor = "#333333"GridLines = "
        None">
        <AlternatingRowStyle BackColor = "White"ForeColor = "#284775"/>
        <EditRowStyle BackColor = "#999999"/>
        <FooterStyle BackColor = "#5D7B9D"Font－Bold = "True"ForeColor = "
        White"/>
        <HeaderStyle BackColor = "#5D7B9D"Font－Bold = "True"ForeColor = "
        White"/>
        <PagerStyle BackColor = "#284775"ForeColor = "White"HorizontalAlign
            = "Center"/>
        <RowStyle BackColor = "#F7F6F3"ForeColor = "#333333"/>
        <SelectedRowStyle BackColor = "#E2DED6"Font－Bold = "True"ForeColor
            = "#333333"/>
```

```
                    〈SortedAscendingCellStyle BackColor = "#E9E7E2"/〉
                    〈SortedAscendingHeaderStyle BackColor = "#506C8C"/〉
                    〈SortedDescendingCellStyle BackColor = "#FFFDF8"/〉
                    〈SortedDescendingHeaderStyle BackColor = "#6F8DAE"/〉
                〈/asp:GridView〉
                〈br /〉
            〈/asp:Panel〉
        〈/td〉
    〈/tr〉
    〈tr〉
        〈td〉
             〈/td〉
    〈/tr〉
〈/table〉
〈/asp:Content〉
```

4. 关键代码参考

```
protected void Page_Load(object sender, EventArgs e)
{
    Panel1. Visible = true;
    Panel2. Visible = false;
}
protected void btnSel_Click(object sender, EventArgs e)
{
    lResult. Text = "按" + ddlSel. Text + "查询的结果为:";
    Panel1. Visible = false;
    Panel2. Visible = true;
}
```

项目小结

本项目通过学生成绩管理系统的初步开发，介绍数据库访问方式的变迁及常用的数据接口 ODBC、OLE DB、ADO、ADO. NET 等的相互联系及其数据库连接方法。在此基础上，着重介绍使用 ADO. NET 的组件和对象模型实现对数据库表数据的添加、修改、删除和交互查询操作。具体内容如下所述：

1. 通过创建学生成绩管理系统项目，学会创建并设置 ASP. NET Web 应用程序。

2. 通过实现学生成绩管理系统的学生信息管理，学会使用 ADO. NET 组件和对象模型实现对数据库表数据的交互添加、修改、删除操作。

3. 通过实现学生成绩管理系统课程信息管理，学会在 ADO. NET 组件和对象模型中使用存储过程。

4. 通过实现学生成绩管理系统学生成绩总查询，学会使用 ADO. NET 组件和对象模型实现对数据库表数据的交互查询操作。

课堂实训

【实训目的】

1. 能熟练使用 ADO. NET 组件和对象模型实现对数据库表数据的交互查询、添加、修改、删除的操作。

2. 能在 ADO. NET 组件和对象模型中使用 SQL 语句、存储过程等。

【实训内容】

1. 创建基于 Web 的图书管理系统项目 LibraryMangement，设置 ASP. NET Web 应用程序。

（1）单击"开始" ｜ "所有程序" ｜ "Microsoft Visual Studio 2010" ｜ "Microsoft Visual Studio 2010"命令，弹出"起始页-Microsoft Visual Studio"界面。

（2）选择"＿＿＿＿＿＿＿＿" ｜ "＿＿＿＿＿＿＿＿" ｜ "＿＿＿＿＿＿＿＿"命令，弹出"新建项目"对话框。选择"Visual C♯" ｜ "＿＿＿＿＿＿＿＿"命令，输入项目名称"＿＿＿＿＿＿＿＿"，并选择"位置"。然后，单击"确定"按钮，就可新建项目，并弹出 LibraryMangement-Microsoft Visual Studio 界面。

（3）为了调用数据库，要把数据库文件放置到本应用程序的＿＿＿＿＿＿＿＿文件夹中。

（4）为了调用数据库，还要配置 ASP. NET，具体方法是：单击菜单栏中的"＿＿＿＿＿＿＿＿" ｜ "＿＿＿＿＿＿＿＿"命令，弹出"ASP. NET Web 应用程序管理"网页，然后单击"＿＿＿＿＿＿＿＿"选项卡。

（5）单击"创建新应用程序设置"，然后设置名称为"＿＿＿＿＿＿＿＿"，值为"＿＿＿＿＿＿＿＿＿＿＿＿"。

（6）设置好各项参数后，单击"保存"按钮，再单击"确定"按钮，就成功添加了应用程序设置，实现与数据库的连接。

2. 创建类实现与数据库关联。

（1）本项目是利用自定义的类 DBController 来实现数据库的关联，具体方法：在"解决方案资源管理器"中右击项目名"＿＿＿＿＿＿＿＿"，在弹出的快捷菜单中选择"添加" ｜ "＿＿＿＿＿＿＿＿"命令，新建文件夹并命名为 App_Code。

（2）添加类。在"解决方案资源管理器"中右击文件夹 App_Code，在弹出的快捷菜单中选择"添加" ｜ "＿＿＿＿＿＿＿＿"命令，并设置名称为 DBController. cs。

（3）设置各项参数后，单击"添加"按钮，创建 DBController 类。首先要导入命名空间，从而调用 SQL Server 2008，具体代码如下所示：

```
using ＿＿＿＿＿＿＿＿;
using System. Configuration;
using System. Data;
```

定义公用变量，实现数据库的关联，具体代码如下所示：

```
public class DBController
    {
        private DataSet ds;
        private SqlDataAdapter myAdapter;
        private SqlCommand myCmd;
        SqlConnection myConn = new SqlConnection(_____);
        //打开关闭连接
        public void Open()
        {
            myConn. _____;
        }
        public void Close()
        {
            myConn. _____;
        }
        public DataSet GetDS()
        {
            return ds;
        }
        /* ------------------------------------------------
        * 函 数 名:Fill
        * 功能描述:填充 ds
        * 输入参数:sqlstr,SQL 字符串
        * 返 回 值:无
        * 创建日期:
        * 修改日期:
        * 作    者:
        * 附加说明:
        * ------------------------------------------------ */
        public void Fill(string sqlstr)
        {
            myAdapter = new SqlDataAdapter(_____, _____);
            ds = new DataSet();
            myAdapter. _____;
        }
        /* ------------------------------------------------
        * 函 数 名:ExecNonSql
        * 功能描述:执行无返回值的数据库操作
        * 输入参数:sqlstr,查询的 SQL 字符串
        * 返 回 值:无
        * 创建日期:
        * 修改日期:
```

```
     *作    者:
     *附加说明:
     * -------------------------------------------------- */
     public void ExecNonSql(string sqlstr)
     {
         if(myConn. State = = ConnectionState. Closed)
             myConn. Open();
         myCmd = new SqlCommand(_____, _____);
         myCmd. _____;
         myCmd. Dispose();
         Close();
     }
     /* --------------------------------------------------
     *函 数 名:ExecReaderSql
     *功能描述:执行查询操作
     *输入参数:sqlstr,查询的 SQL 字符串
     *返 回 值:查询结果,返回 SqlDataReader 对象
     *创建日期:
     *修改日期:
     *作    者:
     *附加说明:
     * -------------------------------------------------- */
     public SqlDataReader ExecReaderSql(string sqlstr)
     {
         if(myConn. State = = ConnectionState. Closed)
             myConn. Open();
         myCmd = new SqlCommand(_____, _____);
         SqlDataReader reader = myCmd. _____;
         myCmd. Dispose();
         return reader;
     }
}
```

3. 设计图书管理系统母版页。

在"解决方案资源管理器"中，右击项目名 LibraryMangement，在弹出的快捷菜单中选择"添加"｜"_____"命令，弹出"添加新项"对话框。选择"_____"，输入名称 Library. Master，然后单击"添加"按钮，创建 Library. Master 母版页。再使用 Menu 控件编辑母版页。

4. 实现图书管理系统的读者信息管理。

（1）添加读者信息。

在"解决方案资源管理器"中右击项目名"_____"，在弹出的快捷菜单中选择"添加"｜"_____"命令，弹出"添加新项"对话框。选择"_____"，输入

名称 AddReader. aspx，然后单击"添加"按钮，弹出"选择母版页"对话框。在"文件夹内容"中选择"_____"，然后单击"确定"按钮，创建 AddReader. aspx 窗体。

（2）读者信息添加页面设计。

读者信息添加页面 AddReader. aspx 控件添加后的页面如图 9-31 所示。

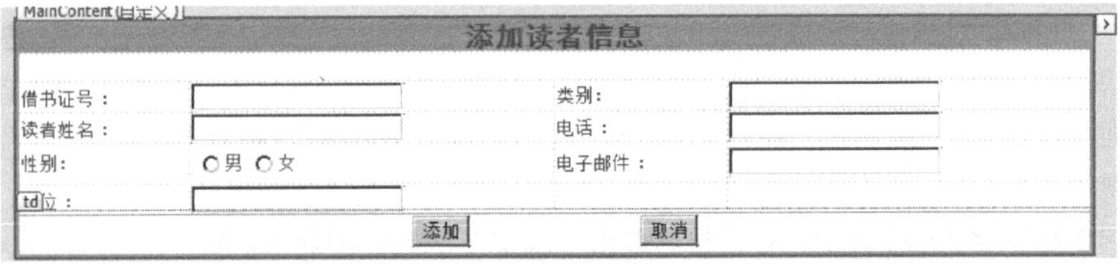

图 9-31　读者信息添加页面

（3）关键代码参考。

```
protected void btnAdd_Click(object sender, EventArgs e)
{
    DBController obj = new DBController();
    try
    {
        string sqlstr =
string. Format(_____);
                 _____;
                 _____;

                 txtNum. Text = "";
                 txtName. Text = "";
                 txtMajor. Text = "";
                 txtBirthday. Text = "";
                 txtAddress. Text = "";
                 txtPhone. Text = "";
                 Page. RegisterClientScriptBlock("alert", "<script>alert('学生信息添加成
                 功!请继续添加')</script>");
    }
    catch(Exception ex)
    {
        Console. WriteLine(ex. Message);
    }
    finally
    {
        _____;
    }
}
```

```
protected void btnCancel_Click(object sender,EventArgs e)
    {
        Response.Redirect("AddStudent.aspx");
    }
```

5. 实现读者信息修改和删除。

在"解决方案资源管理器"中右击项目名 LibraryMangement，在弹出的快捷菜单中选择"添加"｜"＿＿＿＿＿＿"命令，弹出"添加新项"对话框。选择"＿＿＿＿＿＿＿＿"，输入名称 ReaderManage.aspx，然后单击"添加"按钮，弹出"选择母版页"对话框。在"文件夹内容"中选择 Library.Master，然后单击"确定"按钮，创建 ReaderManage.aspx 窗体。

读者信息修改和删除页面 ReaderManage.aspx 的控件设置如表 9-14 所示。

表 9-14　读者信息修改和删除页面 ReaderManage.aspx 的控件设置

控件	作用	属性设置	属性值
Table	表格	class	
SqlDataSource	数据源	ID	SqlDataSource1
		ConnectionString	＿＿＿＿＿＿
		SelectCommandType	＿＿＿＿＿＿
		SelectQuery	＿＿＿＿＿＿
		DeleteCommandType	＿＿＿＿＿＿
		DeleteQuery	＿＿＿＿＿＿
		UpdateCommandType	＿＿＿＿＿＿
		UpdateQuery	＿＿＿＿＿＿
GridView	显示读者信息	ID	readerGridView
		DataSourceID	SqlDataSource1
		DataKeyNames	＿＿＿＿＿＿
		AllowPaging	True
		AllowSorting	True
		AutoGenerateDeleteButton	＿＿＿＿＿＿
		AutoGenerateEditButton	＿＿＿＿＿＿

6. 完成图书管理系统其他功能模块。

 课外实训

1. 创建基于 Web 的学生宿舍管理系统项目 RoomMangement，设置 ASP.NET Web 应用程序。

2. 创建类，实现与数据库关联。

3. 设计学生宿舍管理系统母版页。

4. 实现学生宿舍管理系统的学生信息管理。

5. 实现学生信息修改和删除。

6. 完成学生宿舍管理系统其他功能模块。

参考文献

［1］钱冬云，周雅静. SQL Server 2005 数据库应用技术［M］. 北京：清华大学出版社，2010.

［2］申时凯，李海雁. 数据库应用技术（SQL Server 2005）［M］. 2 版. 北京：中国铁道出版社，2008.

［3］梁竞敏，黄华林. SQL Server 2005 数据库任务化教程［M］. 北京：中国水利水电出版社，2009.

［4］文东. 数据库系统开发基础与项目实训——基于 SQL Server 2005［M］. 北京：中国人民大学出版社，2009.

［5］何玉洁. 数据库原理与应用教程［M］. 3 版. 北京：机械工业出版社，2010.